高等教育理工类"十四五"系列规划教材

航空材料
现代测试技术

李 梦 赵 欣/编著

U0251592

四川大学出版社
SICHUAN UNIVERSITY PRESS

图书在版编目（CIP）数据

航空材料现代测试技术 / 李梦，赵欣编著 . 一 成都：
四川大学出版社，2024.6
ISBN 978-7-5690-5816-1

Ⅰ．①航… Ⅱ．①李… ②赵… Ⅲ．①航空材料—材
料试验 Ⅳ．① V250.2

中国版本图书馆 CIP 数据核字（2022）第 228111 号

书　　名：航空材料现代测试技术
　　　　　Hangkong Cailiao Xiandai Ceshi Jishu
编　　著：李 梦 赵 欣

选题策划：李思莹
责任编辑：李思莹
责任校对：唐　飞
装帧设计：墨创文化
责任印制：王　炜

出版发行：四川大学出版社有限责任公司
　　　　　地址：成都市一环路南一段 24 号（610065）
　　　　　电话：（028）85408311（发行部）、85400276（总编室）
　　　　　电子邮箱：scupress@vip.163.com
　　　　　网址：https://press.scu.edu.cn
印前制作：四川胜翔数码印务设计有限公司
印刷装订：四川五洲彩印有限责任公司

成品尺寸：185 mm×260 mm
印　　张：17.75
字　　数：433 千字

版　　次：2024 年 6 月 第 1 版
印　　次：2024 年 6 月 第 1 次印刷
定　　价：78.00 元

扫码获取数字资源

四川大学出版社
微信公众号

目　录

绪　论

现代工业技术与材料的发展关系极为密切。从航空器的结构材料方面看，最初的固定翼飞机采用的是木质结构，飞行时速不过几十公里，到 20 世纪中前期能够大量生产轻质高强的铝及铝合金之后，飞机的飞行速度才得以提高到每小时数百公里。由于近代的超音速飞机在高速飞行时表面温度可达 300℃ 以上，因而钛合金、不锈钢等新型机身结构材料被发展出来。另外，作为飞机的心脏，航空发动机的推力（功率）也随着人们对飞机性能要求的提高而不断增加，发动机热端部件的工作温度随之不断攀升，新型航空燃气涡轮发动机的涡轮叶片工作温度一般可高达 1500℃ 以上，因此，必须发展能够在这种严苛环境下可靠工作的高温合金、陶瓷材料或复合材料。

在现代航空航天技术的发展过程中，除不断研制和使用性能更好的金属材料外，还必须发展高分子材料、陶瓷材料和复合材料等非金属材料，以减轻航空航天器的质量和满足一系列特殊的性能要求。如高超音速飞行器在巡航阶段机身蒙皮温度高达 1000℃ 以上，新型高性能喷气发动机的燃烧室温度可达 1900℃ 以上，目前只有高温合金、镍基复合材料及先进碳/碳等新型材料能够担当相关结构的使用材料。历史上，由使用天然非金属材料发展到使用金属材料，标志着社会的进步。如今，在发展高性能金属材料的同时，越来越多地发展和应用人工非金属材料，也标志着现代材料技术实现了新的跨越。可以说，人类正在进入人工合成非金属材料和复合材料的时代，其典型标志物就是应用在飞行器结构和动力装置中的各种新型航空材料。

理化检测是对材料的物理化学特性进行测量和表征的科学与技术，是材料研制和使用的重要基础手段。通过对材料的化学成分、加工工艺、组织结构、性能的一体化研究，将材料的微观结构和化学成分与宏观性能联系在一起，为材料设计研制、合理使用和维护提供微观结构、化学成分与性能、工艺关系的基础数据支持，指导工艺改进和性能优化，解决理论和工程应用问题。同时，开展航空材料理化检测技术的研究与开发也可以满足相关材料研制、检测与表征对理化检测技术的需求。因此，航空材料现代测试技术是航空业提高能力和实现跨越式发展的一项重要的科技基础。

作为航空航天领域的工程技术或科学研究人员，应当了解和熟悉常见的航空材料现代测试技术，通过理论学习和实践，表征材料的成分、组织和性能，进而根据材料的使用性能、工艺性能和经济性（如材料价格和国家相关资源的现实状况等）来适当地选取材料，合理地安排加工工艺，解决行业生产及运行维护中的相关问题，满足工程的实际应用需求，促进我国国民经济的发展和综合国力的提升。

0.1 航空材料是航空工业的主要基础

航空材料与航空技术的关系极为密切，在航空产品的发展中发挥着极其重要的作用，具体表现为：航空材料既是研制和维修航空产品的物质保障，又是推动航空产品更新换代的物质基础。

（1）航空产品特殊的工作环境对航空材料的性能要求集中表现在轻质高强、高温耐蚀、长期可靠等方面。

轻质高强是指航空材料的比强度高，即航空材料不但强度高（静强度高、能承受大过载、疲劳强度高），而且密度小。航空工业有一句口号："为每一克减重而奋斗"，反映出减重对于航空产品的重大经济意义（见表 0-1）。而且，新型航空材料带来的结构减重对整机减重的贡献也越来越大，所以轻质高强是航空材料必须满足的首要性能要求。

表 0-1 飞行器结构减重带来的效益

机种	通用航空小型飞机	直升机	先进战斗机	商用运输机	超音速与高超音速飞行器	大型航天器
美元/磅	88	530	706	1413	5315	53000

注：根据 2020 年价格数据计算。

高温耐蚀的"高温"是指航空材料要能够耐受使用条件下较高的工作温度。对机身材料而言，气动力加热效应会使表面温度升高，需要结构材料具有良好的高温强度；对发动机材料而言，要求涡轮盘和涡轮叶片材料等要有好的高温强度和耐高温腐蚀性能。"耐蚀"是指航空材料要有优良的抗腐蚀性能，特别是抵抗应力腐蚀和环境腐蚀的能力。

长期可靠是指航空材料在飞行器使用过程中具有较高的可靠性，其疲劳强度等主要性能指标能长期保持在符合要求的范围之内。

当然，除以上性能外，某些航空材料还要求具备其他方面的性能，如金属材料要具有良好的力学强度和耐疲劳性能，非金属材料要具有良好的耐老化和耐气候性能（如耐紫外线性能），透明材料要具有良好的光学性能，电工材料要具有良好的电学性能、防火安全性能及环境友好性能，等等。

（2）航空产品的高可靠性、多样性对航空材料提出了更高的质量要求。

航空产品是技术密集、集成度高、尺寸精度和匹配要求严格的复杂产品，只有采用质地优良的材料才能研发制造出安全可靠、性能优良的飞机和动力装置。航空产品的多样性及其试制生产/维修量相对较少的实际工程条件，又导致航空材料的研制和生产过程体现出多品种、多规格、小批量、技术质量要求高等一系列特点。以 1995 年首飞的波音 777 飞机为例,单架飞机由 300 余万个材质各异的零部件组装而成,这些零部件由分布在全球 17 个国家的 900 多家供应商提供。

(3) 航空产品降低成本的需求导致要发展低成本航空材料。

无论是在军用领域还是在民用领域,新型号先进飞机的价格都在不断攀升。与此同时,为了获得较高的综合使用效益,一定型号的飞行器往往需要具备相当的保有量。因此,各航空技术领先的国家和地区都先后对航空产品提出了"负担得起"的要求。作为飞行器结构和功能的物质基础,材料在航空产品的成本和价格构成中占有较高的份额,所以科学地选材和努力发展低成本材料技术是航空材料发展的重要方向。

0.2 航空材料的分类

航空材料有不同的分类方式。

按成分,航空材料可分为四大类:

(1) 金属材料:铝合金、镁合金、钛合金、钢、高温合金、粉末冶金合金等。

(2) 无机非金属材料:玻璃、陶瓷等。

(3) 高分子材料:透明材料、胶粘剂、橡胶及密封剂、涂料、工程塑料等。

(4) 先进复合材料:聚合物基复合材料、金属基复合材料、无机非金属基复合材料以及碳/碳复合材料等。

按使用功能,航空材料可分为两大类:

(1) 结构材料。

(2) 功能材料。

本书涉及的航空材料以结构材料为主。所谓结构,是指由板、杆、梁等承力单元件构成的承力系统。在载荷作用下,该系统只产生小的弹性形变,载荷卸除后恢复原状,即系统应具有几何不变性。如果承力系统是几何可变的,则承力系统不是结构,而是机构。以飞机为例,航空产品中典型的结构包括机身、机翼、垂直尾翼、水平尾翼、各种操纵面、起落架(除传动机构外的部分)等。用于制造和维修这些结构的单元件的材料都属于结构材料。

0.3 航空材料的演变

0.3.1 飞机结构材料的演变

早期的飞机是以木材、蒙布、金属丝绑扎而成的结构(例如图 0−1 所示莱特兄弟完成第一次载人动力飞行的飞行者一号飞机结构),后来发展为木材与金属的混合结构。

图 0-1　飞行者一号（复制品）

到了 20 世纪 30 年代，随着铝合金材料的发展，全金属承力蒙皮逐渐成为普遍的结构形式（例如图 0-2 所示第二次世界大战时期的战斗机）。

图 0-2　全金属承力蒙皮结构的 Me 109 战斗机

20 世纪三四十年代，镁合金开始进入航空结构材料行列。至 20 世纪四五十年代，不锈钢成为航空结构材料。

20 世纪 50 代中期开始出现钛合金，而后逐渐应用于飞机机身及航空发动机。

20 世纪 60 年代，树脂基先进复合材料被开发出来，随后又出现了金属基复合材料。

现代飞机大量采用新型材料。例如，美国航母舰载机 F-14（图 0-3）的机体结构中有质量分数分别为 25%、15%、36% 的钛合金、钢和铝合金，还有质量分数分别为 4%、20% 的非金属材料和复合材料。由于采用了可变后掠翼，F-14 背部有着结构复杂的箱形结构——翼盒。翼盒两端容纳了可变翼翼根转轴。此部分是可变翼设计飞机的重点，也是飞机死重（巡航时不工作，又占用机内体积）的来源。为了使翼盒质量尽量轻且不影响强度，飞机的设计制造商格鲁曼公司采用了强度高而质量轻的钛合金。

图 0-3　F-14"雄猫"可变后掠翼战斗机

新近投入使用或正在开发中的先进飞机（包括军用飞机和民用飞机）的机体结构用材主要具有以下特点：大量采用高比强度（强度与密度之比）和高比模量（模量与密度之比）的轻质、高强、高模材料，从而提高飞机的结构效率，降低飞机结构质量。其中又以先进复合材料和钛合金用量的增加，传统铝合金和钢材用量的相应减少为最突出的特点（参见图 0-4）。先进复合材料和钛合金的用量、材料本身的性能指标、结构设计水平和零部件加工质量已成为这些航空产品先进性的主要表现之一。以民航飞机为例，新一代大型民用飞机如 A380、B787、A350XWB 等陶瓷纤维增强树脂基复合材料结构的用量分别达到机体结构质量的 25%、50%、52%，并在 B737 和 A320 单通道客机的后续型号上大幅度提升复合材料的用量。国内研制的大型客机 C919 在复合材料结构用量上也提出了达到机体结构质量 20% 左右的指标要求。

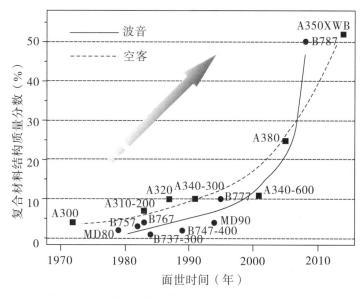

图 0-4　复合材料在民航飞机结构中应用的增长趋势

从材料种类的角度分析，今后航空产品结构用材具有以下发展趋势：

（1）铝合金。

铝合金因其生产和加工技术成熟、成本低、使用经验丰富等优势，在相当长的时期内仍将是亚音速飞机和低超音速飞机的主要结构用材之一。

（2）超高强度钢。

一些新型超高强度钢在今后仍然还会是航空器起落架、主要接头、隔框等主要承力构件的备选材料。

（3）钛合金。

钛合金在飞机结构用材中已经占有非常突出的地位，但是钛合金较为昂贵的价格和较差的工艺性是影响其使用的重要因素。

（4）先进复合材料。

由于具有比钢、铝、钛高得多的比强度、比模量和耐疲劳等优点，在未来高性能飞机结构材料中，先进复合材料将会占据越来越重要的地位。迄今为止，已有多种全复合材料机身结构的飞机问世，如美国豪客比奇公司的星舟飞机、美国西锐公司的 SR20、奥地利钻石飞机公司 DA40、加拿大庞巴迪公司的里尔 85 等。以 SR20 为例，该轻型飞机机身大部分由玻璃纤维增强环氧树脂基复合材料制成，其机体外形和机翼结构横截面如图 0-5 所示。

图 0-5　西锐 SR20 飞机的外形及其机翼结构横截面

0.3.2　航空发动机用材的演变

早期的活塞式发动机的结构材料以普通碳素钢为主，现代活塞式发动机的结构材料以铝合金及高性能合金钢为主。

航空燃气涡轮发动机（主要包括涡轮喷气发动机、涡轮风扇发动机、涡轮螺旋桨发动机、涡轮轴发动机等）的性能水平在很大程度上依赖于高温材料的发展，其中以涡轮部件材料最为关键。

0.3.2.1　涡轮叶片材料

20 世纪 40 年代，尽管喷气发动机的原理早已提出，但由于没有合适的高温材料用于制造涡轮，所以喷气发动机的整体发展速度非常缓慢。50 年代初，开发出了镍基高温合金。60 年代，开始使用真空熔炼方法制造高温合金，合金的纯度得到提高，性能更好。70 年代，开发出了定向凝固、单晶铸造等高温部件制造工艺，使涡轮叶片的最高工作温度和耐疲劳性能得到进一步提高。

0.3.2.2 涡轮盘材料

20 世纪 40 年代的涡轮进口温度为 800℃～900℃，此时开始采用 16-25-6 铁基合金。50 年代，出现了沉淀硬化合金，应用沉淀硬化（又称为沉淀强化、弥散强化、析出强化）原理使合金具有更高的高温强度，可使涡轮进口温度提高到 950℃。70 年代，出现了第一代 Rene95 合金和粉末冶金高温合金，结合先进冷却技术，涡轮进口温度提高到 1240℃。

对航空产品性能的要求日益提升，要求使用推重比更高、经济性更好的航空发动机。当前，军用发动机的推重比已经达到 10 以上，如美国的 F135 发动机，推重比达到 10.5，已装备了 F-35 战斗机，其涡轮进口温度达到 1982℃。大推力涡轮风扇发动机如 GE90、PW4073/4084、Trent800、Trent1000 等已被 B777、B787、A380 等大型宽体客机选用。

在这些先进航空发动机中，针对高温材料的生产、加工、维护属于核心技术，如军用发动机中的高温钛合金（压气机盘和叶片）、高温合金板材（燃烧室）、粉末冶金材料和单晶叶片材料（涡轮）等，以及民用发动机中使用的单晶叶片材料和粉末高温合金涡轮盘材料等。相关航空材料的进步也助推了航空材料现代测试技术的飞速发展。

0.4 常见的航空材料现代测试技术

常见的航空材料现代测试技术主要有 X 射线衍射分析、电子显微分析、热分析、分子光谱分析和其他现代测试技术。

0.4.1 X 射线衍射分析

X 射线衍射（X-ray diffraction，XRD）分析是利用 X 射线在晶体物质中的衍射效应进行物质结构分析的技术。每一种结晶物质都有其特定的晶体结构，包括点阵类型、晶面间距等，用具有足够能量的 X 射线照射样品，样品中的物质受激发会产生二次特征 X 射线，晶体的晶面反射遵循布拉格定律。通过测定衍射角位置（峰位）可以进行化合物的定性分析，通过测定谱线的积分强度（峰强度）可以进行化合物的定量分析，而测定谱线强度随角度的变化关系就可以进行晶粒大小、形状以及内应力的检测。

0.4.2 电子显微分析

电子显微分析是利用电子显微镜的高分辨能力、高放大倍率等特点来分析研究物体的组织形貌、结构特征的一种材料物理试验方法。当前，电子显微镜主要有四种类型：

透射电子显微镜、扫描电子显微镜、反射式电子显微镜和发射式电子显微镜。其中，前两种应用得较为普遍。

0.4.2.1　透射电子显微镜

当高能电子束穿过被检物的复型或薄膜时，由于复型或薄膜各部分对电子的吸收能力或产生电子衍射的强度不同而造成相互之间具有衬度的显微组织的电子图像，可用于被检物研究。相关仪器设备称为透射电子显微镜（transmission electron microscope，TEM），简称透射电镜。世界上第一台透射电子显微镜由德国柏林大学的克诺尔（M. Knoll）和鲁斯卡（E. Ruska）于1932年研制成功。目前分辨能力最强的透射电子显微镜，其线分辨率可达0.14 nm左右，可以拍摄出某些分子像或原子像。在透射电子显微镜中有复型技术、电子衍射和电子衍衬等几种常用的分析技术。

0.4.2.2　扫描电子显微镜

利用扫描线圈的作用使电子束扫查样品表面，并与显像管电子束的扫描同步，用扫查过程中产生的各种信号来调制显像管的光点亮度，从而产生图像。这种图像拥有很大的景深，故可用其直接观察表面凹凸不平的块状样品，得到的图像立体感强，且放大倍数可从低倍到高倍连续调节。相关仪器设备称为扫描电子显微镜（scanning electron microscope，SEM），简称扫描电镜。世界上第一台扫描电子显微镜由德国人阿尔登（Von Ardenne）于1938年研制成功。扫描电子显微镜通常附有X射线能谱和波谱分析装置，可在观察形貌的同时快速获得对应区域的化学成分。

0.4.3　热分析

热分析是在程序控温条件下准确记录材料理化性质随温度变化的关系，研究其受热过程中发生的晶型转化、熔融、蒸发、脱水等物理变化或热分解、氧化等化学变化以及伴随发生的温度、能量或质量改变的方法。热分析被广泛应用于相关材料多晶型、物相转化、结晶水、结晶溶剂、热分解以及纯度、相容性和稳定性等研究中。热分析的方法有差示热分析、热重分析、差示扫描量热分析等。热分析的主要优点包括：可在宽广的温度范围内对样品进行研究；可使用各种温度程序（不同的升降温速率）；对样品的物理状态无特殊要求；所需样品量很少（$0.1\ \mu g \sim 10$ mg级别）；仪器灵敏度高（质量变化的精确度达10^{-5}）；可与其他技术联用；可获取丰富多样的信息。

0.4.3.1　差示热分析

差示热分析（differential thermal analysis，DTA）是以某种在一定实验温度下不发生任何化学反应和物理变化的稳定物质（参比物）与等量的被测物在相同环境中等速变温的情况下相比较，当给予参比物和被测物同等热量时，因二者对热的性质不同，其升温情况必然不同，通过测定二者的温度差来达到分析目的。以参比物和被测物的温度差为纵坐标，以温度为横坐标所得的曲线，称为DTA曲线。在差示热分析中，为了反映这种微小的温差变化，用的是温差热电偶。它由两种不同的金属丝制成。通常用镍铬合金或铂铑合金的适当一段，其两端各自与等粗的两段铂丝用电弧分别焊上，即成为温差热电偶。

在做差热测试时，将与参比物等量、等粒级的粉末状样品分别放在两个坩埚内，坩埚的底部分别与温差热电偶的两个焊接点接触，于两个坩埚的等距离等高处装有测量加热炉温度的测温热电偶，它们的两端都分别接入记录仪的回路中。在等速升温过程中，温度和时间是线性关系，即升温的速度变化比较稳定，便于准确地确定样品反应变化时的温度。样品在某一升温区间没有发生任何变化，既不吸热也不放热，在温差热电偶的两个焊接点上不产生温差，在差热记录图谱上就呈现出一条直线，也叫基线。如果在某一温度区间样品产生热效应，在温差热电偶的两个焊接点上就产生了温差，从而在温差热电偶两端就产生了热电势差，经过信号放大进入记录仪中推动记录装置偏离基线而移动，反应结束后又运动回到基线。吸热和放热效应所产生的热电势的方向是相反的，所以反映在差热记录图谱上分别位于基线的两侧。这个热电势的大小除正比于样品的数量外，还与物质本身的性质有关。不同的物质产生的热电势的大小和温度不同，所以利用差示热分析不但可以研究样品的性质，而且可以根据这些性质来鉴别未知物质。

0.4.3.2　热重分析

热重分析（thermogravimetric analysis，TG 或 TGA）是在程序控温条件下测量物质质量与温度的关系。许多物质在加热过程中伴随着质量的变化，这种变化过程有助于研究晶体性质的变化，如熔化、蒸发、升华和吸附等物质的物理现象，也有助于研究脱水、解离、氧化、还原等物质的化学现象。当被测物在加热过程中升华、汽化、分解出气体或失去结晶水时，被测物的质量就会发生变化，这时热重曲线就不是直线而是有所下降。通过分析热重曲线就可以知道被测物在什么温度时发生了变化，并且根据失重量可以计算失去了多少物质。

0.4.3.3　差示扫描量热分析

差示扫描量热分析（differential scanning calorimetry，DSC）是在程序控温条件下测量输入到被测物和参比物的功率差（如以热的形式）与温度的关系。差示扫描量热仪记录到的曲线称为 DSC 曲线。它以样品吸热或放热的速率，即热流率为纵坐标，以温度或时间为横坐标，可以测量多种热力学和动力学参数，如比热容、反应热、转变热、相图、反应速率、结晶速率、高聚物结晶度、样品纯度等。该法使用温度范围宽（$-175℃\sim725℃$）、分辨率高、样品用量少，适用于无机化合物、有机化合物及化学物质分析。

0.4.4　分子光谱分析

物质的分子与电磁辐射作用时，物质内部会发生量子化的能级之间的跃迁，测量由此产生的反射、吸收或散射辐射的波长和强度而进行分析的方法，称为分子光谱分析。

常见的分子光谱分析方法包括紫外-可见吸收光谱分析（紫外-可见分光光度分析）、分子荧光光谱分析、红外光谱分析、拉曼光谱分析、核磁共振波谱分析等。

0.4.4.1 紫外-可见吸收光谱分析

紫外-可见吸收光谱分析是利用某些物质的分子吸收 $10\sim800$ nm 光谱区的辐射来进行分析测定的方法。这种分子吸收光谱产生于价电子和分子轨道上的电子在电子能级间的跃迁，广泛用于有机物质和无机物质的定性和定量测定。该方法具有灵敏度高、准确性好、选择性优、操作简便、分析速度快等特点。分子的紫外-可见吸收光谱法是基于分子内电子跃迁产生的吸收光谱进行分析的一种常用的光谱分析法。分子在紫外-可见光区的吸收与其电子结构紧密相关。紫外-可见吸收光谱分析的研究对象大多在 $200\sim380$ nm 的近紫外光区和/或 $380\sim780$ nm 的可见光区有吸收。紫外-可见吸收光谱分析测定的灵敏度取决于产生光吸收分子的摩尔吸光系数。该法所使用的仪器设备相对比较简单，应用十分广泛。

0.4.4.2 红外光谱分析

物质分子能选择性地吸收某些波长的红外线而引起分子中振动能级和转动能级的跃迁，检测红外线被吸收的情况可得到物质的红外吸收光谱（又称为分子振动光谱或分子振转光谱）。在有机物分子中，组成化学键或官能团的原子处于不断振动的状态，其振动频率与红外光的振动频率相当。所以，用红外光照射有机物分子时，分子中的化学键或官能团可发生振动吸收。不同的化学键或官能团吸收频率不同，在红外光谱上将处于不同位置，从而可以获得分子中含有何种化学键或官能团的信息。当一束具有连续波长的红外光通过物质，物质分子中某个基团的振动频率或转动频率和红外光的频率一样时，分子就吸收能量，由原来的基态振（转）动能级跃迁到能量较高的振（转）动能级，分子吸收红外辐射后发生振动和转动能级的跃迁，对应波长的光就被物质吸收。所以，红外光谱分析本质上是一种根据分子内部原子间的相对振动和分子转动等信息来确定物质分子结构和鉴别化合物的分析方法。将分子吸收红外光的情况用仪器记录下来，就得到红外光谱图。红外光谱图通常以波长（λ）或波数（σ）为横坐标，表示吸收峰的位置；以透过率（T）或吸光度（A）为纵坐标，表示吸收强度。

0.4.5 其他现代测试技术

除上述常见的航空材料现代测试技术外，在航空制造、运行和维护等领域经常应用的测试技术还有铁谱分析、超声波检测、疲劳强度测试等。

0.4.5.1 铁谱分析

铁谱分析是一种借助磁力将油液（例如滑油）中的金属颗粒分离出来，并对这些颗粒进行分析的技术。铁谱分析仪主要有两种类型：一种是直读铁谱仪，另一种是分析铁谱仪。分析铁谱仪又可分为直线式铁谱仪和旋转式铁谱仪。直读铁谱仪根据颗粒沉积位置的不同，将磨损颗粒大致区分为大颗粒和小颗粒。如果积累到足够的铁谱分析数据，通过做出数据的趋势线就可以间接反映零件磨损的情况。

0.4.5.2　超声波检测

超声波检测是一种无损检测。无损检测（nondestructive testing，NDT）是在不损坏工件或原材料工作状态的前提下，对被检测部件的表面和内部质量进行检查的一种检测手段。当今国内有关的超声波检测标准为 JB/T 4730.3—2005、GB/T 11345—2013、CB/T 3559—2011 等。JB/T 4730.3—2005 是一个综合性的标准，后面两个标准为焊缝检测标准。此外，还有航空金属结构、航空用复合材料层合结构等的超声波检测标准，使用者可根据需要进行相应的操作。

超声波探伤仪的种类繁多，其中脉冲反射式超声波探伤仪应用最广。一般在均匀材料中，缺陷的存在将造成材料不连续，这种不连续往往会造成声阻抗不一致。由反射定理可知，超声波在两种不同声阻抗介质的界面上会发生反射。反射回来的能量的大小与交界面两边介质声阻抗的差异和交界面的取向、大小有关。脉冲反射式超声波探伤仪就是根据这个原理设计的。这类探伤仪大部分都是 A 扫描式的。所谓 A 扫描式，即显示器的横坐标是超声波在被检测材料中的传播时间或者传播距离，纵坐标是超声波反射波的幅值。譬如，在一个工件中存在一个缺陷，由于缺陷的存在，缺陷和材料之间会形成一个交界面，交界面之间的声阻抗不同，当发射的超声波遇到这个界面后就会发生反射，反射回来的能量又被探头接收到，在显示器屏幕中横坐标的一定位置上就会显示出一个反射波的波形，横坐标的这个位置就是缺陷波在被检测材料中的深度。该反射波的高度和形状因缺陷的不同而不同，反映了缺陷的性质。某些超声波探伤仪也可以进行 C 扫描。C 扫描系统使用计算机控制超声换能器（探头）在工件上纵横交替搜查，将探测特定范围内（工件内部）的反射波强度以亮度的形式连续显示出来，这样就可以绘制出工件内部缺陷所在横截面的图形。这个横截面是与超声波声束垂直的，即工件内部缺陷横截面在计算机显示器上的纵、横坐标分别代表工件截面的纵、横坐标。

0.4.5.3　疲劳强度测试

疲劳强度是指材料在无限多次交变载荷或循环（重复）载荷作用下不会产生破坏的最大应力，称为疲劳强度或疲劳极限。实际上，金属材料并不可能做无限多次交变载荷试验。

常规疲劳强度计算是以名义应力为基础的，可分为无限寿命计算和有限寿命计算。航空机械零件，如轴、齿轮、轴承、叶片、弹簧等，在工作过程中各点的应力随时间作周期性变化，这种随时间作周期性变化的应力称为交变应力（也称为循环应力）。在交变应力的作用下，虽然零件所承受的应力低于材料的屈服点，但经过较长时间的工作后产生裂纹或突然发生完全断裂的现象称为金属的疲劳（fatigue）。一般试验时规定，钢在经受 10^7 次、有色金属材料在经受 10^8 次交变载荷作用而不产生断裂的最大应力为疲劳强度。当施加对称循环应力时，所得的疲劳强度用 σ_{-1} 表示。疲劳破坏是造成机械零件失效的主要原因之一，经常导致重大航空事故。据统计，在机械零件失效中大约有

80％以上属于疲劳破坏,而且疲劳破坏前没有明显的变形,因此对于轴、齿轮、轴承、叶片、弹簧等承受交变载荷或循环载荷的航空零件要选择疲劳强度较好的材料来制造。

在常规疲劳强度设计中,有无限寿命设计(将工作应力限制在疲劳极限以下,即假设零件无初始裂纹,也不发生疲劳破坏,寿命是无限的)和有限寿命设计(针对一些更换周期短或一次消耗性的航空产品,采用达到或超过疲劳极限的工作应力,以实现相关产品轻量化的目的)。损伤容限设计是在航空零件实际上存在初始裂纹的条件下,以断裂力学为理论基础,以断裂韧性试验和无损检验技术为手段,估算有初始裂纹零件的剩余寿命,并规定剩余寿命应大于两个检修周期,以保证在发生疲劳破坏之前至少有两次发现裂纹扩展到危险程度的机会。疲劳强度可靠性设计是在规定的寿命内和规定的使用条件下,保证航空零部件疲劳破坏不发生的概率在给定值(可靠度)以上的设计,目的是使相关航空零部件的质量减轻得恰到好处。

后续各章将对常见的航空材料现代测试技术进行更为详细的分类介绍。

第1章　X射线及其与物质的相互作用

　　德国物理学家伦琴（W. C. Röntgen）在1895年研究阴极射线时发现了一种肉眼不可见的新型辐射，这种辐射具有极强的穿透力，可使照相底片感光。由于当时人们尚不了解这种辐射的性质，故将其命名为X射线。1912年，德国物理学家劳埃（Max von Laue）发现了X射线在晶体中的衍射现象。晶体衍射实验的成功揭示了物质内部原子规则排列的特征。英国物理学家布拉格父子（W. H. Bragg与W. L. Bragg）利用X射线衍射法测定了NaCl晶体的结构，证实了X射线与可见光一样属于电磁波，开辟了使用X射线衍射对材料晶体结构等方面进行分析研究的新方法。1927年，美国贝尔电话实验室的戴维森（C. J. Davisson）和他的助手革末（L. H. Germer）用电子衍射证明了电子的波动性，并建立了电子衍射实验装置。1936年，人们又发现了中子衍射，建立了中子衍射的材料研究方法。X射线衍射、电子衍射和中子衍射在运动学衍射理论，特别是几何理论方面非常相似，衍射的动力学出发点基本相同，因此，这三种衍射存在很多内在联系和共同规律。但在衍射分析方面，三者又存在着原理和方法方面的诸多差异。X射线衍射被广泛应用于晶体结构等方面的分析研究；电子衍射可以进行微区结构分析、表面结构分析和薄膜结构研究；中子衍射是磁结构测定的主要手段，还可采用非弹性中子衍射方法来研究晶体动力学，中子衍射还特别适合于测定轻原子（尤其是H原子）在晶胞结构中的位置。

　　在X射线衍射、电子衍射和中子衍射三种衍射分析方法中，X射线衍射分析在物理、化学、材料科学、地质学、生命科学和各种工程技术中应用最为广泛，在航空材料分析测试中也得到了大量应用。本章介绍X射线衍射分析的基本原理、方法和具体应用。

1.1　X射线的性质

　　X射线是一种波长很短的电磁波，其波长在0.01~10 nm范围内。用于衍射分析的X射线波长范围一般为0.05~0.25 nm。在电磁波谱上，X射线的波长范围在紫外线和

γ 射线之间（图 1-1）。

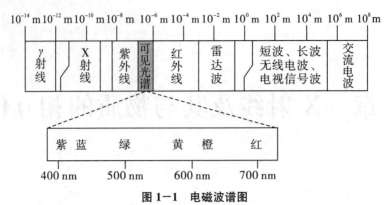

图 1-1　电磁波谱图

由于 X 射线的本质是电磁波，其磁场分量在与物质的相互作用中效应很弱，所以一般只考虑它的电场分量 A。一束沿 y 轴方向传播的波长为 λ 的 X 射线的方程为

$$A = A_0 \cos 2\pi\left(\frac{y}{\lambda} - vt\right) \tag{1-1}$$

式中，A_0 为电场强度的振幅；v 为频率，$v = c/\lambda$；t 为时间。

若以 φ 表示其相位，即 $\varphi = 2\pi\dfrac{y}{\lambda}$，令 $\omega = 2\pi v$，则式（1-1）可写成

$$A = A_0 \cos(\varphi - \omega t) \tag{1-1a}$$

$$A = A_0 e^{i(\varphi - \omega t)} \tag{1-1b}$$

当 $t = 0$ 时，$A = A_0 e^{i\varphi}$，$e^{i\varphi}$ 称为相位因子。

与所有的基本粒子一样，X 射线具有波粒二相性，由于其波长较短，它的粒子性往往表现得比较突出，故 X 射线也可视为一束具有一定能量的光量子流。每个光量子的能量 E 和动量 P 分别为

$$E = hv = \frac{hc}{\lambda} \tag{1-2}$$

$$P = \frac{h}{\lambda} = \frac{hv}{c} \tag{1-3}$$

式中，h 为普朗克常数（Planck's constant），$h = 6.626 \times 10^{-34}$ J·s。

1.2　X 射线的产生及 X 射线谱

产生 X 射线的装置具有如图 1-2 所示的基本电气线路。通常获得 X 射线是利用一种类似于热阴极二极管的装置，用一定材料制作的板状阳极（A，称为靶）和阴极（C，称为灯丝）被密封在一个玻璃-金属管壳内，阴极通电加热，在阳极和阴极间加以直流高压 U（数千伏至数十千伏），则阴极产生的大量热电子 e 将在高压电场作用下飞向阳极，在它们与阳极碰撞的瞬间就会产生 X 射线。用仪器检测此 X 射线的波长，发现其中包含两种类型的波谱，即连续 X 射线谱和特征 X 射线谱（也称为标识 X 射线谱）。

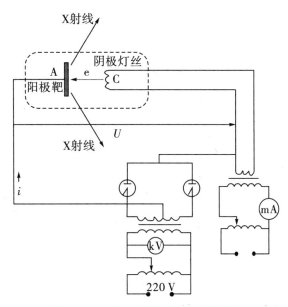

图 1-2　产生 X 射线的基本电气线路

1.2.1　连续 X 射线谱

在 X 射线管两极间加以直流高压 U 并维持一定的管电流 i，得到的 X 射线的强度与波长 λ 的关系如图 1-3 所示。其特点是 X 射线波长从一最小值 λ_{SWL} 向长波方向伸展，强度在 λ_m 处有一最大值。这种强度随波长连续变化的谱线称为连续 X 射线谱，λ_{SWL} 称为该管电压下的短波限。

连续谱受管电压、管电流和阳极靶材元素的原子序数的影响，其相互关系的实验规律如下：

（1）当保持管电流和阳极靶材元素的原子序数一定，提高管电压时，各波长 X 射线的强度都提高，短波限 λ_{SWL} 和强度最大值对应的 λ_m 减小，如图 1-3（a）所示。

（2）当保持管电压和阳极靶材元素的原子序数一定，提高管电流时，各波长 X 射线的强度都提高，但 λ_{SWL} 和 λ_m 不变，如图 1-3（b）所示。

（3）在相同的管电压和管电流下，阳极靶材元素的原子序数原子序数越大，连续谱的强度越大，但 λ_{SWL} 和 λ_m 相同，如图 1-3（c）所示。

连续谱的总强度取决于上述管电压、管电流和阳极靶材元素的原子序数三个因素，即

$$I_{连续} = \int_{\lambda_{SWL}}^{\infty} I(\lambda)\mathrm{d}\lambda = K_1 iZU^2 \tag{1-4}$$

式中，K_1 为常数。

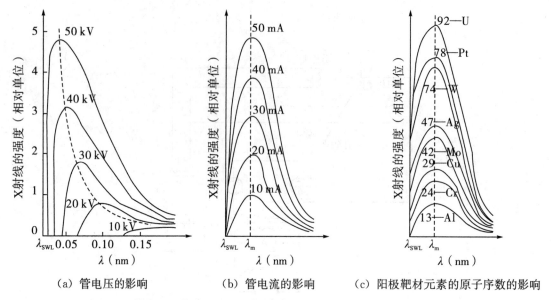

(a) 管电压的影响　　　　(b) 管电流的影响　　　　(c) 阳极靶材元素的原子序数的影响

图 1-3　管电压、管电流和阳极靶材元素的原子序数对 X 射线连续谱的影响

当 X 射线管仅产生连续谱时，其效率为

$$\eta = \frac{I_{连续}}{iU} = K_1 ZU$$

可见管电压越高，阳极靶材元素的原子序数越大，X 射线管的效率越高。但由于常数 K_1 的数值很小 $[(1.1 \sim 1.4) \times 10^{-9} \ V^{-1}]$，因此即使采用钨阳极（$Z = 74$）并采用 100 kV 的管电压，X 射线管的效率仍很低（$\eta \approx 1\%$）。在这种情况下，碰撞阳极靶的电子束的大部分能量都耗费在使阳极靶发热上，所以阳极靶多使用 W、Ag、Mo、Cu、Ni、Co、Fe、Cr 等高熔点金属制造，且 X 射线管在工作时必须一直通冷却剂（水），使被轰击的靶得到有效冷却。

用量子力学观点可以解释连续谱的形成以及为何存在短波限。在管电压作用下，电子到达阳极靶时的动能为 eU，若一个电子在与阳极靶碰撞时把全部能量给予一个光子，这就是一个光量子所能获得的最大能量，即 $h\nu_{max} = eU$，此光量子的波长即为短波限 λ_{SWL}，即

$$\nu_{max} = \frac{eU}{h} = \frac{c}{\lambda_{SWL}}$$

所以

$$\lambda_{SWL} = \frac{hc}{eU} = \frac{6.626 \times 10^{-34} \ J \cdot s \times 2.998 \times 10^8 \ m \cdot s^{-1}}{1.602 \times 10^{-19} \ C \cdot V} = \frac{1.24 \times 10^{-6} \ m}{V} = \frac{1240 \ nm}{V}$$

$$(1-5)$$

式中，U 的单位为 V（伏特），e 的单位为 C（库伦）。

绝大多数到达阳极靶面的电子经多次碰撞消耗其能量，每次碰撞产生一个光量子，故其能量均小于短波限，而产生波长大于 λ_{SWL} 的不同波长的辐射，构成连续谱。

1.2.2　特征 X 射线谱

当加于 X 射线管两端的电压提高到与阳极靶材相应的某一特定值 U_K 时，在连续谱的某些特定波长位置上会出现一系列强度很高、波长范围很窄的线状光谱，它们的波长对一定材料的阳极靶有严格恒定的数值，此波长可作为阳极靶材的标志或特征，故称为特征谱或标识谱（图 1–4）。特征谱的波长不受管电压、管电流的影响，只取决于阳极靶材元素的原子序数。布拉格（W. H. Bragg）发现了特征谱，莫塞莱（H. G. J. Moseley）对其进行了系统研究，得出特征谱的波长 λ 和阳极靶材元素的原子序数 Z 之间的关系——莫塞莱定律，即

$$\sqrt{\frac{1}{\lambda}} = K_2(Z - \sigma) \tag{1-6}$$

式中，K_2 和 σ 都是常数。

该定律表明：阳极靶材元素的原子序数越大，相应于同一系列的特征谱波长越短。

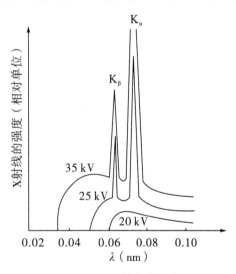

图 1–4　X 射线特征谱

按照经典的原子模型，原子内的电子分布在一系列量子化的壳层上，在稳定状态下，每个壳层上有一定数量的电子，它们具有一定的能量，最内层（K 层）的能量最低，然后按 L 层，M 层，N 层，……的顺序递增。令自由电子的能量为零，则各层上电子能量的表达式为

$$E_n = -\frac{2\pi^2 m e^4}{h^2 n^2}(Z - \sigma)^2 \tag{1-7}$$

式中，E_n 为主量子数为 n 的壳层上电子的能量；n 为主量子数；m 为电子质量；其他符号同式（1–6）。

当冲向阳极靶的电子具有足够能量将内层电子击出成为自由电子（二次电子）时，原子就处于高能的不稳定状态，必然自发地向稳定状态过渡。当 K 层出现空位时，原

子处于 K 激发态，若 L 层电子跃迁到 K 层，原子转变到 L 激发态，其能量差以 X 射线光量子的形式辐射出来，这就是特征 X 射线。L 层到 K 层的跃迁发射 K_α 谱线，由于 L 层内尚有能量差别很小的亚能级，不同亚能级上电子的跃迁所辐射的能量小有差别而形成波长较短的 K_{α_1} 谱线和波长稍长的 K_{α_2} 谱线。若 M 层电子向 K 层空位补充，则辐射波长更短的 K_β 谱线。以电子轰击 Mg 原子为例，其 X 射线特征谱的发射过程如图 1-5 所示。

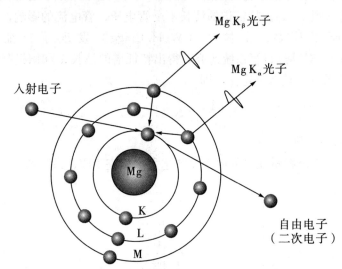

图 1-5　X 射线特征谱的发射过程

所辐射的特征谱频率的计算公式为

$$h\nu = \omega_{n_2} - \omega_{n_1} = (-E_{n_2}) - (-E_{n_1}) \tag{1-8}$$

式中，ω_{n_2}、ω_{n_1} 分别为电子跃迁前后原子激发态的能量。

将式（1-7）代入式（1-8），得

$$h\nu = \frac{2\pi^2 me^4}{h^2}(Z-\sigma)^2\left(\frac{1}{n_2^2} - \frac{1}{n_1^2}\right) \tag{1-9}$$

若 $n_2 = 1$（即 K 层），$n_1 = 2$（即 L 层），发射的 K_α 谱线波长 λ_{K_α} 为

$$\sqrt{\frac{1}{\lambda_{K_\alpha}}} = K_2(Z-\sigma)$$

式中，

$$K_2 = \sqrt{\frac{me^4}{8\varepsilon_0^2 h^3 c}\left(\frac{1}{n_2^2} - \frac{1}{n_1^2}\right)} = \sqrt{R\left(\frac{1}{n_2^2} - \frac{1}{n_1^2}\right)}$$

式中，R 为里德伯常数。在国际单位制中，$R = \dfrac{me^4}{8\varepsilon_0^2 h^3 c} = 1.0974 \times 10^7 \ \mathrm{m^{-1}}$。

根据莫塞莱定律可以得出：$h\nu_{K_\alpha} < h\nu_{K_\beta}$，即 $\lambda_{K_\alpha} < \lambda_{K_\beta}$，但由于在 K 激发态下，L 层电子向 K 层跃迁的概率远大于 M 层电子向 K 层跃迁的概率，所以 K_α 谱线的强度约为 K_β 谱线的 5 倍。由 L 层内不同亚能级电子向 K 层跃迁所发射的 K_{α_1} 谱线和 K_{α_2} 谱线的关系：$\lambda_{K_{\alpha_1}} < \lambda_{K_{\alpha_2}}$，$I_{K_{\alpha_1}} \approx I_{K_{\alpha_2}}$（$I$ 表示辐射强度）。

特征谱的强度随管电压 U 和管电流 i 的提高而增大，其关系的实验公式为

$$I_{特征} = K_3 i (U - U_n)^m \qquad (1-10)$$

式中，K_3 为常数；U_n 为特征谱的激发电压，对 K 系谱线，$U_n = U_K$，m 为常数（K 系，$m=1.5$；L 系，$m=2$）。

在多晶材料的衍射分析中，总是希望应用以特征谱为主的单色光源，以获得尽可能高的 $I_{特征}/I_{连续}$。由式（1-4）和式（1-10）可推得对 K 系谱线，当 $U/U_K = 4$ 时，$I_{特征}/I_{连续}$ 获得最大值。所以 X 射线管适宜的工作电压 $U \approx (3 \sim 5)U_K$。表 1-1 列出了常用 X 射线管的适宜工作电压及特征谱波长等数据。

表 1-1　几种常用阳极靶材和特征谱参数

阳极靶材元素	原子序数 Z	K 系特征谱波长/0.1 nm				K 吸收限 λ_K/0.1 nm	U_K/kV	$U_{适宜}$/kV
		$\lambda_{K_{\alpha_1}}$	$\lambda_{K_{\alpha_2}}$	λ_{K_α}	λ_{K_β}			
Cr	24	2.28970	2.293606	2.29100	2.08487	2.0702	5.43	20～25
Fe	26	1.936042	1.939980	1.937355	1.75661	1.74346	6.4	25～30
Co	27	1.788956	1.782850	1.790260	1.62079	1.60815	6.93	30
Ni	28	1.657910	1.661747	1.659189	1.500135	1.48807	7.47	30～35
Cu	29	1.540562	1.544390	1.541838	1.392218	1.38059	8.04	35～40
Mo	42	0.70930	0.710730	0.710730	0.632288	0.61978	17.44	50～55

注：$\lambda_{K_\alpha} = \dfrac{2\lambda_{K_{\alpha_1}} + \lambda_{K_{\alpha_2}}}{3}$。

1.3　X 射线与物质的相互作用

当 X 射线与物质相遇时会产生一系列效应，这是 X 射线应用的基础。德国物理学家伦琴在发现 X 射线时就观察到它具有可见光无法比拟的穿透力，表现为可使荧光物质发光，可使气体或其他物质电离等。随着研究的深入，人们对 X 射线与物质相互作用本质的认识逐渐深入。X 射线与物质相互作用时，入射到某物质的 X 射线分为透射和吸收两部分。

1.3.1　X 射线的透射系数和吸收系数

如图 1-6 所示，强度为 I_0 的入射线照射到厚度为 t 的均匀物质上，实验证明，X 射线通过深度为 x 处的 dx 厚度物质，其强度的衰减 dI_x 与 dx 成正比，即

$$\frac{dI_x}{I_x} = -\mu_1 dx \qquad (1-11)$$

式中，μ_1 为常数，称为线吸收系数。公式中的负号表示 dI_x 与 dx 符号相反。

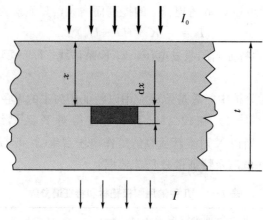

图 1-6　X 射线通过物质后的衰减

式（1-11）经积分（积分限 0~t）得

$$\frac{I}{I_0} = \mathrm{e}^{-\mu_1 t}$$

$$I = I_0 \mathrm{e}^{-\mu_1 t} \tag{1-12}$$

式中，$\dfrac{I}{I_0}$ 称为透射系数。

图 1-7 表示 X 射线强度与透入深度的衰减关系。

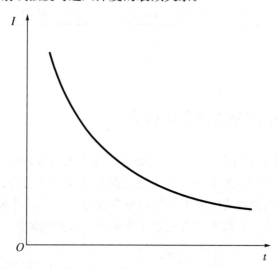

图 1-7　X 射线强度与透入深度的衰减关系

线吸收系数 μ_1 表明物质对 X 射线的吸收特性。由式（1-11）可得 $\mu_1 = -\dfrac{\mathrm{d}I_x}{I_x \mathrm{d}x}$，即 μ_1 是 X 射线通过单位厚度（即单位体积）物质的相对衰减量。单位体积内物质的质量随其密度而异，因而 μ_1 对某种确定的物质也不是一个常量。为表达物质本质的吸收特性，提出了质量吸收系数 μ_m，即

$$\mu_m = \frac{\mu_1}{\rho} \tag{1-13}$$

式中，ρ 为吸收体的密度。

将式（1-13）代入式（1-12），得

$$I = I_0 \mathrm{e}^{-\mu_m \rho t} = I_0 \mathrm{e}^{-\mu_m m} \tag{1-14}$$

式中，m 为单位面积厚度为 t 的体积中的物质的质量（$m = \rho t$）。

由此可知 μ_m 的物理意义：μ_m 指 X 射线通过单位面积上单位质量物质后强度的相对衰减量。这样 μ_m 就摆脱了密度的影响，成为反映物质本身对 X 射线吸收性质的物理量。若吸收体是多元素的化合物、固溶体或混合物，其质量吸收系数仅取决于各组元的质量吸收系数 μ_{m_i} 以及各组元的质量分数 w_i，即

$$\mu_m = \sum_{i=1}^{n} \mu_{m_i} w_i \tag{1-15}$$

式中，n 为吸收体中的组元数。

质量吸收系数取决于吸收物质的原子序数 Z 和 X 射线的波长，其关系的经验公式为

$$\mu_m \approx K_4 \lambda^3 Z^3 \tag{1-16}$$

式中，K_4 为常数。

式（1-16）表明，物质的原子序数越大，对 X 射线的吸收能力越强；对于一定的吸收体，X 射线的波长越短，则穿透能力越强，表现为吸收系数的下降。但随着波长的减小，μ_m 并非连续变化，而是在某些波长位置上突然升高，出现了吸收限。每种物质都有它本身确定的一系列吸收限，这种带有特征吸收限的吸收系数曲线称为该物质的吸收谱（图 1-8）。吸收限的存在显露了吸收的本质。

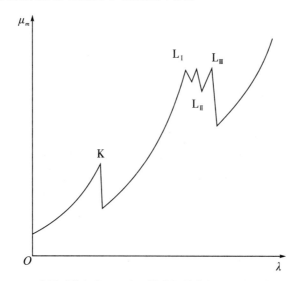

图 1-8　质量吸收系数 μ_m 随入射波长的变化（原子序数 Z 一定）

1.3.2　X 射线的真吸收

吸收系数突变的现象可用 X 射线的光电效应来解释。当入射光量子的能量等于或

略大于吸收体原子某壳层电子的结合能（即该层电子激发态能量）时，此光量子就很容易被电子吸收，获得能量的电子从内层溢出，成为自由电子，称为光电子。此时原子处于相应的激发态。这种原子被入射光量子辐射电离的现象即光电效应。此效应消耗大量入射能量，表现为吸收系数突增，对应的入射波长即为吸收限。使 K 层电子变成自由电子需要的能量是 W_K，这意味着入射光量子的能量必须达到此值才能引起激发态。

$$h\nu_K = W_K = \frac{hc}{\lambda_K} \tag{1-17}$$

式中，ν_K 和 λ_K 分别为 K 吸收限的频率和波长。

L 壳层包括三个能量差很小的亚能级（L_I、L_{II}、L_{III}），它们对应于三个吸收限：λ_{L_I}、$\lambda_{L_{II}}$、$\lambda_{L_{III}}$（图 1-8）。X 射线通过光电效应使被辐照物质处于激发态，这一激发态与由入射电子引起的激发态完全相同，也要通过电子跃迁向较低能态转化，同时产生被辐照物质的特征 X 射线谱。如前所述，

$$h\nu_{K_\alpha} = W_K - W_L = h\nu_K - h\nu_L$$
$$h\nu_{K_\beta} = W_K - W_M = h\nu_K - h\nu_M$$

由此可得，对同一元素：$\lambda_K < \lambda_{K_\beta} < \lambda_{K_\alpha}$。这就是同一元素的 X 射线发射谱与其吸收谱的关系。由入射 X 射线激发出来的特征 X 射线称为荧光辐射（荧光 X 射线，或称为二次 X 射线）。

由于光电效应，处于激发态的原子还有一种释放能量的方式，即俄歇（Auger）效应。原子中一个 K 层电子被入射光量子击出后，L 层一个电子跃迁到 K 层填补空位，此时多余的能量不以辐射 X 光量子的方式放出，而是另一个 L 层电子获得能量跃出吸收体，这样的一个 K 层空位被两个 L 层空位代替的过程称为俄歇效应，跃出的 L 层电子称为俄歇电子，其能量 E_{KLL} 是吸收体元素的特征。所以荧光 X 射线和俄歇电子都是被辐照物质化学成分的对应信号。荧光效应一般用于重元素（$Z > 20$）的成分分析，俄歇效应一般用于表层轻元素的成分分析。

光电效应造成的入射能量消耗即为真吸收。真吸收中还包括 X 射线穿过物质时引起的热效应。

可以利用吸收限两侧吸收系数差很大的现象制成滤波片，用以吸收不需要的辐射而得到基本单色的光源。如前所述，K 系辐射包含 K_α 和 K_β 谱线，在多晶衍射分析中，为了使衍射谱线简明，有时希望除去强度较低的 K_β 谱线以及连续谱。为此，可以选取一种材料制成滤波片放置在光路上，这种材料的 K 吸收限 λ_K 处于光源的 λ_{K_α} 和 λ_{K_β} 之间，即 λ_{K_β}（光源）$< \lambda_K$（滤波片）$< \lambda_{K_\alpha}$（光源），它对光源的 K_β 辐射吸收很强烈，而对 K_α 辐射吸收很少，经过滤波片后发射光谱变成如图 1-9 所示的形态。通常需调整滤波片的厚度（按吸收公式计算），使滤波后的 $I_{K_\beta}/I_{K_\alpha} \approx 1/600$（未滤波时，$I_{K_\beta}/I_{K_\alpha} \approx 1/5$）。表 1-2 为几种常用 X 射线管及与其相配用的滤波片各参数。可以看出，滤波片元素的原子序数均比阳极靶材元素的原子序数小 1～2。

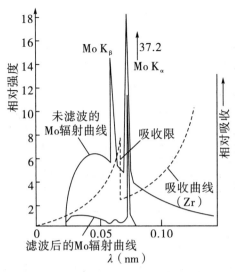

图 1－9　滤波片原理示意图

表 1－2　几种常用 X 射线管及与其相配用的滤波片各参数

阳极靶材				滤波片				I/I_0
元素	Z	$\lambda_{K_\alpha}/0.1nm$	$\lambda_{K_\beta}/0.1nm$	元素	Z	$\lambda_K/0.1nm$	厚度/mm	(K_α)
Cr	24	2.291000	2.084870	V	23	2.26910	0.016	0.50
Fe	26	1.937355	1.756610	Mn	25	1.89643	0.016	0.46
Co	27	1.790260	1.620790	Fe	26	1.74346	0.018	0.44
Ni	28	1.659189	1.500135	Co	27	1.60815	0.018	0.53
Cu	29	1.541838	1.392218	Ni	28	1.48807	0.021	0.40
Mo	42	0.710730	0.632288	Zr	40	0.68830	0.108	0.31

注：滤波后 $I_{K_\beta}/I_{K_\alpha} \approx 1/600$。

　　元素的吸收谱还可作为选择 X 射线管靶材的重要依据。在进行衍射分析时，总是希望入射 X 射线被样品尽可能少地吸收，进而获得高的衍射强度和低的背底。这样就应依据图 1－10 所示的方式选用 X 射线管靶材。图示样品元素的吸收谱，靶的 K_α 谱（λ_T）应位于样品元素 K 吸收限的右近邻（稍大于 λ_K）或左侧远离 λ_K（远小于 λ_K）的低 μ_m 处。如分析 Fe 样品可采用 Fe 靶或 Co 靶，分析 Al（$Z=13$）样品则可采用 Cu 靶或 Mo 靶。

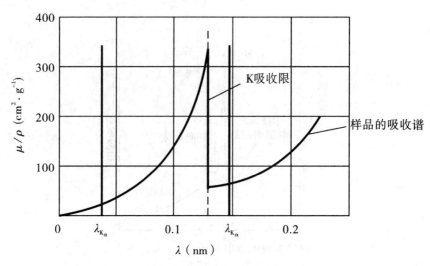

图 1-10   光源的波长与样品吸收谱之间的关系

1.3.3   X射线的散射

X射线在穿过物质后强度衰减，其损失的能量除主要部分是由于真吸收消耗于光电效应和热效应外，还有一部分是由于射线偏离了原来的方向，即发生了散射。在散射波中有与原波长相同的相干散射和与原波长不同的不相干散射。

1.3.3.1   相干散射

当入射线与原子内受核束缚较紧的电子相遇，光量子能量不足以使原子电离，但电子可在X射线交变电场作用下发生受迫振动时，电子就成为一个电磁波的发射源，向周围辐射与入射X射线波长相同的射线。因为各电子散射的射线波长相同，有可能相互干涉，故称为相干散射（coherent scattering，又称为经典散射）。英国物理学家汤姆森（J. J. Thomson）用经典方法研究了这一现象，推导出表明相干散射强度的汤姆森散射公式。

当入射线为偏振时，电子在空间内一点 P 的相干散射强度为

$$I_e = \frac{I_0}{R^2}\left(\frac{\mu_0}{4\pi}\right)^2\left(\frac{e^2}{m}\right)^2\sin^2\phi \tag{1-18a}$$

当入射线为非偏振时，电子在点 P 的相干散射强度为

$$I_e = \frac{I_0}{R^2}\left(\frac{\mu_0}{4\pi}\right)^2\left(\frac{e^2}{m}\right)^2\frac{1+\cos^2 2\theta}{2} \tag{1-18b}$$

式中，I_0 为入射线强度；I_e 为一个电子的相干散射强度；$\mu_0 = 4\pi\times10^{-7}$ m·kg·C^{-2}；e、m 为同前的物理常数；ϕ 为入射线电场振幅 A_0 方向与散射方向 OP 之间的夹角；R 为散射电子到空间内一点 P 的距离；2θ 为散射方向与入射方向之间的夹角。如图1-11所示。

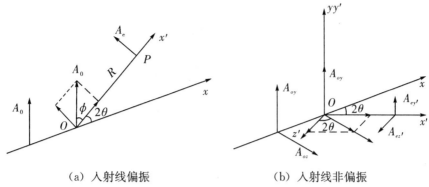

（a）入射线偏振　　　　　　（b）入射线非偏振

图 1-11　一个电子的相干散射

公式中的 $\left(\dfrac{\mu_0}{4\pi}\right)\left(\dfrac{e^2}{m}\right)$ 为常数项，称为电子散射因数，用 f_e 来表示。f_e 是个很小的

数（$f_e^2 = 7.94 \times 10^{-30}$ m²），说明一个电子的相干散射强度是非常微弱的；$\dfrac{1+\cos^2 2\theta}{2}$

称为偏振因数，表明当入射线非偏振时，相干散射线的强度随 2θ 变化，是偏振的。若将汤姆森散射公式用于质子或原子核，由于质子的质量是电子的 1840 倍，则散射强度只有电子的 $1/1840^2$，可忽略不计，所以某种原子对 X 射线的散射可以认为只是对电子的散射。相干散射波的能量虽然只占入射能量的极小部分，但是由于它的相干特性而成为 X 射线衍射分析的基础。

晶体结构的特点是原子在空间规则排列，所以把原子看成一个个分立的散射源有利于进行晶体衍射分析。原子中的电子在其原子核周围形成电子云，当散射角 $2\theta = 0$ 时，各电子在这个方向上的散射波之间没有光程差，它们的合成振幅 $A_a = ZA_e$；当散射角 $2\theta \neq 0$ 时，如图 1-12 所示，观察原点 O 和空间内一点 G 的电子，它们的相干散射波在 2θ 角方向上的光程差 $\delta = Gn - Om$，设入射方向和散射方向的单位矢量分别为 $\boldsymbol{k}$ 和 $\boldsymbol{k}'$，位矢 $\overrightarrow{GO} = \boldsymbol{r}$，则其相位差 ϕ 为

$$\phi = \frac{2\pi}{\lambda}(Gn - Om) = \frac{2\pi}{\lambda}\boldsymbol{r}\cdot(\boldsymbol{k}' - \boldsymbol{k}) \tag{1-19a}$$

如图 1-12 所示，$|\boldsymbol{k}' - \boldsymbol{k}| = 2\sin\theta$，$\boldsymbol{r}$ 与 $(\boldsymbol{k}' - \boldsymbol{k})$ 的夹角为 α，则

$$\phi = \frac{2\pi}{\lambda}r 2\sin\theta\cos\alpha = \frac{4\pi\sin\theta}{\lambda}r\cos\alpha$$

令 $K = \dfrac{4\pi\sin\theta}{\lambda}$，则

$$\phi = Kr\cos\alpha \tag{1-19b}$$

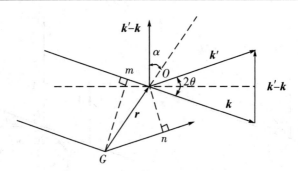

图1-12   一个原子中两个电子的相干散射

设 $\rho(\mathbf{r})$ 为原子中总的电子分布密度，则原子中所有电子在 $\mathbf{k}'$ 方向上散射波的合成振幅为

$$A_{\alpha} = A_{\mathrm{e}} \int_{V} \rho(\mathbf{r}) \mathrm{e}^{\mathrm{i}\phi} \mathrm{d}V \tag{1-20}$$

式中，A_{e} 为一个电子相干散射波的振幅；$\mathrm{d}V$ 为位矢 $\mathbf{r}$ 端点周围的体积元。定义原子散射因数 f 为

$$f = \frac{A_{\alpha}}{A_{\mathrm{e}}} = \int_{V} \rho(\mathbf{r}) \mathrm{e}^{\mathrm{i}\phi} \mathrm{d}V \tag{1-21}$$

若原子中电子云对原子核呈球形对称分布，$U(\mathbf{r})$ 为其径向分布函数（半径为 r 的球面上的电子数），$U(\mathbf{r}) = 4\pi r^2 \rho(\mathbf{r})$，就可推得

$$f = \int_{0}^{\infty} U(\mathbf{r}) \frac{\sin Kr}{Kr} \mathrm{d}r \tag{1-22}$$

可见，原子散射因数取决于原子中电子分布密度以及散射波的波长和方向（$\sin\theta / \lambda$）。当 $\theta = 0$ 时，$f = Z$；当 $\theta \neq 0$ 时，$f < Z$。f 可用量子力学方法计算，也可通过实验测定。

在上述分析中，将电子看成自由电子，忽略了原子核对电子的束缚和其他电子的排斥作用。实际上，由于电子处在物质中，必然受到这些因素的影响，特别是在入射波长 λ 接近被辐照物质的吸收限 λ_{K}（$\lambda / \lambda_{\mathrm{K}} \approx 1$）时，此作用尤其显著。原子散射因数较计算值 f_0 相差一修正量，即发生反常散射现象。有效的原子散射因子为

$$f_{\text{有效}} = f_0 + f' + \mathrm{i}f'' \tag{1-23}$$

式中，f' 和 f'' 为色散修正项。虚数项 f'' 通常忽略不计。对给定的散射体和波长，f' 与散射角无关。

1.3.3.2   不相干散射

在偏离原射束方向上，不仅有与原射线波长相同的相干散射波，还有波长变长的不相干散射波。这一现象是美国物理学家康普顿（A. H. Compton）在1923年发现的。我国物理学家吴有训参与了此项工作，完成了大量卓有成效的实验，因此这一现象称为康普顿-吴有训效应。他们用 X 射线光量子与自由电子碰撞的量子理论解释这一现象。如图1-13所示，能量为 $h\nu$ 的光子与自由电子或受核束缚较弱的电子碰撞，将一部分能

量给予电子，使其动量提高，成为反冲电子，光子损失了能量，并改变了运动的方向，能量减少 $h\nu'$。显然，$\nu' < \nu$，这就是不相干散射（incoherent scattering，也称为量子散射）。根据能量和动量守恒定律，推得不相干散射的波长变化为

$$\Delta\lambda = \lambda' - \lambda = 0.00243(1 - \cos 2\theta) = 0.00486\sin^2\theta \qquad (1-24)$$

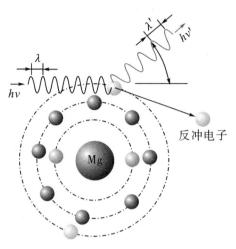

图 1-13　康普顿-吴有训效应示意图

康普顿散射的强度随 $\sin\theta/\lambda$ 的增大而增大。轻元素中电子受到原子核的束缚较弱，有较明显的康普顿-吴有训效应。不相干散射的波长与入射波不同，且随散射方向（2θ）变化，故不能发生衍射，在衍射分析中形成背底。

图 1-14 归纳了 X 射线的产生及其与物质的相互作用。

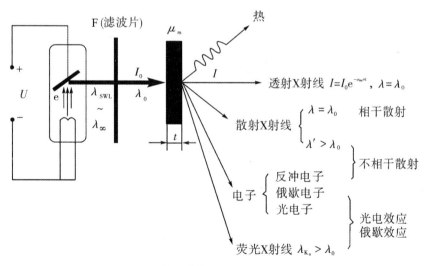

图 1-14　X 射线的产生及其与物质的相互作用

习　题

1. 在原子序数 24（Cr）到 74（W）之间选择 7 种元素，根据它们的特征谱波长（K_{α_1}），用图解法验证莫塞莱定律。

2. 若 X 射线管的额定功率为 1.5 kW，在管电压为 35 kV 时，允许的最大电流是多少？

3. 讨论下列各组概念中二者之间的关系：

（1）同一物质的吸收谱和发射谱。

（2）X 射线管靶材的发射谱和与其配用的滤波片的吸收谱。

（3）X 射线管靶材的发射谱与被辐照样品的吸收谱。

4. 为了使 Cu 靶的 K_β 线透射系数为 K_α 线透射系数的 1/6，滤波片的厚度应该为多少？

5. 画出 Mo K_α 辐射的透射系数（I/I_0）与铅板厚度（t）之间的关系曲线（t 取 0～1 mm）。

6. 欲用 Mo 靶 X 射线管激发 Cu 的荧光 X 射线辐射，所需施加的最低管电压是多少？激发出的荧光辐射的波长是多少？

7. 名词解释：相干散射、不相干散射、荧光辐射、吸收限、俄歇效应。

第 2 章　X 射线衍射的基本理论

　　X 射线衍射分析是以 X 射线在晶体中的衍射现象作为基础的。衍射可归结为两方面的问题，即衍射的方向和衍射的强度。本章所介绍的布拉格方程是阐明衍射方向的基本理论，而倒易点阵和埃瓦尔德（P. P. Ewald）图解则是解决衍射方向问题的有力工具。

　　晶体几何结构是更为基础的知识，在学习相关内容之前最好对其有所了解。有关点阵、晶胞、晶系以及晶向指数、晶面指数等的知识在某些工程类课程中可能已经涉及，为了满足开展衍射分析的需要，本章仅对相关问题作简要介绍。

2.1　材料晶体几何学基础

2.1.1　布喇菲点阵

　　晶体是由原子在三维空间中按照一定规则排列而成的。这种堆砌模型复杂而烦琐。在研究晶体结构时一般只抽象出其重复规律，这种抽象的图形称为空间点阵。空间点阵上的阵点不只限于原子，也可以是离子、分子或原子团。为了方便，往往用直线连接阵点而组成空间格子，格子的交点就是点阵结点。纯元素物质点阵中的任何结点都不具有特殊性，即每个结点有完全相同的环境（离子晶体如 NaCl，Na^+ 具有相同的环境，而 Cl^- 具有另一种相同的环境）。因此，可取任一结点作为坐标原点，并在空间三个方向上选取重复周期。在三个方向上的重复周期矢量 a、b、c 称为基本矢量。由基本矢量构成的平行六面体称为单位晶胞（unit cell），如图 2-1 所示。单位晶胞在三个方向上重复即可建立起整个晶体的空间点阵。基本矢量长度 a、b、c 和它们之间的夹角 α、β、γ 称为晶格常数或晶胞参数。

　　对于同一点阵，单位晶胞的选择有多种可能性。选择的依据：晶胞应最能反映出点阵的对称性；基本矢量长度 a、b、c 相等的数目最多，三个方向的夹角 α、β、γ 应尽可能为直角；单胞体积最小。根据这些条件选择出来的晶胞，其几何关系、计算公式均最简单，称为布喇菲晶胞。这是为了纪念法国结晶学家布喇菲（M. A. Bravais）。

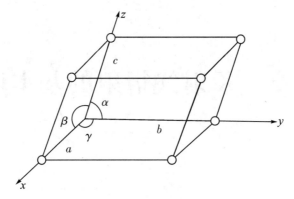

图 2—1　单位晶胞

按照点阵的对称性，自然界的晶体可划分为 7 个晶系，每个晶系最多可包括 4 种点阵。如果点阵中的晶胞只在其角上具有结点，则称这种点阵为简单点阵。有时在晶胞的面上或体中也有结点，我们称这些晶胞所在的点阵为复杂点阵。复杂点阵包括底心点阵、体心点阵和面心点阵。1848 年，布喇菲证实了在七大晶系中只可能有 14 种布喇菲点阵。14 种布喇菲点阵及其所属的七大晶系列于表 2—1。

表 2—1　七大晶系及布喇菲点阵的结构特征

晶系	晶胞参数关系	点阵名称	阵点坐标
立方晶系（等轴） (cubic)	$a=b=c$， $\alpha=\beta=\gamma=90°$	简单立方	[0,0,0]
		体心立方	[0,0,0][1/2,1/2,1/2]
		面心立方	[0,0,0][1/2,1/2,0][1/2,0,1/2][0,1/2,1/2]
正方晶系（四方） (tetragonal)	$a=b\neq c$， $\alpha=\beta=\gamma=90°$	简单正方	[0,0,0]
		体心正方	[0,0,0][1/2,1/2,1/2]
斜方晶系（正交） (orthorhombic)	$a\neq b\neq c$， $\alpha=\beta=\gamma=90°$	简单斜方	[0,0,0]
		体心斜方	[0,0,0][1/2,1/2,1/2]
		底心斜方	[0,0,0][1/2,1/2,0]
		面心斜方	[0,0,0][1/2,1/2,0][1/2,0,1/2][0,1/2,1/2]
菱方晶系（三方） (rhombohedral)	$a=b=c$， $\alpha=\beta=\gamma\neq90°$	简单菱方	[0,0,0]
六方晶系 (hexagonal)	$a_1=a_2=a_3\neq c$， $\alpha=\beta=90°$，$\gamma=120°$	简单六方	[0,0,0]
单斜晶系 (monoclinic)	$a\neq b\neq c$， $\alpha=\gamma=90°\neq\beta$	简单单斜	[0,0,0]
		底心单斜	[0,0,0][1/2,1/2,0]
三斜晶系 (triclinic)	$a\neq b\neq c$， $\alpha\neq\beta\neq\gamma\neq90°$	简单三斜	[0,0,0]

2.1.2　晶体学指数

2.1.2.1　晶向指数

晶体点阵是由阵点在空间中按照一定规律排列而成的。可将晶体点阵在任何方向上分解为平行的结点直线簇，阵点就等距离地分布在这些直线上。不同方向的直线簇阵点密度互异，但同一线簇中的各直线，其阵点分布则完全相同，故其中的任一直线均可充当簇的代表。

在晶体学上用晶向指数表示一直线簇。为了确定某方向直线簇的指数，需引入坐标系统。取点阵结点为原点，布喇菲晶胞的基本矢量为坐标轴，并用过原点的直线来求取。设晶胞的三个基本矢量分别为 a、b、c。从原点出发，在 x 方向上移动 a 长度的 u 倍，然后沿 y 方向移动 b 长度的 v 倍，再沿 z 方向移动 c 长度的 w 倍，可到达直线上与原点最近的结点 M（参看图 2-2）。若该点的坐标用 $[[uvw]]$ 表示，则该直线指数在数值上与此点坐标相同，并加上单括号表示，即 $[uvw]$。u、v、w 是三个最小的整数，故用直线上其他结点确定出的晶向指数，其比值不变。

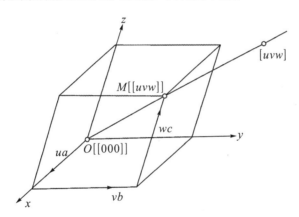

图 2-2　空间点阵中晶向指数确定方式示意图

若已知晶体中任意两点的坐标，则过这两点的直线指数即可确定。设其坐标分别为 $[[x_1y_1z_1]]$ 及 $[[x_2y_2z_2]]$，则相应坐标差的最小整数比即为晶向指数，故

$$(x_2 - x_1) : (y_2 - y_1) : (z_2 - z_1) = u : v : w$$

2.1.2.2　晶面指数

可将晶体点阵在任意方向上分解为相互平行的结点平面簇。同一取向的平面不仅互相平行、间距相等，而且其上结点的分布也相同。不同取向的结点平面，其特征各异。

晶体学中常用 (hkl) 来表示一簇平面，称为晶面指数，或称米勒（或译为密勒）（W. H. Miller）指数。h、k、l 是平面在三个坐标轴上截距倒数的互质比。为了说明 (hkl) 可以表征平面簇的原因，在平面簇中选取平面 I，如图 2-3 所示，它与三个坐

标轴分别交于 M_1、N_1、P_1 点。由于这是结点平面，故三截距必是三个坐标轴上单位矢量长度 a、b、c 的整数倍，即 $OM_1=m_1a$，$ON_1=n_1b$，$OP_1=p_1c$。m_1、n_1、p_1 是用轴单位来量度截距所得的整倍数。该平面的截距方程即为

$$\frac{x}{m_1}+\frac{y}{n_1}+\frac{z}{p_1}=1 \tag{2-1}$$

平面簇中另一平面 Ⅱ 的方程为

$$\frac{x}{m_2}+\frac{y}{n_2}+\frac{z}{p_2}=1 \tag{2-2}$$

式中，m_2、n_2、p_2 与 m_1、n_1、p_1 有类似的意义。

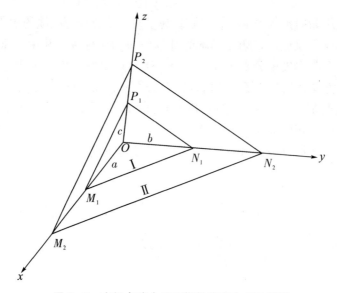

图 2-3　空间点阵中晶面指数确定方式示意图

按照比例关系

$$\frac{OM_1}{OM_2}=\frac{ON_1}{ON_2}=\frac{OP_1}{OP_2}=\frac{m_1}{m_2}=\frac{n_1}{n_2}=\frac{p_1}{p_2}$$

设这个共同的比值为 D，则 $m_1=m_2D$，$n_1=n_2D$，$p_1=p_2D$。

将以上各值代入式（2-1），得

$$\frac{x}{m_2D}+\frac{y}{n_2D}+\frac{z}{p_2D}=1 \quad 或 \quad \frac{x}{m_2}+\frac{y}{n_2}+\frac{z}{p_2}=D$$

也可写成

$$hx+ky+lz=D$$

从上面几个式子可以看出

$$h:k:l=\frac{1}{m_2}:\frac{1}{n_2}:\frac{1}{p_2}=\frac{1}{m_1}:\frac{1}{n_1}:\frac{1}{p_1}$$

上式说明 $h:k:l$ 是平面簇中所有平面的共同比值，故可用以表征该平面簇。

为了求得晶面指数，需先求出晶面与三个坐标轴的截距（指用轴单位去量度截距所得的整倍数而非绝对长度），取其倒数，再化成互质整数比并加上圆括号。一般来说，

已知晶体点阵中任意三个不在一条直线上的点的坐标，就可将其代入方程，从而求得包含这三个点的平面的晶面指数。

低指数的晶面在 X 射线衍射中具有较大的重要性。这些晶面上的原子密度较大，晶面间距也较大，如（100）、（110）、（111）、（210）、（310）等。

在同一晶体中存在着若干组等同晶面，其主要特征为晶面间距相等，晶面上结点分布相同。这些等同晶面构成晶面系或晶面簇，用 $\{hkl\}$ 来表示。例如，在立方晶系中，$\{100\}$ 表示的晶面簇就包括（100）、（010）、（001）、（$\bar{1}$00）、（0$\bar{1}$0）、（00$\bar{1}$）六个等同晶面。

2.1.2.3　六方晶系的指数

六方晶系同样可用三个指数标定其晶面和晶向，即取 a_1、a_2、c 作为坐标轴，其中 a_1 轴与 a_2 轴的夹角为 120°，如图 2-4 所示。该方法的缺点是不能显示晶体的六次对称及等同晶面关系。例如，六个柱面是等同的，但在三轴制中，其指数却分别为（100）、（010）、（$\bar{1}$10）、（$\bar{1}$00）、（0$\bar{1}$0）、（1$\bar{1}$0）。其晶向的表示也存在着同样的缺点，如 [100] 与 [110]，实际上是等同晶向。可采用四轴制来克服此缺点：令 a_1、a_2、a_3 三轴间夹角为 120°，此外再选一与它们垂直的 c 轴，此时晶面指数用（$hkil$）来表示，六个柱面的指数分别为（10$\bar{1}$0）、（01$\bar{1}$0）、（$\bar{1}$100）、（$\bar{1}$010）、（0$\bar{1}$10）、（1$\bar{1}$00）。这六个晶面便具有明显的等同性并可归入 $\{1\bar{1}00\}$ 晶面簇。

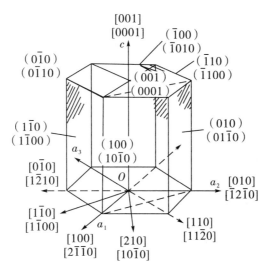

图 2-4　六方晶系的晶体学指数

四轴制中的前三个指数只有两个是独立的，它们之间的关系为

$$i = -(h+k)$$

因为第三个指数可由前两个指数求得，故有时将它略去而使晶面指数成为（hkl）的形式。

采用四轴制时，根据巴瑞特（C. S. Barrett）的建议，晶向指数的确定方法如下：

从原点出发，沿着平行于四个晶轴的方向依次移动，最后到达欲标定的方向上的点。移动时需选择适当的路线，使沿 a_3 轴移动的距离等于沿 a_1、a_2 轴移动的距离之和，但方向相反。用此方法确定晶向指数虽然较为麻烦，但避免了三轴向四轴转换这一环节，所以得到了广泛认可。将上述距离化成最小整数，加上方括号，即为该方向的晶向指数，即 $[uvtw]$，其中 $t=-(u+v)$。具体的做法可参照图 2-5。例如，晶轴 a_1 的晶向指数为 $[2\bar{1}\bar{1}0]$，标定时从原点出发，沿 a_1 轴正方向移动 2 个单位长度，然后沿 a_2 轴负方向移动 1 个单位长度，最后沿 a_3 轴负方向移动 1 个单位长度，回到 a_1 轴上的某点，此时 $u=2$，$v=-1$，$t=-1$，$w=0$，符合 $t=-(u+v)$ 的关系。

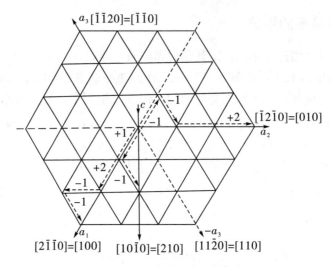

图 2-5　六方晶系的晶向指数

三轴坐标系的晶向指数 $[UVW]$ 和四轴坐标系的晶向指数 $[uvtw]$ 可按下列关系互换：

$$U=u-t,\ V=v-t,\ W=w$$

$$u=\frac{1}{3}(2U-V),\ v=\frac{1}{3}(2V-U),\ t=-(u+v),\ w=W$$

2.1.3　简单点阵的晶面间距公式

晶面间距是指最近邻的两个晶面之间的距离。如图 2-6 所示，使坐标原点 O 过晶面簇 $\{hkl\}$ 中某一晶面，与之相邻的晶面将交三坐标轴于 A、B、C 点。过原点作此晶面的法线 ON，其长度即为晶面间距 d_{hkl}。

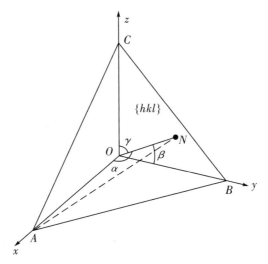

图 2−6　计算晶面间距

ON 与 x 轴的夹角为 α，与 y 轴及 z 轴的夹角分别为 β 和 γ。由图 2−6 可以看出

$$\cos \alpha = \frac{ON}{OA}$$

若 x 轴上的单位矢量长度为 a，则截距 OA 可表示为 ma，即

$$\cos \alpha = \frac{d}{ma}$$

同样，若 y 轴和 z 轴上的单位矢量长度分别为 b 和 c，则有

$$\cos \beta = \frac{ON}{OB} = \frac{d}{nb}$$

$$\cos \gamma = \frac{ON}{OC} = \frac{d}{pc}$$

以上表达式中的 m、r、p 为晶面在三个坐标轴上的截距用单位矢量长度量度得到的整倍数，它们与 h、k、l 具有倒数关系，故

$$\begin{cases} \cos \alpha = d/(a/h) \\ \cos \beta = d/(b/k) \\ \cos \gamma = d/(c/l) \end{cases}$$

若晶体的三个基本矢量互相垂直，则有关系 $\cos^2 \alpha + \cos^2 \beta + \cos^2 \gamma = 1$，亦即

$$\frac{d^2}{(a/h)^2} + \frac{d^2}{(b/k)^2} + \frac{d^2}{(c/l)^2} = 1$$

$$d^2 \left[(h/a)^2 + (k/b)^2 + (l/c)^2 \right] = 1$$

$$d_{hkl} = \frac{1}{\sqrt{h^2/a^2 + k^2/b^2 + l^2/c^2}} \tag{2-3}$$

这就是斜方晶系的晶面间距公式。

对于正方晶系，因为 $a = b$，所以

$$d_{hkl} = \frac{1}{\sqrt{(h^2 + k^2)/a^2 + l^2/c^2}} \tag{2-4}$$

对于立方晶系，因为 $a=b=c$，所以

$$d_{hkl} = \frac{a}{\sqrt{h^2+k^2+l^2}} \tag{2-5}$$

六方晶系的晶面间距公式为

$$d_{hkl} = \frac{1}{\sqrt{\frac{4}{3}(h^2+hk+k^2)/a^2+l^2/c^2}} \tag{2-6}$$

2.2 布拉格方程

X 射线在传播过程中与晶体中束缚较紧的电子相遇将发生经典散射。由于晶体由大量原子组成，每个原子又包含多个电子，因此各电子所产生的经典散射线会相互干涉，使在某些方向上被加强，在另一些方向上则被减弱。衍射实质上就是电子散射线干涉的总结果。

在波发生干涉时，振动方向相同、波长相同的两列波叠加，将造成某些固定区域的加强或减弱。若叠加的波为一系列平行波，则形成固定的加强和减弱的必要条件是这些波具有相同的波程（相位），或者其波程差为波长的整数倍（相当于相位差为 2π 的整数倍）。

排列在一直线上无穷多的电子称为电子列。早期的研究指出，当 X 射线照射到电子列时，散射线相互干涉的结果只能在某些方向上获得加强。在这些方向上，相邻电子散射线为同波程或波程差为波长的整数倍。如果忽略同一原子中各电子散射线的相位差，原子列对 X 射线的散射情况应当与电子列相同。德国物理学家劳埃在 1912 年指出：当 X 射线照射晶体时，若要在某方向上获得衍射加强，必须同时满足三个方程，即在晶体中三个相互垂直的方向上相邻原子散射线的波程差为波长的整数倍。这三个劳埃方程式从本质上解决了 X 射线在晶体中的衍射方向问题。但该理论比较复杂，相关方程式在使用上也不方便。为了便于实际应用，有必要对其进行简化。

晶体既然可看成由平行的原子面组成，晶体的衍射线也应当是由原子面的衍射线叠加而得的。由于相互干涉，这些衍射线大部分会被抵消，只有一小部分可以得到加强。更详细的研究指出，能够保留下来的衍射线相当于某些网平面的反射线。按照这一观点，晶体对 X 射线的衍射可视为晶体中某些原子面对 X 射线的反射。

将衍射看成反射是导出布拉格方程的基础。这一方程首先由英国物理学家布拉格在 1912 年导出。次年，俄国结晶学家吴里夫（Г. В. Вулъф）也独立地导出了这一方程。

2.2.1 布拉格方程的导出

先考虑同一晶面上的原子的散射线叠加条件。如图 2-7 所示，一束平行的单色的 X 射线以 θ 角照射到原子面 AA 上，如果入射线在 LL_1 处为同相位，则原子面上的原子

M_1 和 M 的散射线中，处于反射线位置的 MN 和 M_1N_1 在到达 NN_1 时为同光程。这说明同一晶面上的原子的散射线在原子面的反射线方向上是可以互相加强的。

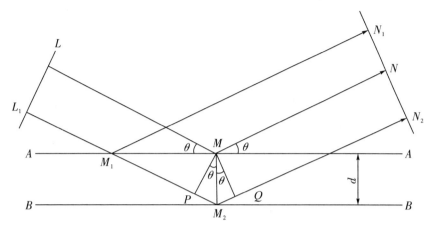

图 2-7　布拉格方程的导出

由于 X 射线具有极强的穿透力，它不仅可以照射到晶体表面，而且可以照射到晶体内一系列平行的原子面。如果相邻两个晶面的反射线的相位差为 2π 的整数倍（或波程差为波长的整数倍），则所有平行晶面的反射线可一致加强，从而在该方向上获得衍射。入射线 LM 照射到晶面 AA 后，反射线为 MN；另一条平行的入射线 L_1M_2 照射到相邻的晶面 BB 后，反射线为 M_2N_2。这两束 X 射线到达 NN_2 处的波程差为

$$\delta = PM_2 + QM_2$$

如果晶面间距为 d，则由图 2-7 可以看出

$$\delta = d\sin\theta + d\sin\theta = 2d\sin\theta$$

如果散射（入射）X 射线的波长为 λ，则在这个方向上散射线互相加强的条件为

$$2d\sin\theta = n\lambda \tag{2-7}$$

式中，θ 为入射线（或反射线）与晶面的夹角，称为掠射角或布拉格角；n 为整数，称为反射级数。该式就是著名的布拉格方程。

还可以证明，X 射线束 L_1M_2 照射到晶面 AA 后，反射线到达 N_1 点；同一线束照射到相邻晶面 BB 后，反射线到达 N_2 点。在 N_1、N_2 处，两束反射 X 射线的波程差也为 $2d\sin\theta$。这样，我们已经证明了当一束单色且平行的 X 射线照射到晶体时，同一晶面上的原子的散射线在晶面反射方向上是同相位的，因而可以叠加；不同晶面的反射线若要加强，必要条件是相邻晶面反射线的波程差为波长的整数倍。

2.2.2　布拉格方程的讨论

如前所述，将衍射看成反射是导出布拉格方程的基础。但衍射是本质，反射的说法仅仅是为了使用方便而采用的一种描述方式。X 射线的晶面反射与可见光的镜面反射也有所不同。镜面可以任意角度反射可见光，但只有在满足布拉格方程的 θ 角时才能发生 X 射线的反射，因此，这种反射也称为选择反射。

布拉格方程在解决衍射方向问题时是极其简单而明确的。波长为 λ 的入射线以 θ 角投射到晶体中间距为 d 的晶面时，有可能在晶面的反射方向上产生反射（衍射）线，其条件为相邻晶面的反射线的波程差为波长的整数倍。下面讨论一下，布拉格方程只是获得衍射的必要条件而非充分条件。

布拉格方程联系了晶面间距 d、掠射角 θ、反射级数 n 和 X 射线的波长 λ 四个参量，因此，当知道了其中三个参量就可以通过公式求出其余一个参量。必须强调的是，在不同场合下，某个参量可能表现为常量或变量，故需仔细分析。布拉格方程是衍射中最基本和最重要的方程，学习者可以通过下面的讨论对该方程有更深刻的认识。

2.2.2.1　反射级数

如前所述，式（2—7）中的 n 称为反射级数。由相邻两个平行晶面反射出的 X 射线束，其波程差用波长去量度所得的整倍数在数值上就等于 n。在使用布拉格方程时，并不直接赋予 n 以 1、2、3 等数值，而是采用另一种方式。

参照图 2—8，假设 X 射线照射到晶体的（100）面，而且刚好能发生二级反射，则相应的布拉格方程为

$$2d_{100}\sin\theta = 2\lambda \tag{2—8}$$

设想在每两个（100）晶面中间均插入一个原子分布与之完全相同的晶面，此时面簇中最接近原点的晶面在 x 轴上的截距已变为 1/2，故面簇的指数可写作（200）。又因为晶面间距已减小为原来的一半，相邻晶面反射线的波程差便只有一个波长，这种情况相当于（200）晶面发生了一级反射，其相应的布拉格方程为

$$2d_{200}\sin\theta = \lambda$$

上式又可写作

$$2(d_{100}/2)\sin\theta = \lambda \tag{2—9}$$

式（2—9）相当于将式（2—8）右边的 2 移到了左边，但这两个式子所对应的衍射方向是一样的。也就是说，可以将（100）晶面的二级反射看成（200）晶面的一级反射。一般的说法是把 (hkl) 晶面的 n 级反射看作 $(nh\,nk\,nl)$ 晶面的一级反射。如果 (hkl) 晶面的间距为 d，则 $(nh\,nk\,nl)$ 晶面的间距为 d/n，于是布拉格方程可以写成以下形式

$$2\frac{d}{n}\sin\theta = \lambda$$

有时也写成

$$2d\sin\theta = \lambda \tag{2—10}$$

这种形式的布拉格方程在使用上极为方便，可以认为反射级数永远等于1，因为级数 n 实际上已包含在 d 中。也就是说，(hkl) 的 n 级反射可以看成来自某种虚拟晶面的一级反射。

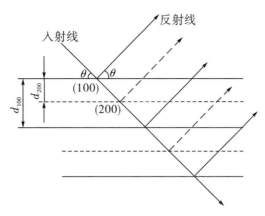

图 2-8　反射级数的讨论

2.2.2.2　干涉面指数

晶面（hkl）的 n 级反射面（nh nk nl）用符号（HKL）来表示，称为反射面或干涉面。其中，$H=nh$，$K=nk$，$L=nl$。（hkl）是晶体中实际存在的晶面，（HKL）只是为了使问题简化而引入的虚拟晶面。干涉面的面指数称为干涉面指数，一般有公约数 n。当 $n=1$ 时，干涉面指数即变为晶面指数。对于立方晶系，晶面间距与晶面指数的关系为 $d_{hkl}=a/\sqrt{h^2+k^2+l^2}$；干涉面间距与干涉面指数的关系与此类似，即 $d_{HKL}=a/\sqrt{H^2+K^2+L^2}$。其中，$a$ 指立方晶系晶胞的棱边长度。在 X 射线衍射分析中，如无特别说明，所用的面间距一般指干涉面间距。

2.2.2.3　掠射角

掠射角 θ 是入射线（或反射线）与晶面的夹角，可表征衍射的方向。

由布拉格方程可得：$\sin\theta=\lambda/(2d)$。从这一表达式可导出两个概念：一是当 λ 一定时，d 相同的晶面必然在 θ 相同的情况下才能获得反射，当用单色 X 射线照射多晶体时，各晶粒中 d 相同的晶面，其反射线将有确定的关系，这里所说的 d 相同的晶面当然也包括等同晶面；二是当 λ 一定时，d 减小，θ 就要增大，这说明间距较小的晶面，其掠射角必须是较大的，否则它们的反射线就无法加强，在考察多晶体衍射时，这一概念非常重要。

2.2.2.4　衍射极限条件

掠射角的极限范围为 $0°\sim90°$，掠射角过大或过小都会造成衍射的探测困难。由于 $|\sin\theta|\leqslant1$，所以在衍射中反射级数 n 或干涉面间距 d 都要受到限制。

因为 $n=\dfrac{2d}{\lambda}\sin\theta$，所以 $n\leqslant\dfrac{2d}{\lambda}$。当 d 一定时，λ 减小，n 可增大，说明对同一种晶面，当采用短波 X 射线照射时可获得较多级数的反射，即衍射花样比较复杂。从干涉面的角度去分析也有类似的规律。在晶体中，干涉面的划取是无限的，但并非所有的干涉面都能参与衍射，因为存在关系 $d\sin\theta=\lambda/2$ 或 $d\geqslant\lambda/2$。这说明只有间距大于或等于 X 射线半波长的那些干涉面才能参与反射。显然，当采用短波 X 射线照射时，能参与反射的干涉面将会增多。

2.2.2.5 布拉格方程的应用

布拉格方程是衍射分析中最重要的基础公式，它简单明确地阐释了衍射的基本关系，因此应用得非常广泛。归结起来，从实验上可有两方面的应用：一是用已知波长的 X 射线去照射未知结构的晶体，通过衍射角的测量求得晶体中各晶面的间距 d，从而揭示晶体的结构，这就是结构分析（衍射分析）；二是用已知晶面间距的晶体来反射从样品发射出来的 X 射线，通过衍射角的测量求得其波长，这就是 X 射线光谱学。该法除可进行光谱结构的研究外，由 X 射线的波长还可以确定样品的组成元素。电子探针仪就是按照这一原理设计的。

2.2.3 倒易空间的衍射方程式及埃瓦尔德图解

如图 2-9 所示，衍射线与入射线的单位矢量 k' 与 k 之差垂直于衍射面，且其绝对值为

$$|k' - k| = 2\sin\theta$$

由布拉格方程可得

$$|k' - k| = \frac{\lambda}{d_{hkl}} \tag{2-11}$$

即矢量 $g_{hkl} = k' - k$ 垂直于衍射面（hkl），且绝对值等于晶面间距的倒数。这一有趣的结果把我们引入了一个解决衍射问题的矢量空间——倒易空间。

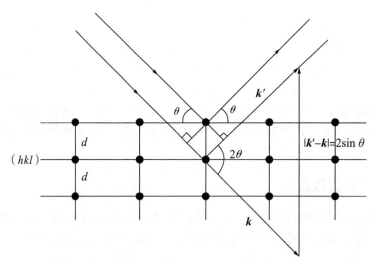

图 2-9 入射单位矢量 k 和衍射单位矢量 k' 的关系

2.2.3.1 倒易点阵的定义和性质

如前所述，晶体是原子（或离子、分子或原子团等）在三维空间中呈周期性规则排

列而成的，这种三维周期性分布可以概括地用点阵平移对称来描述，因此称这种点阵为晶体点阵。当晶体点阵与倒易点阵相提并论时，又常称为正点阵。倒易点阵是埃瓦尔德在 1924 年建立的一种晶体学表达方法，它能十分巧妙、正确地反映晶体点阵周期性的物理本质，是解析晶体衍射的理论基础，是衍射分析工作中不可缺少的工具。

通常把晶体点阵（正点阵）占据的空间称为正空间。所谓倒易点阵，是指在倒易空间内与某一正点阵相对应的另一点阵。正点阵和倒易点阵是在正、倒两个空间内相互对应的统一体，它们互为倒易而共存。

1. 倒易点阵的定义

设正点阵的基本矢量为 a、b、c，定义相应的倒易点阵的基本矢量为 a^*、b^*、c^*，则有

$$a^* = \frac{b \times c}{V}, \ b^* = \frac{c \times a}{V}, \ c^* = \frac{a \times b}{V} \tag{2-12}$$

式中，V 为正点阵单胞的体积，$V = a \cdot (b \times c) = b \cdot (c \times a) = c \cdot (a \times b)$。

2. 倒易点阵的性质

（1）倒易点阵基本矢量。

按照矢量运算法则，根据式（2-12），有

$$a^* \cdot b = a^* \cdot c = b^* \cdot a = b^* \cdot c = c^* \cdot a = c^* \cdot b = 0 \tag{2-13}$$

由式（2-13）可知，正点阵、倒易点阵异名基矢点乘积为 0，由此可确定倒易点阵基本矢量的方向。而

$$a^* \cdot a = b^* \cdot b = c^* \cdot c = 1 \tag{2-14}$$

可见正点阵、倒易点阵同名基矢点乘积为 1，由此可确定倒易点阵基本矢量的大小，即

$$a^* = \frac{1}{a\cos(a^*, a)}, \ b^* = \frac{1}{b\cos(b^*, b)}, \ c^* = \frac{1}{c\cos(c^*, c)} \tag{2-15}$$

（2）倒易矢量。

在倒易空间中，由倒易原点 O^* 指向坐标为 hkl 的点阵矢量称为倒易矢量，记为 g_{hkl}，即

$$g_{hkl} = ha^* + kb^* + lc^* \tag{2-16}$$

倒易矢量 g_{hkl} 与正点阵中的 (hkl) 晶面之间的几何关系为

$$g_{hkl} \perp (hkl), \ |g_{hkl}| = \frac{1}{d_{hkl}} \tag{2-17}$$

显然，用倒易矢量 g_{hkl} 可以表征正点阵中的 (hkl) 晶面的特性（方位和晶面间距）。

（3）倒易球（多晶体倒易点阵）。

由以上讨论可知，单晶体的倒易点阵是由三维空间规则排列的阵点（倒易矢量的端点）构成的，它与相应正点阵属于相同晶系。而多晶体是由无数取向不同的晶粒组成的，所有晶粒的同簇晶面 $\{hkl\}$（包括晶面间距相同的非同簇晶面）的倒易矢量在三维空间中任意分布，其端点的倒易点阵将落在以 O^* 为球心、$1/d_{hkl}$ 为半径的球面上，故多晶体倒易点阵由一系列不同半径的同心球面构成。显然，晶面间距越大，倒易矢量的

长度越小，相应的倒易球面半径就越小。

2.2.3.2　埃瓦尔德图解

由式（2-11）可得

$$\frac{\boldsymbol{k}' - \boldsymbol{k}}{\lambda} = \boldsymbol{g}_{hkl} \qquad (2-18)$$

式（2-18）即为倒易空间的衍射方程。该方程表示当晶面（hkl）发生衍射时，其倒易矢量的 λ 倍等于衍射线与入射线的单位矢量之差。它与布拉格方程是等效的。此矢量式可用几何图形表达，即埃瓦尔德图解。

如图 2-10 所示，入射矢量的端点指向倒易原点 O^*，以入射方向上的 C 点作为反射球心，反射球半径为 $1/\lambda$，球面过 O^*，$O^*C = 1/\lambda$。若某倒易点 hkl 落在反射球面上，由反射球心 C 指向该点的矢量 $\boldsymbol{k}'/\lambda$ 必满足式（2-11）。埃瓦尔德图解法的含义：被辐照晶体对应其倒易点阵，入射线对应反射球，反射球面通过倒易原点，凡倒易点落在反射球面上的干涉面均可能发生衍射，衍射线的方向由反射球心指向该倒易点，$\boldsymbol{k}'$ 与 $\boldsymbol{k}$ 之间的夹角即为衍射角 2θ。

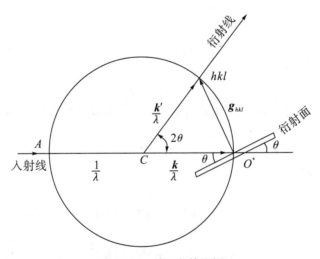

图 2-10　埃瓦尔德图解

2.2.3.3　晶体衍射花样的特点

1. 单晶体衍射花样

单晶体的倒易点阵是在空间规则排列的阵点，它具有与相应正点阵相同的晶系。当 X 射线入射时，与反射球面相遇的倒易点满足衍射条件。若垂直于入射线放置感光底片，将得到规则排列的衍射斑点。

2. 多晶体衍射花样

多晶体的倒易点阵是由一系列不同半径的同心球面构成的。显然，晶面间距越大，倒易球越小。当单色 X 射线入射时，其反射球面将与这些倒易球面分别相交形成一个个对应不同晶面簇的同心圆，衍射线从反射球心指向这些圆周，形成以入射线为轴、不同半顶角（2θ）的衍射锥，衍射锥与垂直于入射线的底片相遇，可得到同心圆形的衍射环；若用围绕样品的条带形底片接收衍射线，可得到一系列衍射弧段；若用绕样品转动扫描的计数管接收衍射信号，则可得到一系列衍射谱线。如图 2—11 所示。

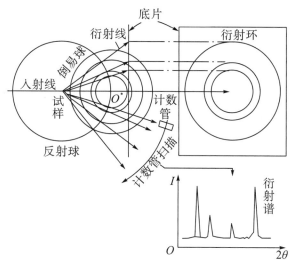

图 2—11　多晶体衍射花样的形成

2.3　X 射线的衍射方法

简化的布拉格方程维系着 d、θ、λ 三个参量。设想采用单一波长的 X 射线去照射固定不动的单晶体样品，对于间距为 d 的某种晶面而言，λ、d 均为恒定，而该晶面相对于 X 射线的掠射角 θ 也不会发生变化。这样三个固定的参量一般是不会满足布拉格方程的，从而不可能获得衍射。为了使衍射能够发生，必须设法使 θ 或 λ 连续可变。

2.3.1　劳埃法

采用连续 X 射线照射不动的单晶体（θ 固定而 λ 连续可变），因为 X 射线的波长连续可变，故可从中挑选出波长满足布拉格方程的 X 射线而使衍射发生。连续谱的波长有一个范围，从 λ_0 到 λ_m，对应的反射球面也有一整套，其半径从 $1/\lambda_0$ 连续变化到 $1/\lambda_m$。凡是落到这两个球面之间区域的倒易结点均满足布拉格方程，它们将与对应某一波长的反射球面相交而获得衍射。

劳埃法是德国物理学家劳埃在 1912 年首先提出的，是最早的 X 射线分析方法，它用垂直于入射线的平底片记录衍射线而得到劳埃斑点。图 2—12 描绘了这一方法。目前劳埃法多用于单晶体取向测定及晶体对称性的研究。

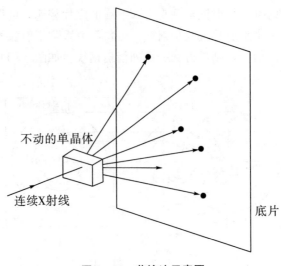

图 2－12　劳埃法示意图

2.3.2　周转晶体法

采用单色 X 射线照射转动的单晶体（θ 连续可变而 λ 固定），并用一张以旋转轴为轴的圆筒形底片来记录，其示意图如图 2－13 所示。

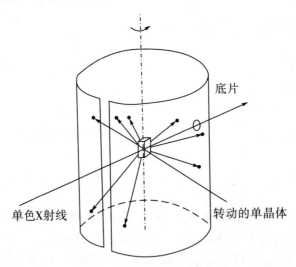

图 2－13　周转晶体法示意图

如前所述，当晶体处于静止状态时，一般不能发生衍射。若晶体转动，则某晶面与入射 X 射线的夹角 θ 将连续变化，并在某特定位置满足布拉格方程而产生一个衍射斑点。衍射花样呈层线分布。通常选择晶体某一已知点阵直线为旋转轴，通过层线可计算该方向上的点阵周期，测定多个方向上的点阵周期之后就可确定晶体结构。

2.3.3　粉末法

采用单色 X 射线照射多晶体，这类样品是由数量众多、取向混乱的微晶体组成的。各微晶体中某种指数的晶面在空间占有各种方位，这与运动的单晶体某种晶面在不同瞬时占有不同位置的情况相当，故采用此种几何布置也可获得衍射。

粉末法是衍射分析中最常用的方法。大多数材料的粉末或其板、丝、块、棒等均可直接用作样品，得到的衍射花样又可提供很多的分析资料。粉末法主要用于测定晶体结构，进行物相定性、定量分析，精确测定晶体的点阵参数以及材料的应力、织构、晶粒大小等。

粉末法是各种多晶体 X 射线分析法的总称，其中以德拜-谢乐法最具典型性。它用窄圆筒底片来记录衍射花样，图 2-14 为其示意图。较重要的还有聚焦照相法，也可用平底片来记录，此法习惯上称为针孔照相法。目前最具实用性的是用电离计数器测定 X 射线衍射，这就是 X 射线衍射仪的测量工作方法。

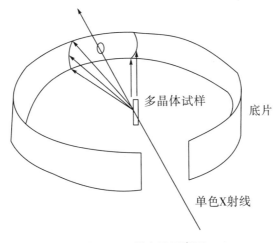

图 2-14　粉末法示意图

习　题

1. 试在坐标系中画出下列晶向及晶面（均属立方晶系）：$[111]$，$[121]$，$[21\bar{2}]$，$(0\bar{1}0)$，$[110]$，(123)，$(2\bar{1}1)$。

2. 下面是某立方晶系物质的几个晶面指数，试将它们的间距按从大到小的顺序重新排列：$(12\bar{3})$，(100)，(200)，$(\bar{3}11)$，(121)，(111)，$(\bar{2}10)$，(220)，(130)，(030)，$(2\bar{2}1)$，(110)。

3. 当波长为 λ 的 X 射线照射到晶体并出现衍射线时，相邻两个 (hkl) 反射线的波程差是多少？相邻两个 (HKL) 反射线的波程差又是多少？

4. α-Fe 属立方晶系，点阵参数 $a = 0.2866$ nm，如用 Cr K$_\alpha$ X 射线（$\lambda = 0.2291$ nm）照射，试求 (110)、(200)、(211) 晶面可发生衍射的掠射角。

5. 画出 Fe_2B 在平行于（010）晶面上的部分倒易点。Fe_2B 属正方晶系，点阵参数 $a=b=0.510$ nm，$c=0.424$ nm。

6. 在晶体中，可将平行于同一晶向 $[uvw]$ 的所有晶面 (hkl) 称为一个晶带，此晶向称为晶带轴。据此判别下列哪些晶面属于 $[\bar{1}11]$ 晶带：$(\bar{1}30)$，$(\bar{2}31)$，(231)，(211)，$(\bar{1}01)$，$(1\bar{3}3)$，$(1\bar{1}2)$，$(\bar{1}32)$，$(0\bar{1}1)$，(212)。

7. 按照上题所述，试计算 $(\bar{3}11)$ 及 $(\bar{1}32)$ 的共同晶带轴。

第3章 X射线衍射分析研究方法

3.1 多晶材料衍射分析研究方法

对多晶体或粉末材料的衍射研究主要是进行物相定性、定量分析，测定晶体结构，精密测定晶格常数、晶粒大小及应力状态等。

对多晶体或粉末材料的衍射研究通常采用单色 X 射线照射多晶体或粉末样品的方法。若用照相底片来记录衍射图，则称为粉末照相法，简称粉末法或粉晶法，主要有德拜-谢乐法、针孔照相法等；若用 X 射线探测器和测角仪来记录衍射图，则称为衍射仪法。X 射线衍射仪法用 X 射线探测器和测角仪来探测衍射线的强度和位置，并将它们转化为电信号，然后借助计算机技术对数据进行分析和处理（目前常用的分析处理软件有 HighScore 和 MDI Jade 等），具有灵敏度和测量精度高、数据处理和分析能力强的特点，因而得到了广泛应用。本章仅对粉末法进行介绍。

3.1.1 多晶体或粉末的衍射原理

多晶体或粉末是由无数小晶粒（小晶体）构成的。当一束单色 X 射线照射到试样上时，对每一簇晶面 $\{hkl\}$ 而言，总有某些小晶体，其 $\{hkl\}$ 晶面簇与入射线的方位角 θ 正好满足布拉格方程而产生反射。由于样品中小晶体的数目很多，满足布拉格方程的晶面簇 $\{hkl\}$ 也很多，它们与入射线的方位角都是 θ，从而可以想象是由其中一个小晶粒的 (hkl) 晶面以入射线为轴旋转而得到的。于是可以看出它们的反射线将分布在一个以入射线为轴、以衍射角 2θ 为半顶角的圆锥面上，如图 3-1（a）所示。不同晶面簇的衍射角不同，衍射线所在的圆锥面的半顶角也就不同。各个不同晶面簇的衍射线将共同构成一系列以入射线为轴的同顶点的圆锥面，如图 3-1（b）所示。

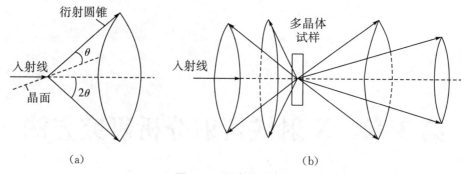

（a）　　　　　　　　　　　　　　　（b）

图3-1　粉末法示意图

应用埃瓦尔德图解法也很容易说明粉末衍射的这种特性。由于粉末样品相当于一个小单晶体绕空间各个方向做旋转，因此在倒易空间中，一个倒易结点 P 将演变成一个倒易球面。很多不同的晶面就对应于倒易空间中很多同心的倒易球面。这些倒易球面与反射球相截于一系列的圆上，这些圆的圆心都是在通过反射球心的入射线上，于是衍射线就在反射球心与这些圆的连线上，即在以入射线为轴、各簇晶面的衍射角 2θ 为半顶角的一系列圆锥面上，如图3-2所示。

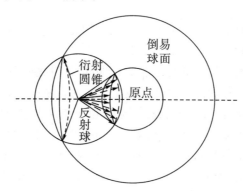

图3-2　粉末衍射原理的埃瓦尔德图解

3.1.2　粉末衍射仪的构造及衍射几何

衍射仪法与照相法的衍射原理是相同的，只是衍射仪使用一个绕轴转动的探测器代替了照相底片，并应用了一种不断变化聚焦圆半径的聚焦法原理，采用了线状的发散光源和平板状样品，使衍射线具有一定的聚焦作用，增强了衍射线的强度。

图3-3是衍射仪的原理框图。衍射仪由 X 射线源、测角仪和测量记录系统组成。

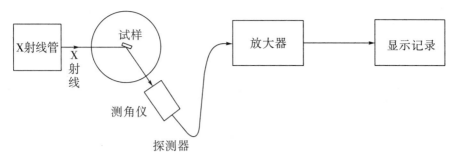

图 3－3　衍射仪的原理框图

3.1.2.1　测角仪及聚焦几何

1. 测角仪

测角仪是 X 射线衍射仪的核心部件,如图 3－4 所示。测角仪上有两个同轴的转盘:小转盘中心装有样品台 H;大转盘上装有固定的 X 射线源 S 和可转动的摇臂 E,在摇臂 E 上有探测器 D 及其前端的接收狭缝 RS。X 射线源 S 与接收狭缝 RS 都处在以 O 为中心的圆上,此圆称为衍射仪圆,其半径通常为 185 mm。大、小转盘绕它们的共同轴线 O 转动,此轴称为衍射仪轴。样品台 H 和探测器 D 都可以随转盘转动,转动的角度可从角度读取装置上读出,精度一般可达 0.01°以上。

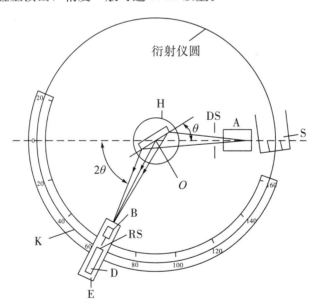

图 3－4　测角仪示意图

衍射仪通常使用线焦点等的发散光束。试样是粉末填压在特制框架中制得的平板样品,放置在样品台中心,且样品表面经过测角仪轴线。从 X 射线源 S 发射出的 X 射线经发散狭缝 DS 后成为扇形光束照射到平板样品上,衍射线经过隔离光阑 SS 和平行光阑 B 后,通过接收狭缝 RS 进入探测器 D,然后被转换成电信号记录下来。图 3－5 是衍射仪光路图。

49

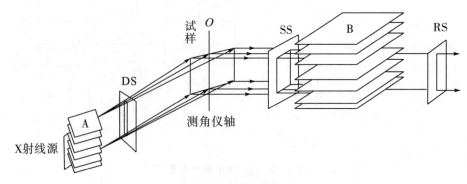

图3—5 衍射仪光路图

2. 聚焦几何

衍射仪中采用发散光束和平板样品是为了使衍射线束具有聚焦作用而增强探测器接收衍射线的强度。当扇形发散光束照射到平板样品上时，由于同一簇晶面的衍射角 2θ 对样品表面各点都相同，因而衍射线束会聚焦在接收狭缝 RS 处。X射线源 S、样品表面（测角仪轴 O）和接收狭缝 RS 处于一个圆上，这个圆称为聚焦圆，它的大小随衍射角而变化，如图3—6所示。当衍射角 2θ 接近 0°时，聚焦圆半径接近无穷大；当衍射角 2θ 为 180°时，聚焦圆半径最小，等于衍射仪圆半径的 1/2。因此，若要严格保持聚焦条件，则样品表面的曲率也要随聚焦圆半径而变化，这是很难实现的。为了克服这一困难，将样品制成平板状，而且在衍射仪运行过程中使入射光束中心线和衍射光束中心线的角平分线始终与样品表面法线一致。这样样品表面可始终保持与聚焦圆相切，近似满足聚焦条件。为了达到此目的，在衍射仪运行时，样品台和探测器要始终保持 1∶2 的转动速度比。这是靠专用的变速系统来实现的。测角仪以 X 射线源 S 至测角仪轴 O 的入射方向为零位。探测器的扫描范围一般在 $-100°\sim+165°$ 之间。

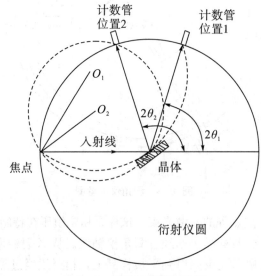

图3—6 衍射仪的聚焦几何

3.1.2.2　X 射线源

X 射线管即为衍射仪的 X 射线源。

3.1.2.3　测量记录系统

衍射仪的测量记录系统中包含有探测器、定标器、计数率仪等。

探测器是将 X 射线转换成电信号的部件。在衍射仪中常用的有正比计数管、盖革计数管（Geiger counter，一种离子充气管）、闪烁计数管和半导体硅（锂）探测器。

定标器可对脉冲进行累进计数，它的分辨能力可达 1 μs，具有较高的计数精确度，可用于衍射强度的精确测量。用定标器测量平均脉冲速率有两种工作方式：一种是定时计数，即测量规定时间内的计数，在选定某一时间量程后，就可以将这一时间间隔内的脉冲总数记录下来；另一种是定数计时，即测量某一选定的总脉冲数所需的时间。定时量程和定数量程均有多挡可供选择。

3.1.3　衍射仪的工作方式

3.1.3.1　连续扫描

使探测器以一定的角速度在选定的角度范围内进行连续的扫描，通过探测器将各个角度下的衍射强度记录下来，画出衍射图谱。从衍射图上可以方便地看出衍射线的峰位、线形和强度等。扫描速度一般有每分钟 4°、2°、1°、0.5°、0.25°、0.125°、0.0625°等挡位可供选择。

连续扫描的优点是快速而方便，但由于机械运转及计数率仪等的滞后效应和平滑效应，记录纸上描出的衍射信息总是落后于探测器接收到的信息，造成衍射线峰位向扫描方向移动、分辨率降低、线形畸变等问题。当扫描速度比较快时，这些问题尤为显著。

3.1.3.2　步进扫描

步进扫描又称为阶梯扫描，也就是使探测器以一定的角度间隔（步长）逐步移动，对衍射峰强度进行逐点测量。探测器每移动一步就停留一定的时间，并以定标器测定该时间段内的总计数，然后再移动一步，重复测量。通常工作时取 2θ 的步长为 0.2°、0.5°。

与连续扫描相比，步进扫描无滞后效应和平滑效应，因此衍射线峰位正确、分辨率高。而且由于每步停留时间是任选的，故可将每步停留时间选得足够长，使总计数的值也足够大，以使计数的均方差足够小，减少统计涨落对强度的影响。

3.2 单晶材料衍射分析研究方法

对单晶材料的衍射研究主要是观测晶体的对称性、鉴定晶体是否是单晶、确定晶体的空间群、测定样品的晶胞常数、测定晶体的取向及观测晶体的完整性等。

对单晶材料的衍射研究同样分为照相法和衍射仪法。照相法有劳埃法、转动晶体法、魏森堡照相法和旋进照相法等。衍射仪法采用的是四圆衍射仪。其中，劳埃法主要是用来测定晶体的取向，还可以用来观测晶体的对称性，鉴定晶体是否是单晶，以及粗略地观测晶体的完整性；转动晶体法主要是用来测定样品的晶胞常数，还可以用来观察晶体的系统消光规律以确定晶体的空间群。劳埃法虽然是一种传统的方法，但在一般的确定晶体取向的工作中还是经常应用，尤其是配以电荷耦合器件（charge-coupled device，CCD）图像采集系统以后，劳埃法得到了广泛应用。四圆衍射仪能够完成照相法的所有工作，且同样具有衍射仪的精确度高、数据处理能力强的特点。所以在此仅介绍劳埃法和四圆衍射仪。

3.2.1 劳埃法

劳埃法是用连续 X 射线照射固定单晶体，用照相底片记录衍射花样的方法。在 X 射线衍射历史上，第一张衍射花样照片就是由德国物理学家劳埃用这种方法得到的，它也因此而得名。

3.2.1.1 劳埃相机

劳埃相机有透射和背射两种，如图 3-7 所示。为了提高连续谱线的强度，可选用原子序数 Z 较高的阳极（如 W 靶），并提高管电压（30~70 kV）。X 射线经准直后照射到样品上发生衍射，在透射和背射位置的底片上产生衍射斑点（称为劳埃斑点）。

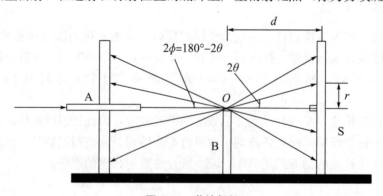

图 3-7 劳埃相机

3.2.1.2 劳埃衍射花样

在劳埃法中，由于入射线束中包含着从短波极限开始的不同波长的 X 射线，每一簇晶面仍可以选择性地反射其中满足布拉格方程的特殊波长的 X 射线。这样，不同的晶面簇以不同方向反射不同波长的 X 射线，从而在空间形成很多衍射线，它们与底片相遇，就形成了许多劳埃斑点。图 3-8 是两张典型的劳埃图。

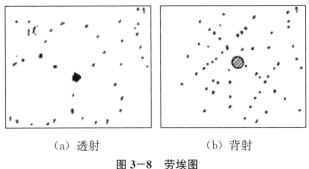

（a）透射　　　　　　　　　（b）背射

图 3-8　劳埃图

劳埃斑点分布在一系列曲线上。在透射劳埃图中，斑点分布在一系列通过底片中心的椭圆或双曲线上；在背射劳埃图中，斑点分布在一系列双曲线上。实际上，同一曲线上的斑点是由同一晶带的各个晶面反射产生的，这是因为同一晶带各个晶面的反射线在以晶带轴与入射线的夹角 α 为半顶角的一个圆锥上（如图 3-9 所示），因此，当它们与底片平面相交时就形成了圆锥曲线上的劳埃斑点。当 $\alpha < 45°$ 时，所得圆锥曲线为椭圆；当 $\alpha = 45°$ 时，所得圆锥曲线为双曲线；当 $\alpha = 90°$ 时，圆锥面变为平面，劳埃斑点分布在通过底片中心的直线上。

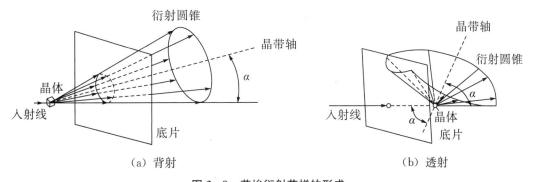

（a）背射　　　　　　　　　　　　　（b）透射

图 3-9　劳埃衍射花样的形成

根据劳埃斑点的位置，可以用以下公式直接求出对应晶面的布拉格角：

在透射法中为

$$\tan 2\theta = \frac{r}{d} \tag{3-1}$$

式中，r 为斑点与底片中心（即入射光束与底片相交的点）的距离；d 为样品与底片的距离。

在背射法中为

$$\tan(180° - 2\theta) = \frac{r}{d} \tag{3-2}$$

式中，r 为斑点与底片中心（一般取在光阑的圆形螺帽的影子的圆心上）的距离；d 为样品与底片的距离。

3.2.1.3 劳埃图指数标定

在用劳埃法测定晶体的取向等工作中，需确定劳埃斑点所对应的晶面，并以其晶面指数标识斑点。通常把确定各种衍射图上衍射斑点或衍射线的衍射指数的工作称为衍射图的指数标定或指标化。劳埃图的指数标定主要是用尝试法，为此，必须先把劳埃图转化为极射赤面投影。

在背射法中，劳埃斑点与其相应反射晶面极射赤面投影的关系如图 3-10 所示。入射线 $O'O$ 照射单晶体样品，使其某组晶面 $P'P$ 产生反射，反射线 KJ 与底片相交形成劳埃斑点 J。按如下关系作晶面 $P'P$ 的极射赤面投影：以 K 点为球心，任意长为半径作参考球，$P'P$ 法线 KS 与参考球的交点 S 即为 $P'P$ 的球投影（极点）；以过 K 点且平行于底片的平面 $A'A$ 为投影平面（赤道平面），以 O 为投射点，则 OS 与 $A'A$ 的交点（S 在 $A'A$ 上的投影）M 为晶面 $P'P$ 的极射赤面投影。

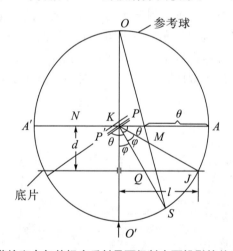

图 3-10　劳埃斑点与其相应反射晶面极射赤面投影的关系（背射法）

由图 3-10 可知，球投影 A 与 S 的夹角 $\angle AKS = 90° - \angle O'KS = 90° - \varphi = \theta$。由于 A 与 M 分别为球投影和极射赤面投影，因而用乌氏网（或译为吴氏网，即投射球面上各经线和纬线的极射平面投影）测量 A 与 M 两点之间的距离（即 A 与 M 的夹角）应等于 θ。

综上分析，由劳埃斑点确定其相应反射晶面极射赤面投影（即作劳埃斑点的极射赤面投影）的步骤可归纳为：测量劳埃斑点至底片中心的距离，按式（3-2）计算 θ 角；将描有劳埃斑点 J 及底片中心的透明纸放在乌氏网上，使底片中心与乌氏网中心重合；转动透明纸，使劳埃斑点 J 落在乌氏网赤道直线（赤道平面直径）上；由乌氏网赤道直线边缘（端点）向中心方向量出 θ，所得的交点即为该劳埃斑点 J 相应反射晶面极射赤面投影 M。

在进行劳埃图指数标定时，要将底片上的若干斑点（通常在底片上取三四条晶带曲线，每条曲线上取三四个清楚的斑点）逐个按上述步骤作各自的极射赤面投影。

除根据图 3-10 所示关系按上述步骤作劳埃斑点的极射赤面投影外，也可应用格伦尼格尺（简称格氏尺，反映劳埃斑点与对应晶面法线角坐标之间的关系）作劳埃斑点的极射赤面投影。

劳埃图指数标定步骤：作底片上若干劳埃斑点的极射赤面投影，与一套标准极图一一对照，一旦找到对应关系，即所有劳埃斑点的极射赤面投影与某标准极图上的若干投影点一一重叠，则可以按标准极图各投影点指数一一标记劳埃图指数。

由于各标准极图分别以（001）、（011）等低指数重要晶面为投射平面，而由劳埃斑点确定其极射赤面投影以平行于底片的平面为投影平面，除非巧合，底片（平面）放置时一般不会与样品中（001）、（011）等晶面平行，因而上述比较对照一般难以直接得到结果。为此，需将所作劳埃斑点的极射赤面投影进行投影变换，然后重复上述对照比较工作。如果仍然不能得出结果，则需再次进行投影变换。底片上强劳埃斑点或位于两条或多条晶带曲线交点位置上的斑点相应的晶面往往是低指数晶面，因而可取其中任一点的极射赤面投影，以其相应晶面作为新投影面，进行一次投影变换。

图 3-11 为投影变换过程示例。将描有各劳埃斑点极射赤面投影（M_1、M_2 等）的透明纸放在乌氏网上，底片中心与乌氏网中心重合；转动透明纸，将选定的欲以其相应晶面为新投影面的投影点（如图中的 M_1）压在赤道平面直径上；沿赤道平面直径将 M_1 移至基圆中心（O），此时 M_1 相应晶面与赤道平面重合，即成为新的投影面；用乌氏网量出 M_1 移动至 O 的角度 α。由于 M_1 移动 α 度相当于其对应晶面连同整个晶体转动 α 度，故其余各投影点（如 M_2、M_3）沿各自所在的纬线小圆弧移动相同的角度，即得到各自的以 M_1 对应晶面为投影面的新投影点（如 M_2'、M_3'）。

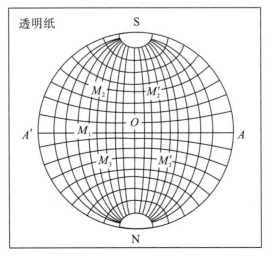

图 3-11　利用乌氏网进行投影变换

3.2.2 四圆衍射仪

前文所述的粉末衍射仪属于两圆衍射仪,即只有计数管的旋转圆(2θ)和样品台的一个旋转圆(θ)。在进行单晶体结构分析时,要收集晶体在空间各个方向的衍射数据,这时要用四圆衍射仪。

在四圆衍射仪中,除计数管可绕 2θ 圆旋转外,样品台可以绕 θ、χ、φ 三个圆转动,如图 3-12(a)所示。这种衍射仪大都由计算机控制,能自动记录空间各个方向的衍射数据。

若令入射方向为 X 轴,θ 或 2θ 圆的转动方向为 Z 轴,当 $\theta=0$ 时,X 圆平行于 YZ 平面。假设某晶面经过四个圆的适当转动后处于衍射位置,则与此晶面对应的倒易结点 P 在转动前的坐标 (x,y,z) 可由转动角 χ、φ、θ 按以下公式算出,即

$$x = |\boldsymbol{R}^*| \cos \chi \sin \varphi / \lambda \tag{3-3}$$

$$y = |\boldsymbol{R}^*| \cos \chi \cos \varphi / \lambda \tag{3-4}$$

$$z = |\boldsymbol{R}^*| \sin \chi \tag{3-5}$$

式中,$\boldsymbol{R}^*$ 为与该晶面对应的倒易结点矢量。

由于衍射条件满足时,$|\boldsymbol{R}^*| = 2\sin\theta/\lambda$,所以有

$$x = 2\sin\theta\cos\chi\sin\varphi/\lambda \tag{3-6}$$

$$y = 2\sin\theta\cos\chi\cos\varphi/\lambda \tag{3-7}$$

$$z = 2\sin\theta\sin\chi/\lambda \tag{3-8}$$

上述关系可根据图 3-12(b)的衍射几何求得。

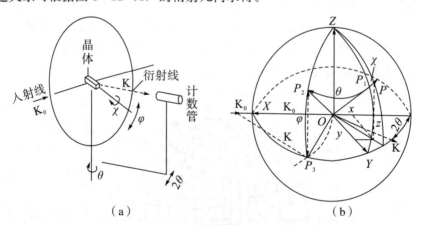

（a）　　　　　　　　　　　　　　（b）

图 3-12　四圆衍射仪及其衍射几何

当测得三个不共面的倒易点阵基矢后,就可以决定倒易点阵原胞(正点阵中的晶胞),然后把全部倒易点阵指标化,并根据其强度计算出晶体结构。

3.3　衍射数据的处理

X 射线衍射的结果是由发生衍射的角度，即衍射角 2θ 和衍射强度 I（intensity）描述的，在照相法中表现为衍射花样，在衍射仪法中表现为衍射图谱。图 3-13 是通过还原-氧化法高温烧结制备的单层陶瓷电容器用钛酸锶钡基片材料的粉末 X 射线衍射图。

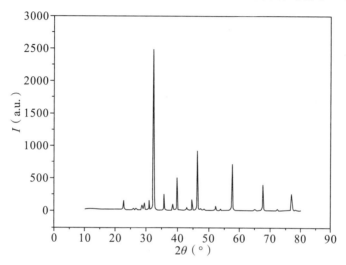

图 3-13　钛酸锶钡基片材料的粉末 X 射线衍射图

由于衍射仪法应用广泛，在此仅介绍衍射图谱的数据处理方法。衍射数据的处理是对实验获得的衍射图的处理，包括两个方面：一方面是进行数据平滑、去除噪声、扣除背底等数据处理；另一方面是确定衍射线峰位、半高宽、从 2θ 到 d 的换算，确定强度（包括峰高强度、积分强度）等，以及 K_{α_2} 衍射的剔除等，以获得精确的图谱参数，为 X 射线衍射物相分析、晶格常数计算等打下基础。衍射数据的处理有两种方法：一种是人工数据处理，可以进行简单的处理操作，可进行背底扣除，确定衍射线峰位、半高宽、从 2θ 到 d 的换算，确定衍射强度以及 K_{α_2} 衍射的剔除等，还可对特殊情况进行处理操作，如不对称衍射峰的处理；另一种是采用计算机应用程序自动处理，可进行所有数据的处理操作。采用计算机应用程序自动处理，处理的数据量大，处理速度快，大多数情况下较人工数据处理更加精确。尽管人们越来越多地采用计算机进行自动处理，但是其遵循的基本原理还是类同于人工数据处理，尤其是对于一些特殊情况，还离不开人工的处理操作。因此，首先介绍人工数据处理的基本知识。

3.3.1 人工数据处理

3.3.1.1 衍射线峰位的确定

精确地测定衍射线峰位在物相分析、晶格常数测定、应力测量、晶粒度测量等工作中都很重要。确定衍射线峰位时，对于不同的峰形常用以下几种方法。

1. 峰顶法

对于线形尖锐的衍射线可采用峰顶法。以衍射线的表观极大值 P_0 的角位置为峰位，如图 3—14 所示。

2. 切线法

对于线形顶部平坦、两侧直线性好的衍射线可采用切线法。将衍射峰两侧的直线部分延长，以其交点 P 作为峰位，如图 3—15 所示。

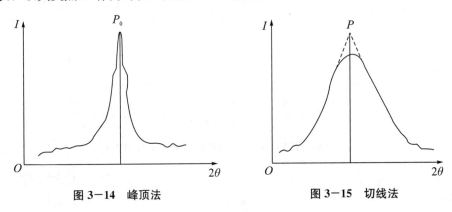

图 3—14　峰顶法　　　　　　　　　图 3—15　切线法

3. 半高宽中点法

对于线形顶部平坦、两侧直线性不好的衍射线可采用半高宽中点法。先连接衍射峰两侧的背底，作出背底线 ab。然后，从强度极大点 P 作横坐标的垂线 PP'，交 ab 于点 P'，PP' 的中点 O' 即是与峰值高度一半对应的点。过点 O' 作 ab 的平行线与衍射线相交于 M 点和 N 点。线段 MN 的中点 O 的角位置即为峰位。当衍射线线形光滑、高度较大时，此法定峰重复性好、精度高，如图 3—16 所示。

4. 7/8 高度法

对于有重叠峰存在、峰顶能明显分开的衍射线可采用 7/8 高度法。这种方法与半高宽中点法相似，只是与背底平行的线作在 7/8 高度处，如图 3—17 所示。

5. 抛物线拟合法

对于线形漫散及 K_α 双线分辨不清的衍射线可采用抛物线拟合法。此法是用抛物线来拟合衍射线峰顶的线形，然后取抛物线对称轴的位置为峰位。常用的有三点抛物线法和五点抛物线法，下面以前者为例进行说明。

如图 3—18 所示，先用扫描法描出峰顶部分，找出近似的强度最大点 b。以 b 点为中心，在其左、右两侧各取 a、c 两点，它们与 b 点的角距离都等于 $\Delta 2\theta$。$\Delta 2\theta$ 的值可

根据实际情况取 $0.2°$、$0.5°$ 等，但通常必须使这三点的强度都在峰值强度的 85% 以内。然后将探测器置于这三个角位置，测出这三点的强度 I_a、I_b、I_c。于是，得到了三组角度和强度的数据，即

$$2\theta_b = 2\theta_a + \Delta 2\theta，\quad 2\theta_c = 2\theta_a + 2\Delta 2\theta，\quad 2\theta_b = 2\theta_c - \Delta 2\theta \tag{3-9}$$

若设这三组数据都满足 $x^2 = 2py$ 形式的抛物线方程，则有下列联立方程组，即

$$\begin{cases} (2\theta_a - 2\theta_o)^2 = 2p(I_o - I_a) \\ (2\theta_b - 2\theta_o)^2 = 2p(I_o - I_b) \\ (2\theta_c - 2\theta_o)^2 = 2p(I_o - I_c) \end{cases}$$

式中，p 为抛物线方程中的常数；$2\theta_o$ 为抛物线顶点所在角位置，也就是要求的峰位；I_o 为与抛物线顶点对应的强度值。

解此方程组即可求出待测的峰位为

$$2\theta_o = 2\theta_a + \frac{2\Delta(3d+e)}{2(d+e)} \tag{3-10}$$

式中，$d = I_b - I_a$，$e = I_b - I_c$。

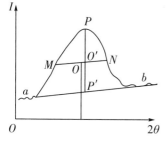

图 3-16　半高宽中点法

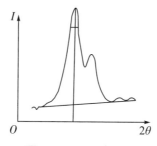

图 3-17　7/8 高度法

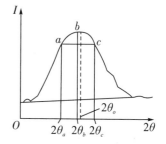

图 3-18　抛物线拟合法

6. 重心法

先扣除背底，再求出峰形的重心位置，取重心的角位置为峰位。若以 $2\theta_o$ 为峰位，则具体可用下式算出：

$$2\theta_o = \frac{\sum_{i=2}^{N} 2\theta_i I_i}{\sum_{i=2}^{N} I_i} \tag{3-11}$$

式中，N 为将衍射峰所占区间等分的间隔数；$2\theta_i$ 为各等分点的角度；I_i 为各等分点的强度。

重心法适用于各种峰形。重心法利用了衍射峰的全部数据，因此所得峰位受其他因素的干扰小，重复性好。但此法计算量大，在处理数据时一般需要配合使用电子计算机。

3.3.1.2　衍射线积分强度的测量

在进行定量、定相分析等工作时要测量衍射线的积分强度，常用以下几种方法：
（1）使探测器以很慢的角速度（例如 $0.25°/\text{min}$）扫描，通过计数率仪和记录仪描出

衍射曲线，然后根据衍射曲线画出背底线，并将各个衍射峰形以下、背底线以上区域的面积测量出来，这些面积即可代表各衍射线的相对积分强度。也可将衍射曲线绘制或打印出来，并用剪刀把各个峰的图形剪下，用精密天平称它们的质量来作为相对积分强度。

（2）用步进扫描法把待测衍射峰所在角度范围内的强度逐点测出来，相加得到总计数，然后扣除背底，所得计数即可代表衍射线的相对积分强度。扣除背底时，可在衍射峰两侧测出相同时间量程内的计数，取其平均值，然后乘以所用步数，即为要扣除的总背底计数。为了保证精度，步长应取得较小，一般可取 0.01°或 0.02°。

（3）使探测器从衍射峰的起始点缓慢、匀速扫描至衍射峰终止点，并使定标器在扫描开始时起动，扫描结束时停止，测出其累计的计数，然后扣除背底，即求出衍射峰两侧每分钟的平均计数，乘以扫描时间，即为点的背底计数。

3.3.1.3　重叠峰的分离

衍射图中常会出现衍射峰的重叠，最常见的是 K_α 双峰的重叠。在多相样品中还会出现自由峰的重叠。为了测出正确的峰位和积分强度，通常需要把重叠峰分离开。可以采用两种方法：一是 Rachinger 提出的替代图解法（R 法），此法是以几个近似假定为基础的，不太严格，但较简单，便于手工操作；二是傅里叶变换法，此法没有过多的假定，相对来说比较严格。下面以 K_α 双峰分离为例介绍替代图解法。由于傅里叶变换法涉及的数据处理量大，适合采用计算机应用程序处理，在此暂不介绍。自由峰分离与 K_α 双峰分离所采取的方法相同。

1. 替代图解法（R 法）

从 X 射线管发出的标识谱线中，K_{α_1} 和 K_{α_2} 双线总是同时存在的，K_{α_1} 和 K_{α_2} 的波长是不同的，在样品上，它们各自会产生一套衍射谱，实际得到的谱是这两套谱的叠加。$\lambda_{K_{\alpha_1}}$ 和 $\lambda_{K_{\alpha_2}}$ 相差不大，如对 Cu 靶，$\lambda_{K_{\alpha_1}} = 1.54051$ nm，$\lambda_{K_{\alpha_2}} = 1.54433$ nm，$\Delta\lambda = 0.00382$ nm。对于同一样品，在低角度区，它们产生的衍射峰的布拉格角（$2\theta_1$、$2\theta_2$）很接近，衍射峰分不开，几乎是完全重叠的。随着 θ 角的增大，$2\theta_1$ 和 $2\theta_2$ 的差值逐渐增大，两个衍射峰逐渐分开，不完全重叠，使总的衍射峰加宽，变得不对称。在高角度区，两个衍射峰分开了（部分重叠）。当 θ 角相当大时，两个衍射峰可以完全分开。在什么角度两个衍射峰开始分离或完全分开并不是确定不变的，这与样品有关，还与衍射峰的宽度有关。一般地，衍射峰越宽，两个衍射峰分离的角度就越大。

K_{α_2} 的存在给衍射峰的辨认和峰位的确定带来了困难和误差。人们曾经采用混合波长 $\left(\lambda_{K_\alpha} \approx \dfrac{2}{3}\lambda_{K_{\alpha_1}} + \dfrac{1}{2}\lambda_{K_{\alpha_2}} = 0.154186\ \text{nm}\right)$ 来计算布拉格角，这在低角度区可在一定程度上抵消因 K_{α_2} 存在引起的峰位漂移造成的误差，但在高角度区，K_{α_1} 和 K_{α_2} 已经分开，就不能再用，如果仍使用混合波长去计算，就会造成误差。对于比较精确的工作，一般需要将由 K_{α_2} 造成的衍射分离出来，并将其减去，以得到单纯的 K_{α_1} 的衍射谱。

R 法有以下几个假设：

（1）由 K_{α_1} 和 K_{α_2} 形成的衍射峰的强度比为 2∶1，即

$$\frac{I_{K_{\alpha_1}}}{I_{K_{\alpha_2}}} = 2 \tag{3-12}$$

（2）K_{α_1} 和 K_{α_2} 两个衍射峰有相同的峰形，即它们有相同的峰宽和强度分布。

（3）混合波长 λ_{K_α} 用下式近似计算，即

$$\lambda_{K_\alpha} \approx \frac{2}{3}\lambda_{K_{\alpha_1}} + \frac{1}{2}\lambda_{K_{\alpha_2}} \tag{3-13}$$

K_{α_1} 和 K_{α_2} 两个衍射峰的角分离度 $\Delta 2\theta$ 可由布拉格方程 $2d\sin\theta = \lambda$ 微分得到，即

$$2\Delta d\sin\theta + 2d\cos\theta\Delta\theta = \Delta\lambda$$

式中，θ 为对应波长 λ_{K_α} 的布拉格角。

由于 K_α 双峰由同一晶面簇产生，故 $\Delta d = 0$，于是有

$$\Delta 2\theta = 2\Delta\theta = \frac{\Delta\lambda}{d\cos\theta} = 2\,\frac{\Delta\lambda}{\lambda}\tan\theta \tag{3-14}$$

式中，$\Delta\lambda = \lambda_{K_{\alpha_1}} - \lambda_{K_{\alpha_2}}$，而 λ 可取为 $\lambda_{K_{\alpha_1}}$ 和 $\lambda_{K_{\alpha_2}}$ 的加权平均值。由于 $\Delta\lambda$ 很小，例如对 Cu K_α 而言，$\Delta\lambda = 0.000382$ nm，因此在低角度区，两个衍射峰不能分开，成为重叠峰。

因为 K_α 双峰是由同一样品的同一晶面簇衍射产生的，故可认为这两个衍射峰的线形是相似的，只是对应点之间有一定角距离 $\delta = \Delta 2\theta = \dfrac{2\Delta\lambda}{\lambda}\tan\theta$。又因为 K_{α_1} 和 K_{α_2} 两个衍射峰的原始强度比近似为 2：1，所以两个衍射峰对应点之间的强度比也应是 2：1。若以 $I_1(2\theta)$ 和 $I_2(2\theta)$ 分别表示 K_{α_1} 和 K_{α_2} 两个衍射峰的强度曲线，则有 $I_2(2\theta) = \dfrac{1}{2}I_1(2\theta - \delta)$。

图 3-19 画出了 $I_1(2\theta)$、$I_2(2\theta)$ 和它们的合成强度曲线 $I(2\theta)$。图中的 oabcde 曲线代表 $I_1(2\theta)$，$o'a'b'c'd'e'$ 曲线代表 $I_2(2\theta)$。

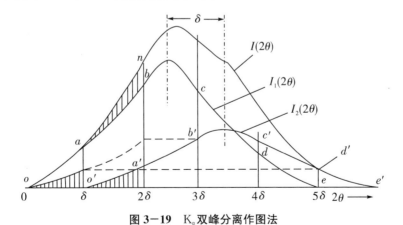

图 3-19　K_α 双峰分离作图法

由图 3-19 可知，从 $I_1(2\theta)$ 的起点 o 开始到 $2\theta = \delta$ 之间，K_{α_2} 线的成分是不存在的，故这一范围内的 $I(2\theta)$ 就是 $I_1(2\theta)$，即 oa 是 $I_1(2\theta)$ 的第一段。

从 δ 到 2δ，$I(2\theta)$ 由 $I_1(2\theta)$ 和 $I_2(2\theta)$ 叠合而成。$I_2(2\theta)$ 的第一段 $o'a'$ 可从 oa 求

得，只要将 oa 各对应点的强度除以 2 就可以了。然后从 $I(2\theta)$ 的第二段 an 减去 $o'a'$，可得到 $I_1(2\theta)$ 的第二段 ab。

从 2δ 到 3δ，K_{α_2} 的强度曲线 $a'b'$ 可从曲线 ab 求出，只要将 ab 各对应点的强度除以 2，再平移到该区间就可以了。采用这种办法可以将强度曲线 $I_1(2\theta)$ 和 $I_2(2\theta)$ 都求出来，达到从实验测定的强度曲线 $I(2\theta)$ 分离出 $I_1(2\theta)$ 和 $I_2(2\theta)$ 的目的。

在 R 法中存在两个问题：一是假定 $\Delta 2\theta$ 在衍射峰范围内不变；二是假定强度比是 $2:1$。这与实际衍射情况存在误差，Delhez 和 Ladell 已做了相应的改进，由于现在大多使用计算机进行分离处理，此处不赘述。

2. 傅里叶变换法

Ladell 等曾研究过用 Stokes 的傅里叶变换法来改进 R 法。Gangnlee 发展了傅里叶变换法。

设 $I(x)$、$I_1(x)$、$I_2(x)$ 分别为实验测得的混合峰形、α_1 辐射的衍射峰形和 α_2 辐射的衍射峰形，x 是一种合适的变量，δ 为 K_{α_1} 和 K_{α_2} 两个衍射峰的角距离，则有

$$I(x) = I_1(x) + I_2(x) \tag{3-15}$$

$$I_2(x) = RI_1(x - \delta) \tag{3-16}$$

将 $I_1(x)$ 在周期 $-\alpha/2$ 和 $\alpha/2$ 之间展开为傅里叶级数，即

$$I_1(x) = \sum_{n=-\infty}^{+\infty} A'_n \cos\frac{2\pi nx}{\alpha} + \sum_{n=-\infty}^{+\infty} B'_n \sin\frac{2\pi nx}{\alpha} \tag{3-17}$$

将式（3-17）代入式（3-16），得

$$I_2(x) = \sum_{n=-\infty}^{+\infty} R\left(A'_n \cos\frac{2\pi n\delta}{\alpha} - B'_n \sin\frac{2\pi n\delta}{\alpha}\right)\cos\frac{2\pi nx}{\alpha} +$$
$$\sum_{n=-\infty}^{+\infty} R\left(A'_n \sin\frac{2\pi n\delta}{\alpha} + B'_n \cos\frac{2\pi n\delta}{\alpha}\right)\sin\frac{2\pi nx}{\alpha} \tag{3-18}$$

实测强度也展开为傅里叶级数，即

$$I(x) = \sum_{n=-\infty}^{+\infty} A_n \cos\frac{2\pi nx}{\alpha} + \sum_{n=-\infty}^{+\infty} B_n \sin\frac{2\pi nx}{\alpha} \tag{3-19}$$

按式（3-15），将式（3-17）和式（3-18）相加，再与式（3-19）比较，可得下列系数间的关系，即

$$A_n = A'_n + R\left(A'_n \cos\frac{2\pi n\delta}{\alpha} - B'_n \sin\frac{2\pi n\delta}{\alpha}\right) = A'_n\left(1 + R\cos\frac{2\pi n\delta}{\alpha}\right) - RB'_n \sin\frac{2\pi n\delta}{\alpha}$$

$$B_n = B'_n + R\left(A'_n \sin\frac{2\pi n\delta}{\alpha} + B'_n \cos\frac{2\pi n\delta}{\alpha}\right) = B'_n\left(1 + R\cos\frac{2\pi n\delta}{\alpha}\right) + RA'_n \sin\frac{2\pi n\delta}{\alpha}$$

设

$$P_n = 1 + R\cos\frac{2\pi n\delta}{\alpha} \tag{3-20}$$

$$q_n = R\sin\frac{2\pi n\delta}{\alpha} \tag{3-21}$$

则有

$$A_n = A'_n P_n - B'_n q_n \tag{3-22}$$

$$B_n = B'_n P_n + A'_n q_n \tag{3-23}$$

联立这两个方程，解得

$$A'_n = \frac{A_n P_n + B_n q_n}{P_n^2 + q_n^2} \tag{3-24}$$

$$B'_n = \frac{-A_n P_n + B_n q_n}{P_n^2 + q_n^2} \tag{3-25}$$

至此可知，对某一实验测得的位于 2θ 的衍射，将其展开为傅里叶级数，可得 A_n、B_n。δ 可用式（3-14）求得，而 R 如果是已知的，则可利用式（3-20）、式（3-21）求得 P_n 和 q_n。再用式（3-24）、式（3-25）求得 A'_n、B'_n，就可按式（3-17）求得 $I_1(x)$，把 $I_2(x)$ 分离出去。

3.3.2　计算机数据处理

3.3.2.1　数据平滑

数据平滑的目的是排除各种随机波动和信号干扰。干扰信号可分为两类：一类是随机波动，如光源的发射波动、空气散射、电子电路中的电子噪声等，这些信号一般表现为幅度不大的随机高频振荡，统称噪声，可以用平滑的方法去除；另一类是确定的可重复信号，如非晶材料的散射，这是为数不多的、宽大低矮的馒头状峰，与陡峭、众多的衍射峰是完全不同的，可以用拟合法来排除。这类非随机高频振荡就称为背底。噪声和背底这两个概念并不是很明确，不同的人对此也有不同的理解，因此有些文献资料把背底并入噪声，而另一些文献资料则把噪声算作背底。

数据平滑的方法有很多种，最著名的是 Savitzky 和 Golay 在 1964 年提出的方法，简称 S-G 方法。S-G 方法主要用于计算机技术中对各种数字光谱进行滤波（平滑）和微分，也适用于多晶体衍射，已成为多晶体衍射数据处理常用的方法。简言之，此法是用一个简单的数组去卷积数据点，以进行平滑、去噪和微分。此做法相当于是用多项式对一段数据点进行最小二乘法拟合。需要注意的是，被处理的数据谱必须是等间隔采集的，且必须是连续的。

1. 移动平均取代法

这是一种最简单的用来平滑随机波动的方法。具体做法：取奇数（N）个相邻的数据点构成平均域，把与这些点对应的测量数据 Y 相加，并除以所用的点数 N，得到它们的平均值 Y_j^*，j 为平均域中间一点在整个数据谱中的顺序号。用此值取代 j 点原有的测量值 Y_j 就完成了平均取代的工作。然后，将此平均域向一个方向移动一个数据点，也就是在域的一端去掉一个数据点，而在域的另一端扩充一个数据点，再作平均，得到了 Y_{j+1}^*（或 Y_{j-1}^*，取决于移动方向），对 $j+1$（或 $j-1$）点的原数据进行取代。从整个谱的一端开始，移动平均取代到另一端，就完成了一次平滑。这种移动平均实质上就是一种卷积操作。

更复杂一点的移动平均是权重移动平均，取平均时不是将平均域中的各数据简单相加

63

平均，而是将各数据先乘上一个权重系数 C，然后相加平均，此做法可用数学式表达为

$$Y_j^N = \frac{1}{N} \sum_{i=-m}^{m} C_i Y_{j+1} \tag{3-26}$$

2. 最小二乘法多项式拟合法

此法中，用最小二乘法将一个高次多项式，如

$$y = \sum_{i=0}^{n} a_i x^2 \tag{3-27}$$

去拟合平均域中的各数据。所谓最小二乘法，就是

$$M = \sum_{j=p}^{n} (y_i^c - y_j^0)^2 \tag{3-28}$$

中 M 的最小者。式（3-28）是通过调整式（3-27）中的 a_i 来达到的。此式的意义是用多项式计算出的数据域中各点值与各点实测数据间的差的平方和最小。在达到 M 最小时，得到一个系数组 a_i，也即得到了多项式 y。将数据域中各点的 x 坐标代入多项式 y 算出 y_j^*，并用此 y_j^* 代替原有的 y_j。移动平均域中的一个点，重复进行上述拟合过程。求出系数组，再求出另一个 y^* 并取代原有的 y。对谱上全部数据点进行这样的拟合及计算取代，就完成了一次平滑。

3. 最小二乘法权重数组平滑法

最小二乘法多项式拟合法是一个比较好的平滑方法，但其计算工作量十分巨大。Savitzky 和 Golay 对最小二乘法做了仔细的研究，得出结论：用最小二乘法多项式拟合来求平均域中点的平滑值的方法可以用一个简单的权重数组对平均域中对应各点做卷积的方法来代替。这一权重数组在使用不同阶次的多项式，使用不同 N（N 为平滑时所用平均域中包括的数据点的数目）时是不同的。使用这种权重数组进行数据平滑的具体做法与权重移动平均法完全一样，但是其结果却精确地等于最小二乘法多项式拟合的结果。

3.3.2.2 背底的测定和扣除

背底也称为本底，它有多种形成原因，如狭缝、样品及空气的散射等。样品中所含的非晶态成分会造成衍射曲线在大角度范围内出现"鼓包"形态，这种情况也属于背底，需去除。

要测定平滑的背底，Sonneveld 和 Visser 认为不需太密集的数据点，只要取 5% 的数据点（n 个）就够了。考虑第 i 个数据点，其值为 P_i，取其相邻两点的值并取平均值 m_i，即

$$m_i = \frac{1}{2}(P_{i+1} + P_{i-1}) \tag{3-29}$$

将 P_i 与 m_i 比较，若 $P_i > m_i$，说明 P_i 的值很可能比相邻两点的值都大，也可能有一相邻点的值比它的值小很多，而另一点则大不了多少，因而 i 点与比它稍大那点有可能是在衍射峰上而不是在背底上，因此用 m_i 代替 P_i；若 $P_i < m_i$，说明 P_i 的值比相邻两点的值都小，或它比一个相邻点小得多，而另一相邻点比它小不了多少，此 i 点与更小的相邻点在衍射峰上的可能性较小，可能在背底上，故保留 P_i。对所有 n 个数据点都进行这样的计

算（仅两端的两个点无法计算），得到一个新的数据组，一部分原来在衍射峰上的具有较高强度值的点向背底靠近。反复进行这样的平均计算，经过若干次迭代，高值点最终将下落到背底线上，新得到的 m_i 与 P_i 接近了，停止计算，就可以得到背底线。

若背底线和 2θ 的关系是线性的，则迭代的结果是一条直线，如图 3-20（a）所示。这种低 θ 角背底增强的现象有可能是狭缝、样品及空气散射等原因造成的。但是背底不一定是线性的，也可能是一条曲线或一个凸起（鼓包），如图 3-20（b）所示，这可能是样品中含有非晶态成分所致。对这种情况就不能采用式（3-29）来求背底，而要通过下式来求：

$$m_i = \frac{1}{2}(P_{i+1} + P_{i-1}) + C \qquad (3-30)$$

式中，常数 C 与背底的曲率半径有关。曲率半径小，C 值就大；反之，C 值就小。计算中要调整 C 值使所得曲线能与实验谱的背底很好地符合。在获得背底线以后，将它从实验谱中减去，就可获得无背底的图谱。

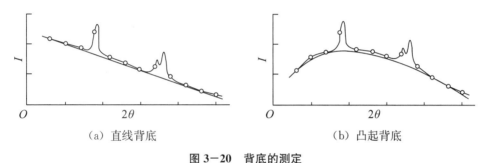

(a) 直线背底　　　　　　　　　　(b) 凸起背底

图 3-20　背底的测定

3.3.2.3　寻峰

Sonneveld 和 Visser 提出的寻峰方法是在扣除背底以后定出噪声水平，把高出噪声水平的信号定为衍射峰。确定噪声水平的做法如下：

（1）从减去背底以后的图谱中等距取 N 个点，如 500 个点，不论这些点是不是在衍射峰上。

（2）计算这些点的平均值 μ_1 和平均标准偏差 δ_1。

（3）从 500 个点的数组中排除所有强度值大于 $\mu_1 + 3\delta_1$ 的数据点，留下 N_1 个点。

（4）计算余下的点的平均值 μ_2 和平均标准偏差 δ_2。

（5）在 N_1 中再减去所有强度值大于 $\mu_2 + 3\delta_1$ 的点，留下 N_2 个点。

（6）比较前后两次所得 μ 和 δ 的值。若差别还比较大，则返回第（2）步循环计算和扣除。若经几次计算和扣除，所得 μ_n 和 δ_n 与前次所得相比差别已很小，就得到了最终的 μ_n 和 δ_n。然后，选择一个适当的噪声水平，如 $3\delta_n$ 或 $5\delta_n$，可以认为，在此以上的信号和背底信号是有很大不同的，可以认为是在衍射峰上。从无背底谱中减去噪声水平，就得到了衍射谱。

减去噪声水平以后留下的衍射谱是由一些尖锐的峰或宽大的峰组成的。但这些峰并非都是衍射峰，有一些所谓的"火花"噪声，就是一些窄而高的噪声。需要特别注意的是，不能将此误认为是衍射峰。为此，提出了第二个判据，就是面积。要设定一个最小面积S_{min}，只有面积大于S_{min}的才被认为是真正的衍射峰。扣除那些面积小于S_{min}的伪峰，才能得到真正的用于分析、判别、测定的衍射图谱（注意与上文中衍射谱的区别）。

3.3.2.4 峰位和峰形参数的测定

此处的峰位是指衍射峰峰顶的2θ位置，而峰形参数主要是峰高、峰宽等。峰高一般是指峰顶处的强度计数值；峰宽是指峰高一半处的全宽度（即半高宽），用角度来表示，也常用峰两侧两个拐点间的角宽度来表示。

1. 二次导数法

（1）二次导数法求峰位、峰宽和峰高。

求峰位和峰形参数的一个常用方法是导数法。从数学上可知，极值的导数是零，拐点的导数是极值。如果再求二次导数，则零值再次变为极值，而极值变为零，这种变化关系如图3-21所示。

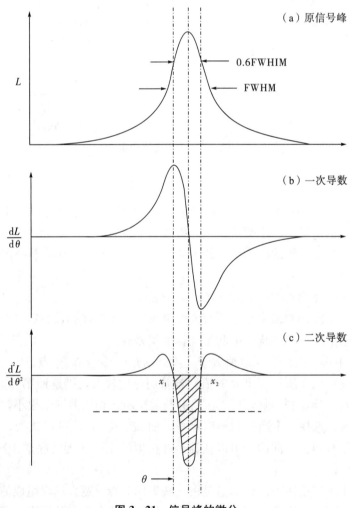

图3-21　信号峰的微分

由图 3-21 可以看出，用一次导数似乎已经可以很快地从零值定出峰位，从两个极值的位置差定出峰宽。但由图 3-22 可以看出，若两个峰重叠，且在重叠峰上可以分辨出两个峰〔图 3-22（a）〕，在一次导数中，这两个峰都可由零值定出〔图 3-22（b）〕，峰宽也可定出。但是峰谷也会出现零值，零值的个数比峰值多，会引起混淆。另外，若两个峰重叠严重，在重叠峰上不能出现两个峰，只是在一侧微微鼓起〔图 3-22（d）〕，则一次导数中只有一个零值，只能检出一个峰，无法检出两个峰〔图 3-22（e）〕。可是，二次导数对拐点却十分敏感。在二次导数中出现了两个极小值，可以检出两个峰〔图 3-22（f）〕。因此，一般都用二次导数来确定峰位和求峰宽。

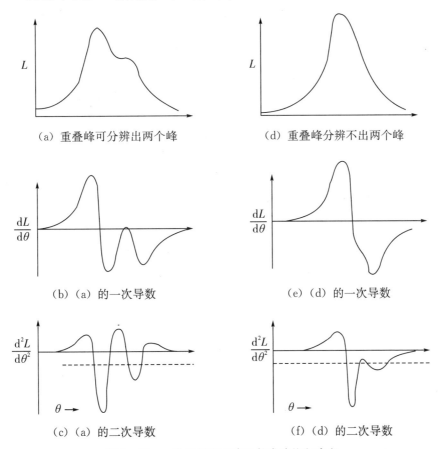

（a）重叠峰可分辨出两个峰　　　　　　　（d）重叠峰分辨不出两个峰

（b）（a）的一次导数　　　　　　　　　　（e）（d）的一次导数

（c）（a）的二次导数　　　　　　　　　　（f）（d）的二次导数

图 3-22　一次导数和二次导数求峰位和峰宽

Sonneveld 和 Visser 推出了一个利用二次导数求衍射峰极大值和半峰宽的公式。此公式是在用修改过的洛伦兹函数（MLF）拟合衍射峰形的基础上导出的。

$$y_0 = -\frac{27}{50}(x_2 - x_1)A \tag{3-31}$$

式中，y_0 为衍射峰顶处的强度，为峰高；x_1、x_2 分别为衍射峰两侧两个拐点处的坐标。拐点在二次导数图上为零，容易求得。$\frac{x_2 - x_1}{2}$ 即为半峰宽，如图 3-21（c）所示。A 为二次导数图上 x_1 和 x_2 之间的面积，即图 3-21（c）中画有斜线的图形的面积，可以通过将x_1和x_2之间各点的二次导数值相加求得。衍射图上那些分立的衍射峰的峰高是不难求的，但对图 3-22（d）中右侧那个重叠峰，就很难直观地求得其峰高。利用二次导数和式（3-31），峰高便可求得。

（2）最小二乘法权重数组求导法。

Savitzky 和 Golay 提出了利用最小二乘法权重数组作移动平均的方法。该方法不但可用来作数据的平滑，还可用来求数据的导数。利用一个用来求导数的卷积数组作为平均域内各点的权重，就将此权重平均值作为平均域中点的导数。Savitzky 和 Golay 也推出了利用 2~5 次多项式，平均域内点数从 5~25，求 2~5 阶导数的各权重数组。

利用最小二乘法权重数组进行平滑和求导是相当方便的，因而成为多晶体衍射数据进行平滑和求导的重要方法。

2. 曲线拟合法

前述的二次导数法是把峰形极大值处的 2θ 值定作峰位，其他的峰形参数也是直接从衍射峰上确定的。但是，实际测量到的衍射峰形 h 并不是纯粹的样品衍射峰形 f，而是与各种仪器因素造成的峰形 g 以及因光谱不纯，多种波长色散造成的峰形 s 卷积的结果，可写为

$$h = s * g * f \tag{3-32}$$

因此，需对实测线形 h 作反卷积，从 h 中分去 s 和 g 才能得到样品的衍射峰形 f，f 的极大值的位置、高度及半峰宽才是真正的峰形参数。

如何进行反卷积来求得 f 呢？早期的实践以 Taupin 的方法为代表。他用了几个洛伦兹函数（LF）相加来拟合 s、g、f 等各组分峰形。之所以这样做，是因为 LF 具有这样的性能：几个 LF 的卷积是另一个 LF；这一合成 LF 的强度是它各组元 LF 强度的乘积；它的半宽度和峰位移动却分别是各组元 LF 的半宽度和峰位移动之和，其数学运算颇为方便。$h(\theta)$ 可以写为

$$h(\theta) = \sum_m \sum_k \sum_n \frac{P_m a_k I_n}{\pi\left[(Q_{mn} + b_k + w_n)^2 + (\theta - R_{mn} - c_k - \theta_n)^2\right]} \tag{3-33}$$

式中，a_k、b_k、c_k 是定义仪器因素 g 的各 LF 的参数；I_n、w_n、θ_n 是定义样品因素 f 的各 LF 的参数；P_m、q_m、r_m 是定义色散因素 s 的各 LF 的参数；$Q_{mn} = 360 q_m \tan\theta_n$；$R_{mn} = 360 r_m \tan\theta_n$。

在实际工作中需要使用标准样品。这种标准样品有适当的粒度或晶粒大小，也不存在微小应变等因素，因此其衍射峰形仅由 g 和 s 决定，f 为 1，故

$$h = s * g \tag{3-34}$$

利用标准样品的衍射峰可以求得 s 和 g。在对实测样品作拟合时，s 和 g 就用由标准样品求得的 s 和 g（实测样品和标准样品应有相同的实验条件），衍射峰的数目，各峰的位置、高度、宽度等峰形参数均是拟合中的变数。使用最小二乘法进行拟合就可得到各峰形参数。

这种采用多个洛伦兹函数作峰形拟合的方法由于涉及的函数和参数的数量较多，计算量大且参数之间的相关性大，使用起来并不方便，因此，它后来逐渐被诸如 Voigt 函数（VF）、PseudoVoigt 函数（PV）、Pearson Ⅶ 函数（P7）等单个的函数所取代。如

今，衍射曲线的拟合已由各峰的分别拟合发展到了全谱拟合。

3.4　X 射线衍射分析方法

3.4.1　X 射线衍射分析方法的应用

3.4.1.1　应用领域

X 射线衍射中包含着大量的结构等信息，通过对衍射数据的分析，可以研究晶体聚集态的结构，如进行物相的定性和定量分析、晶粒大小及结构的测定等。X 射线衍射分析在材料科学、地质矿产、生命科学、物理、化学以及各种工程技术领域得到了广泛应用，在航空材料的加工、制造、维修、保养等方面也得到了大量的应用，是一种重要的实验手段和分析测试方法。将与之密切相关的散射、干涉及吸收限精细结构分析等都包含在内，进行整体的应用领域归纳，其结果如下。

1. 利用布拉格衍射的峰位及强度进行分析

这部分内容主要包括：

（1）晶体结构分析。

①晶体结构的测定；②物相的定性和定量分析；③相变的研究；④薄膜结构分析。

（2）晶体取向分析。

①晶体取向、解理面、惯析面等的测定；②晶体形变的研究；③晶体生长的研究；④多晶材料结构的测定和分析。

（3）点阵参数的测定。

①固溶体组分的测定；②固溶体类型的测定；③固溶度的测定（测定相图中相区的边界）；④宏观弹性应力和弹性系数的测定；⑤热膨胀系数的测定。

（4）衍射线形分析。

①晶粒度和嵌镶块尺度的测定；②冷加工形变研究和微观应力的测定；③层错的测定；④有序度的测定；⑤点缺陷的统计分布和畸变场的测定。

2. 利用衍射成像及 X 射线干涉仪对近完整和完整晶体材料进行观察、分析和研究

这部分内容主要包括：

（1）动力学衍射理论的研究。

（2）宏观晶体缺陷的观察与分析。

（3）单个微观晶体缺陷的观察与分析，测定伯格斯矢量（Burgers vector。由于晶体内产生位错，在晶体的额外半原子面物质消失区出现闭合路线，闭合路线中存在的闭合差称为伯格斯矢量。矢量的方向表示位错的性质和位错线的取向，矢量的模则反映了晶体点阵畸变的强度。来自同一位错源的位错具有相同的伯格斯矢量）。

（4）晶体生长机理的研究。

（5）晶片弯曲度及弯曲方向的测定。

（6）点阵参数的高精度测定。

（7）晶体折射率的测定。

（8）晶体结构因数的测定。

3. 利用大角度相干漫散射强度及其分布进行分析

这部分内容主要包括：

（1）固溶体类型及短程序的测定。

（2）时效过程的预沉淀现象研究。

（3）热漫散射的研究。

（4）非晶态物质结构及结构弛豫的测定。

（5）弹性系数及弹性振动谱研究。

4. 利用小角度散射强度及其分布进行分析

这部分内容主要包括：

（1）回转半径的测定（测定微细粉末或微小散射区的形状、尺度及分布状态）。

（2）大分子分子量的测定。

（3）生物组织结构的测定。

（4）固体内部及某些表面缺陷的研究。

（5）纤维的分析研究。

5. 利用非相干散射强度及其分布进行分析

这部分内容主要包括：

（1）原子中电子的动量分布研究。

（2）金属的布里渊区中费米面形状的直接测定。

（3）化学键的研究。

6. 利用吸收限精细结构进行分析

这部分内容主要包括：

（1）晶态及非晶态物质局域短程结构的测定。

（2）生物大分子中配位体距离的测定。

（3）表面吸附分子状态的研究。

（4）催化剂中原子价态及配位环境的研究。

3.4.1.2 具体应用

X射线衍射分析的一些常规分析测试主要有以下几方面的应用：

（1）物相分析。

在材料研究方面，应用最多的是X射线衍射物相分析，包括定性分析和定量分析，即利用测试仪器，根据样品产生的衍射线位置、数目及相对强度等数据确定样品中包含有哪些结晶物质以及它们的相对含量。

（2）晶胞参数测定。

晶胞参数是晶体物质的基本结构参数。测量样品衍射图上各衍射线的位置，计算出与各衍射线对应的衍射角 2θ 和衍射面的晶面间距 d。因为晶面间距 d 是晶胞参数和衍射指数的函数，所以可由一系列晶面间距及各衍射线的衍射指数计算出晶胞参数。

（3）晶粒大小、应力和应变等的测定。

根据 X 射线衍射线的线形及宽化程度等测定多晶样品中晶粒大小、应力和应变情况等。

（4）相图或固溶度等的测定。

根据 X 射线物相定性、定量分析以及晶格常数随固溶度的变化等测定相图或固溶度等。

（5）判定单晶材料内部晶体的对称性和取向，观察晶体缺陷，研究晶体完整性等。

对于单晶材料，除晶体结构分析外，主要是根据 X 射线衍射线的对称性及方位判定晶体的对称性和取向。测定晶体取向的目的首先是按一定结晶学方向制作元器件或截取培育单晶体用的籽晶，其次是用来观察晶体缺陷、研究晶体完整性等。

通过对衍射数据的分析来研究晶体聚集态结构的具体方法分为两类：一类是传统的人工分析；另一类是采用现代的计算机应用程序自动分析。

3.4.2　人工分析

分析鉴定物质存在的相结构状态，即材料中包含哪几种结晶物质，或是某物质以何种结晶状态存在，这类问题称为物相分析。物相分析是材料研究工作中最基本和最经常的工作。任何化学分析都只能给出材料或物质的元素组成和含量，尚不能识别物质存在的相结构状态，而衍射分析方法对此则十分有效。

物相分析包括确定材料由哪些相组成和确定各组成相的含量，即物相分析包括物相定性分析和物相定量分析。确定材料由哪些相组成称为物相定性分析，或称为物相鉴定；确定各组成相的含量称为物相定量分析。

3.4.2.1　物相定性分析

1. 物相定性分析的基本原理

每种晶体物质都有其特有的晶体结构，即晶体的点阵类型、晶胞的形状和大小，表现为不同晶体材料在晶面间距，晶胞内原子的种类、数目及排列方式等方面的差异。而 X 射线衍射线的位置（衍射角 2θ）取决于晶胞的形状和大小，也就是取决于晶面间距；X 射线衍射线的相对强度则取决于晶胞内原子的种类、数目及排列方式。所以晶体物质也有其独特的衍射花样（衍射图谱），即每种晶体物质都有其唯一对应的衍射花样（衍射图谱）。当样品中包含两种或两种以上的结晶物质时，它们的衍射花样将同时出现而不会互相干涉。因此，如果发现了与某种结晶物质相同的衍射花样（衍射图谱），就可以断定样品中包含着这种结晶物质，类似于利用指纹来识别人的身份，这就是 X 射线物相定性分析的基本原理。

进行晶体物质物相定性分析的具体方法：将每种物质的衍射花样（衍射图谱）数据化，将各条衍射线的衍射角 2θ 换算为晶面间距 d，并确定每条衍射线的相对强度 I/I_1，建立每种晶体物质的衍射数据标准卡片。进行物相分析时，将样品衍射花样（衍射图谱）中各条衍射线的衍射角 2θ 换算为晶面间距 d，并确定每条衍射线的相对强度 I/I_1，然后与标准卡片记载的数据进行对比分析。

2. PDF 卡片

早在 1938 年，哈那瓦特（J. D. Hanawalt）等就开始收集和拍摄记录各种已知物质的衍射花样（衍射图谱），并将其衍射数据进行科学的整理和分类。美国材料与试验协会（American Society for Testing and Materials，ASTM）于 1942 年整理出版了约 1300 张已知物质的衍射数据卡片，称为 ASTM 卡片。这种卡片的数量后来逐年增加，也得到了越来越广泛的应用。从 1969 年起，由美国材料与试验协会和英国、法国、加拿大等国家的有关单位共同组建了名为粉末衍射标准联合委员会（Joint Committee on Powder Diffraction Standards，JCPDS）的国际机构，专门负责收集、校订各种物质的衍射数据，将它们进行统一的分类和编号，编制成纸质卡片组进行出版。这种卡片组被命名为粉末衍射文件（powder diffraction file，PDF）。PDF 卡片分为有机物质和无机物质两大类，其中收集了各国晶体分析工作者历年来获得的各种元素、化合物、矿物、金属、陶瓷等晶态物质的粉末衍射数据。每张卡片上记录着一种结晶物质的粉末衍射数据，查阅卡片就能知道这种物质的粉末衍射数据和其他很多信息。到 1990 年，这种传统的纸质卡片就已出版了 40 组，共约 63000 张，并以每年约 2000 张的速度不断增加。为了在众多的卡片中方便地进行查找，人们还编制了专用的索引。随着电子计算机的普及和相关技术的迅猛发展，在未知材料衍射数据的分析领域出现了数量庞大、用途各异的专业程序或软件包，而在已知物质衍射数据的记录与应用方面，国际衍射数据中心（International Centre for Diffraction Data，ICDD）发行了电子版 PDF 卡片，以供计算机自动检索使用。

（1）传统 PDF 卡片。

JCPDS 编制出版的 PDF 卡片又称为 JCPDS 卡片，按过去的习惯也可将其称为 ASTM 卡片。如图 3-23 所示，PDF 卡片共有 10 个区域，分别说明如下：

①1a、1b、1c 区域为从衍射图的透射区（$2\theta < 90°$）中选出的三条最强线的面间距，1d 区域为衍射图中出现的最大面间距。

②2a、2b、2c、2d 区域中所列的是上述四条衍射线的相对强度。

③第 3 区域列出了获得该衍射数据时的实验条件：

Rad. 为所用的 X 射线的种类（CuK_α，MoK_α，……）；

λ 为 X 射线的波长；

Filter. 为滤波片的名称，当用单色器时，注明"Mono"；

Dia. 为圆筒形照相机的镜头直径，当相机为非圆筒形时，注明相机名称；

Cut off. 为该相机所能测得的最大面间距；

Coll. 为狭缝光阑的宽度或圆孔光阑的尺寸；

I/I_1 为测量衍射线相对强度的方法（衍射仪法——diffractometer，强度标法——calibrated strip，目测估计法——visual inspection 等）；

I/I_c 为该物质的最强线与刚玉（Al_2O_3）最强线的强度比（K 值）；

$d_{corr}.$ abs? 为所测 d 值是否经过吸收校正（No——未作，Yes——已作）；

Ref. 为第 3 区域中所列资料的来源。

④第 4 区域列出了该物质的结晶学数据：

Sys. 为所属晶系；

S.G. 为空间群符号；

a_0、b_0、c_0 为晶胞棱长；A、C 为轴率，$A = a_0/b_0$，$C = c_0/b_0$；

α、β、γ 为晶轴夹角；

Z 为单位晶胞中所含物质化学式的分子数；

D_X 为理论密度（有的卡片资料这里写成晶胞体积 V，那么理论密度就是用晶胞质量除以这个体积）；

Ref. 为第 4 区域中所列资料的来源。

⑤第 5 区域列出了该物质的光学和其他物理性质数据：

ε_α、$n_{\omega\beta}$、ε_γ 为折射率；

Sign. 为光性正负（＋或－）；

2V 为光轴之间的夹角；

D 为密度；

m. p. 为熔点；

Color 为颜色 [有时还列有该物质的光泽和硬度（H）]；

Ref. 为第 5 区域中所列资料的来源。

⑥第 6 区域列出了该物质的其他资料和数据，如样品来源、化学分析数据、升华点、分解温度、转变点、热处理条件、获得衍射数据时的温度等。

⑦第 7 区域列出了该物质的化学式及英文名称。

有时在化学式后还附加有阿拉伯数字和大写英文字母，如（ZrO_2）12M，这里阿拉伯数字表示晶胞中的原子数，而大写英文字母表示布喇菲点阵的类型，各字母的意义如下：C——简单立方；F——面心立方；U——体心四方；H——简单六方；P——体心正交；S——面心正交；N——底心单斜；B——体心立方；T——简单四方；R——简单三方；O——简单正交；Q——底心正交；M——简单单斜；E——简单三斜。

⑧第 8 区域列出了该物质的矿物学名称或通用名称，对一些有机化合物等还在名称的上方列出了它的结构式或"点"式。凡是名称外有圆括号的，表示是合成材料。此外，在该区域中有时还标有下列记号：★表示该卡片所列数据高度可靠；○表示数据可靠程度较低；i 表示已作强度估计并指标化，但数据不如有★号的可靠；C 表示所列数据是从已知的晶胞参数计算而得的；无标记的卡片表示可靠性一般。

⑨第 9 区域列出了各条衍射线所对应的晶面间距、相对强度及衍射指数。在这个区域中有时还可看到代表下列意义的字母：b——宽线或漫散线；d——双线；n——不是所有资料来源中都有的线；nc——与晶胞参数不符合的线；ni——用给出的晶胞参数不能指标化的线；np——给出的空间群所不允许的指数；β——因 β 线的存在或重叠而使强度不可靠的线；tr——痕迹线；＋——可能有另外的指数。

⑩第 10 区域列出了卡片的编号。如 15-776 表示第 15 组中的第 776 号卡片。若某

一物质需要两张卡片才能列出所有数据，则在第二张卡片的序号后加字母 A 予以标记。
⑩

d	1a	1b	1c	1d	7					8
I/I_1	2a	2b	2c	2d						
Rad. λ Filter. Dia. Cut off. I/I_1 Coll. I/I_c d$_{corr}$. abs? Ref. 3					d	I/I_1	hkl	d	I/I_1	hkl
Sys. S.G. a_0 b_0 c_0 A C α β γ Z D_X Ref. 4							9			9
ε_α $n_{\omega\beta}$ ε_γ Sign. 2V D m. p. Color Ref. 5										
6										

图 3-23 PDF 卡片的样式

（2）电子版 PDF 卡片。

电子版 PDF 卡片先后发行过以下四种：

①PDF-1：这是一种经过了剪辑的数据库，只包括每一物相 PDF 卡片上最强的8条衍射线，适应内存不是很大的计算机及加快检索速度。目前已不再发行，ICDD 鼓励拥有 PDF-1 的用户将其更换为 PDF-2 或 PDF-4。

②PDF-2：这是一种完整的电子版卡片数据库，包括所有的 PDF 卡片及 PDF 卡片上的全部数据。以一张 PDF 卡片作为一个记录，其中包括由 d、I/I_1 及衍射指数构成的表，化学名称、矿物名称、结构式、晶体结构参数，如晶胞参数、晶系空间群等对称性参数，一些物理和化学数据，如密度、折射率，样品的制备和纯度等以及衍射设备等实验参数，还有参考文献及对该谱质量作出评估的质量标记等。此外，还包括手工检索索引中不包括的大量计算谱，主要是由无机化合物结构数据库提供的由无机物结构数据计算得到的粉末衍射谱。2021 版共包含超过 316800 个物相；超过 216100 套数据含有参比强度 K 值（I/I_c，其中 I_c 为纯刚玉的衍射强度），可用于 RIR 定量分析；内含 30 多个子领域及 60 多种卡片检索方法。为了对 PDF-2 进行检索，ICDD 提供了 PCPDFWIN 和 ICDDSUITE 两种检索软件。前者有在 PDF-2 中寻找和显示某物相数据的功能，后者实际上是索引软件 PCPDWIN 和 PCSIWIN 的组合。PCSIWIN 具有 Hanawalt 和 Fink 检索的功能，具有进行元素过滤、部分化学名称的检索等多种功能。

③PDF-3：这是一个数字粉末衍射谱数据库。该数据库中的衍射谱不是以 d 和 I/I_1 存储的，而是以小 2θ 步长（如 0.02°）扫描的完整的数字粉末衍射谱。此数据库中的数

据量不大，到 2020 年为止只包含了数百个物相。

④PDF-4：这是 ICDD 近年来新推出的一种关系数据库。PDF-2 是把数据按物相来进行记录的（即把有关物相的所有数据都集中在一起，形成一个数据单位），而 PDF-4 是把所有数据按其类型（如衍射数据、分子式、d 值、空间群等）存储于不同的数据表中，共有 32 种类型，在一种类型中可能包含数百项子类。这种数据库具有非常强的发掘数据的能力。因此，PDF-4 不仅是一个数据库，还包含了一些软件，可以高效率地完成大量分析工作，如可以从单晶结构数据得到多晶衍射谱；此外，该数据库还引入了一些基于仪器构造的参数（如狭缝结构、单色器种类等），可以将实验得到的 d、I 数据转变为数字化的衍射谱，成为做物相定性鉴定的第三代检索/匹配的基础。

PDF-4 有多种不同的分类版本：

PDF-4+/全文件 2021：共包含超过 444100 个物相，超过 336500 套数据含有原子坐标，以及超过 47000 套的有机物衍射数据。

PDF-4/矿物 2021：共包含超过 48900 套矿物物相，其中 22195 个有矿物分类代码，超过 40300 套数据含有原子坐标，超过 36000 个含有参比强度 I/I_c，相关数据非常有利于做物相定量分析。

PDF-4/有机物 2021：共包含超过 547200 个有机物和有机金属化合物相，其中超过 126900 套数据含有原子坐标，包含最新的超过 5400 个 CSD 物相条目。能显示二维的化学结构，还能显示完全的数字衍射谱。可以很方便地进行增强结晶、纳米和无定型材料的鉴定。目前，该数据库是全球最大最全的药物类、赋形剂（在药物制剂中除主药外的附加物，也可称为辅料，如片剂中的黏合剂、填充剂、崩解剂、润滑剂，中药丸剂中的酒、醋、药汁等，半固体制剂软膏剂、霜剂中的基质部分，液体制剂中的防腐剂、抗氧剂、矫味剂、芳香剂、助溶剂、乳化剂、增溶剂、渗透压调节剂、着色剂等）、聚合物的衍射数据库。

PDF-4/金属和合金 2021：该数据库专注于常温常压物相以及常见矿物相。库中共包含 97700 多个金属或合金物相，其中超过 62200 套数据含有原子坐标，70318 套数据含有参比强度 I/I_c。

PDF-4 各分库所含的物相数量非常巨大，数据库中除有物相衍射数据外，还包含有密度数据、颜色分类、熔点、分子式、原子和原子间的距离，以及各种相关参考文献和科学杂志。

3. 索引

JCPDS 编制出版了多种 PDF 卡片检索手册：无机物字母索引（alphabetical index）、哈那瓦特索引（hanawalt method）、芬克索引（fink index）、矿物检索手册等。按检索方法可分为字母顺序索引（以物质名称字母顺序检索）和数值索引（以 d 值数列检索）两类。

（1）无机物字母索引。

当已知样品中的主要化学成分时，可使用字母顺序索引。字母顺序索引是按物质英文名称的字母顺字排列的。在每种物质的名称后面列出其化学分子式，三根最强线的 d 值和相对强度数据，以及该物质的 PDF 卡片号码，示例如下：

★Aluminum Oxide：/Corundum Syn Al_2O_3 $2.09_x 2.55_9 1.60_8$ 10-1731.00

　Iron Oxide：Fe_2O_3 $3.60_x 6.01_8 4.36_8$ 21-920

★Silicon Oxide：/Quartz, low α-SiO_2 $3.34_x 4.26_4 1.82_2$ 54-4903.60

对于某些合金或化合物，还按其中所含的各种元素的名称顺序重复出现。例如锰铜合金，可以在第一元素为锰的排序中找到，也可以在第一元素为铜的排序中找到。对于某些物质还列出了其最强线对于刚玉最强线的相对强度。

（2）哈那瓦特索引。

在对样品中的元素和相组分毫无了解的情况下使用这种索引。哈那瓦特索引又称为三强线索引或数值索引。哈那瓦特索引是根据 8 条强线中的衍射强度由大到小的顺序来排列 d 值的。每种物质的数据在索引中列一行，依强弱顺序列出 8 条强线的面间距 d、相对强度、化学式以及卡片序号。此外，还列有用于自动检索的微缩胶片号（fiche），示例如下：

★$2.09_x 2.55_9 1.60_8 3.48_8 1.37_5 1.74_5 2.38_4 1.40_3$ Al_2O_3 10-1731.00

　$3.60_x 6.01_8 4.36_8 3.00_6 4.15_4 2.74_2 2.00_2 1.81_2$ Fe_2O_3 21-920

面间距 d 的小角码表示该线条的相对强度：x 表示 100（最强线），9 表示约为 90，8 表示约为 80，等等。

索引中采用哈那瓦特的分组法，即按第一个 d 值的大小范围分组，例如第一个 d 值在 0.240~0.244 nm 范围内的归为一组。整册索引共有 51 组，按 d 值范围从大到小的顺序排列，每组的 d 值范围列在该组的开头及每页的顶部。在每一组中，按第二个 d 值的大小顺序排列。若第二个 d 值相同，则按第一个 d 值的大小顺序排列。在第二个 d 值和第一个 d 值相同时，按第三个 d 值的大小顺序排列。

（3）芬克索引。

当样品中包含有多种相组分时，由于各相物质的衍射线相互重叠干扰，强度数据往往很不可靠。另外，样品的吸收以及其中晶粒的择优取向也会使相对强度发生很大变化，特别是采用电子衍射法来进行分析时，这种强度变化更是常见。这时采用哈那瓦特索引查找卡片就会有很大的困难。为此，芬克索引中主要以 8 条最强线的 d 值作为分析依据，而把强度数据作为次要依据。在这种索引中，每一行也对应一种物质。按 d 值的递减次序（与哈那瓦特法的主要区别）列出该物质的 8 条最强线的 d 值、英文名称、卡片序号以及微缩胶片号。若该物质的衍射线少于 8 条，则以 0.00 补足。每种物质在索引中至少出现 4 次。

索引中分组法类同于哈那瓦特法。

4. 物相定性分析的步骤

（1）制备待分析的样品。粉末样品的粒度要适当，以 10~40 μm 为宜，使衍射线不致宽化或不均匀。还要尽量避免样品中晶粒的择优取向，否则衍射线的相对强度将会发生很大偏差。

（2）用衍射仪法进行 X 射线衍射分析，得到衍射图谱。

（3）衍射线 d 值的测量。确定图谱中各衍射线的峰位 2θ，用布拉格方程换算出各衍射线的 d 值。进行物相定性分析时，衍射线的 2θ 值一般可估计到 0.05°，d 值一般精确到 0.0001 nm。很多新型衍射仪可直接打印出每条衍射线的 d 值和相对强度。

（4）衍射线相对强度的测量。一般可直接用各衍射线的峰高比作为相对强度。用各衍射线的峰高比作为相对强度时，以最强线的峰高 I_1 为 100，将其他各衍射线的峰高 I_i 与 I_1 相比较，得到其他各衍射线的相对强度 I_i/I_1。也可用各衍射线的积分强度确定其相对强度。

（5）查阅索引。根据测得的晶面间距和相对强度，用查索引的办法来确定一些可能的卡片。当样品中含有已知元素或可能的物相时，可查阅字母顺序索引；当衍射图中的线条不多而相对强度测量又较准确时，可查阅哈那瓦特索引。用哈那瓦特索引时应注意三强线的正确选择。当衍射线多而相对强度数据又不十分可靠时，可查阅芬克索引。在查阅索引时应注意测得的 d 值有一定的误差，一般允许 $\Delta d = \pm(0.001\sim0.002)\,\text{nm}$。在查阅索引和卡片时还应充分考虑到测量 d 值时的实际误差，并在相应的 d 值范围内考虑可能的卡片序号。

如果待测样品是多相混合物，则必须考虑到衍射图上的 3 条或 8 条最强线很可能不是由同一物相产生的，而可能是由样品中不同的相产生的。为此，必须考虑用不同的三强线或八强线组合来进行试探，逐个确定。

（6）核对卡片。查阅索引确定可能的卡片序号后，从卡片组中取出有关卡片，将实测衍射数据与卡片上所列的数据进行仔细核对，若能在实验误差范围内找到与实验数据全部符合的卡片，则说明样品中包含有该物质。对于多相混合物，因为一些强线很可能不是由一物相产生的，因此必须做多次假设和尝试。首先将能核对上的卡片作为第一相确定下来。然后将未核对上的线条做强度归一化处理，即将剩余线条中的最强线作为 100，其余线条的强度乘以相同的归一化因子。再用查阅索引、核对卡片的方法确定第二相、第三相……一般来说，这是比较精细而繁杂的工作。

5. 物相定性分析的注意事项

在做物相定性分析时注意以下问题有助于得到正确的分析结果：

（1）d 值的数据比相对强度的数据重要。这是因为受吸收和测量误差等的影响，相对强度的数值可能发生很大偏差，而 d 值的偏差一般不会太大。因此，在将实验数据与卡片上的数据进行核对时，d 值必须相当符合，一般要到小数点后第二位才允许有偏差。

（2）低角度区域的衍射数据比高角度区域的衍射数据重要。这是由于低角度区域的衍射线对应于 d 值较大的晶面，对不同的晶体来说，差别较大，相互重叠的机会少，不易相互干扰；而高角度区域的衍射线对应于 d 值较小的晶面，对不同的晶体来说，晶面间距相近的机会多，容易混淆。特别是当样品的结晶完整性较差、晶格扭曲、有内应力或晶粒很小时，高角度区域的衍射线往往漫散宽化，甚至无法测量。

（3）了解样品的来源、化学组成和物理特性等对于得出正确的结论是非常有帮助的。特别是在新材料的研制工作中，出现的某些物质很可能是 PDF 卡片集中所没有的新物质。鉴定这些物质要有尽可能多的物理、化学资料，诸如该物质中包含有哪些元素，它们的相对含量如何，该物质由哪些原料制成，工艺过程怎样，等等。然后与成分及结构类似的物质的衍射数据进行对比分析。有时还要针对自己的研究对象拍摄一些标准衍射图，编制专用的新卡片，以供查考。此外，少数 PDF 卡片中所列的数据也可能是错误的或不完全的。

（4）在进行多相混合样品的分析时，不能要求一次就将所有的主要衍射线都核对上，因为它们可能不是由同一物相产生的。因此，首先要将能核对上的部分确定下来，然后再核对余下的部分，逐个解决。在有些情况下，最后还是可能有少数的衍射线核对不上，这可能是因为混合物中某些相含量太少，只出现几条较强线，以致无法鉴定。

（5）尽量将 X 射线物相分析法和其他相分析法结合起来，利用偏光显微镜、电子显微镜等手段进行配合。

在确定样品中含量较少的相时，可以用物理方法或化学方法进行富集浓缩。

3.4.2.2　物相定量分析

多相混合物经过定性分析确定了物相组成后，有时需要进一步确定某个物相的含量，此时就要进行物相定量分析。物相定量分析根据多相混合物中各相物质的衍射线强度来确定各相物质的相对含量。在此仅对物相定量分析的基本原理和主要方法做简要介绍。

1. 物相定量分析的基本原理

由衍射强度理论可知，多相混合物中某一相的衍射强度随该相相对含量的增加而增加，且呈现某种函数关系。如果用实验测量或理论分析等办法确定了该函数关系，就可由实验测得的衍射强度计算出该相的含量。

2. 物相定量分析的方法

照相法和衍射仪法都可以用来进行物相定量分析，但相比照相法，用衍射仪法测量衍射强度精确度高、方便简单、速度快，所以物相定量分析工作基本上都采用衍射仪法。下面以衍射仪法的衍射强度公式为基础进行讨论。

如前所述，当用衍射仪测量衍射强度时，若样品为平板状的单相多晶体，则衍射线的积分强度公式为

$$I = I_0 \frac{e^4}{m^2 c^4} \frac{\lambda^3}{32\pi R} \frac{V}{V_0^2} F^2 P \frac{1 + \cos^2 2\theta}{\sin^2\theta\cos\theta} \frac{e^{-2M}}{2\mu} \qquad (3-35)$$

式中，I 为单相多晶体衍射线的积分强度；I_0 为标准参照晶体物相的积分强度；λ 为 X 射线的波长；R 为粉末多晶衍射环到样品的距离；V 为参与衍射的样品的体积；V_0 为对应晶体晶胞的体积；F 为结构因子；P 为多重性因子，等于该晶体中的等同镜面个数；e^{-2M} 为温度因子，表示温度变化对衍射强度的影响；μ 为样品的线吸收系数。

式（3-35）是从单相物质导出的，但只要做适当修改，就可应用于多相物质。假设样品由几个相均匀混合而成，其线吸收系数为 μ，其中第 j 相所占的体积百分数为 φ_j，则将式（3-35）中的 V 换为第 j 相的体积 $V_j = \varphi_j V$，而把 μ 看作混合样品的线吸收系数，就可计算出第 j 相的某条衍射线的强度 I_j。若令

$$B = I_0 \frac{e^4}{m^2 c^4} \frac{\lambda^3}{32\pi R} V \qquad (3-36)$$

$$C_j = \frac{F^2 P}{V_0^2} \frac{1 + \cos^2 2\theta}{\sin^2\theta\cos\theta} \frac{e^{-2M}}{2} \qquad (3-37)$$

则 I_j 可表示为

$$I_j = BC_j \frac{\varphi_j}{\mu} \qquad (3-38)$$

式中，B 为一个只与入射 X 射线强度 I_0、波长 λ、衍射仪圆半径 R 及受照射样品的体积 V 等实验条件有关的常数；C_j 只与第 j 相的结构及实验条件有关，当该相的结构已知、实验条件选定后，C_j 为常数，并可计算出来。

在实际计算中，由于第 j 相的质量百分数 ω_j 比体积百分数 φ_j 容易测量，所以常以 ω_j 代替 φ_j。设混合样品的密度为 ρ，质量吸收系数为 μ_m，参与衍射的混合样品的质量和体积分别为 m 和 V，而第 j 相对应的物理量分别用 ρ_j、$(\mu_m)_j$、m_j 和 V_j 来表示，则有

$$\varphi_j = \frac{V_j}{V} = \frac{1}{V}\frac{m_j}{\rho_j} = \frac{m}{V}\frac{\omega_j}{\rho_j} = \rho\frac{\omega_j}{\rho_j} \qquad (3-39)$$

$$\mu = \mu_m \rho = \rho \sum_{j=1}^{n} (\mu_m)_j \omega_j \qquad (3-40)$$

将式（3-39）和式（3-40）代入式（3-38），得

$$I_j = BC_j \frac{\omega_j / \rho_j}{\sum_{j=1}^{n} (\mu_m)_j \omega_j} \qquad (3-41)$$

或

$$I_j = BC_j \frac{\omega_j / \rho_j}{\mu_m} \qquad (3-42)$$

式（3-42）直接把第 j 相某条衍射线的强度与该相的质量百分数 ω_j 联系起来，是定量分析的基本公式。

下面讨论几种具体的分析方法。

（1）直接对比法。

经定性分析确定了物相组成后，即可知样品中各相的晶体结构，与第 j 相的某条衍射线有关的常数 C_j 可以直接由式（3-37）计算出来。假设样品中有 n 个物相，选取一个包含各个相的衍射线的较小的角度区域，测定此区域中每个相的一条衍射线的强度，共得到 n 个强度值，分属于 n 个相，然后定出这 n 条衍射线的衍射指数和衍射角，代入式（3-37），计算出它们的 C_j，于是可列出下列方程组，即

$$\begin{cases} I_1 = BC_1 \dfrac{\varphi_1}{\mu} \\[2mm] I_2 = BC_2 \dfrac{\varphi_2}{\mu} \\[2mm] I_3 = BC_3 \dfrac{\varphi_3}{\mu} \\[2mm] \vdots \\[2mm] I_n = BC_n \dfrac{\varphi_n}{\mu} \\[2mm] \varphi_1 + \varphi_2 + \varphi_3 + \cdots + \varphi_n = 1 \end{cases} \qquad (3-43)$$

解此方程组，可求得各相的体积百分数。

对于两相混合物，这种方法特别简便，即

$$\begin{cases} I_1 = BC_1 \dfrac{\varphi_1}{\mu} \\[2mm] I_2 = BC_2 \dfrac{\varphi_2}{\mu} \\[2mm] \varphi_1 + \varphi_2 = 1 \end{cases} \tag{3-44}$$

解得

$$\varphi_1 = \frac{I_1 C_2}{I_1 C_2 + I_2 C_1} \tag{3-45}$$

（2）外标法。

外标法是将待测样品中第 j 相某条衍射线的强度与第 j 相纯物质（称为外标物质）在相同实验条件下同一衍射线的强度进行对比，求得第 j 相含量的方法。原则上它只能应用于两相系统。

设样品中所含两相的质量吸收系数分别为 $(\mu_m)_1$ 和 $(\mu_m)_2$，则有 $\mu_m = (\mu_m)_1 \omega_1 + (\mu_m)_2 \omega_2$，由式（3-41），有

$$I_1 = BC_1 \frac{\omega_1/\rho_1}{(\mu_m)_1 \omega_1 + (\mu_m)_2 \omega_2} \tag{3-46}$$

因为 $\omega_1 + \omega_2 = 1$，所以

$$I_1 = BC_1 \frac{\omega_1/\rho_1}{\omega_1 [(\mu_m)_1 - (\mu_m)_2] + (\mu_m)_2} \tag{3-47}$$

若以 $(I_1)_0$ 表示纯的第 1 相物质（$\omega_1 = 1$，$\omega_2 = 0$）某条衍射线的强度，则有

$$(I_1)_0 = BC_1 \frac{\dfrac{1}{\rho_1}}{(\mu_m)_1}$$

于是有

$$I_1/(I_1)_0 = \frac{\omega_1 (\mu_m)_1}{\omega_1 [(\mu_m)_1 - (\mu_m)_2] + (\mu_m)_2} \tag{3-48}$$

由此可见，在两相系统中，若各相的质量吸收系数已知，则只要在相同的实验条件下测定待测样品中某一相某条衍射线的强度 I_1（一般选择最强线来测量），然后再测出该相纯物质同一衍射线的强度 $(I_1)_0$，就可计算出该相的质量百分数 ω_1。$I_1/(I_1)_0$ 与 ω_1 一般无线性正比关系，这是样品的基体吸收效应所造成的。但若系统中两相的质量吸收系数相同（例如两相为同素异构体），则由式（3-48）可知

$$I_1/(I_1)_0 = \omega_1 \tag{3-49}$$

此时第 1 相的质量百分数 ω_1 与 $I_1/(I_1)_0$ 成线性正比关系。

实际应用外标法进行定量分析时，通常是固定实验条件，然后制备一些待测相含量已知的标准样品，测出 $I_1/(I_1)_0$ 与该相质量百分数 ω_1 的关系曲线（定标曲线），再根据此定标曲线来进行分析。这种定标曲线原则上只适用于确定的两相。但若待测样品和标准样品中两相基体的质量吸收系数很相近，则这种定标曲线也可借用。

（3）内标法。

当待测样品中含有多相物质，而且各相的质量吸收系数又不相同时，可在样品中加入某种标准物质（称为内标物质）来帮助分析，这种方法称为内标法。

设样品中有 n 个相，它们的质量分别为 m_1，m_2，m_3，…，m_n，总质量为

$$m = \sum_{i=1}^{n} m_i$$

在样品中加入标准物质作为第 s 个相，它的质量为 m_s。如果以 ω_j 表示待测的第 j 相在原样品中的质量百分数，以 ω_j' 表示它在加入标准物质后的样品中的质量百分数，而以 ω_s 表示标准物质在加入标准物质后的样品中的质量百分数，则

$$\omega_j' = \frac{m_j}{m+m_s} = \frac{m_j}{m}\left(1-\frac{m_s}{m+m_s}\right) = \omega_j(1-\omega_s)$$

根据式（3-41）可得加入标准物质后的强度公式为

$$I_j = BC_j \frac{\omega_j'/\rho_j}{\sum_{j=1}^{n}(\mu_m)_j\,\omega_j' + \omega_s(\mu_m)_s}$$

$$I_s = BC_s \frac{\omega_s/\rho_s}{\sum_{j=1}^{n}(\mu_m)_j\,\omega_j' + \omega_s(\mu_m)_s}$$

将以上两式相比，即得

$$\frac{I_j}{I_s} = \frac{C_j}{C_s}\frac{\omega_j'\rho_s}{\omega_s\rho_j} = \frac{C_j}{C_s}\frac{(1-\omega_s)\rho_s}{\omega_s\rho_j}\omega_j \tag{3-50}$$

由于在配制待测样品时可以控制样品的质量 m 和加入的内标物质的质量 m_s，使得 ω_s 保持常数，于是式（3-50）可写为

$$\frac{I_j}{I_s} = C\omega_j \tag{3-51}$$

式中，$C=\dfrac{C_j}{C_s}\dfrac{(1-\omega_s)\rho_s}{\omega_s\rho_j}$，为常数。

式（3-51）即是内标法的基本公式，它说明待测的第 j 相某条衍射线的强度与标准物质某条衍射线的强度之比是该相在原样品中的质量百分数 ω_j 的直线函数。

由于常数 C 难以用计算方法定准，因此实际使用内标法时也是先用实验方法作出定标曲线，再进行分析的。首先配制一系列标准样品，其中包含已知量的待测相 j 和恒定质量百分数 ω 的标准物质。然后用衍射仪测量对应衍射线的强度比，作出 I_j/I_s 与 ω 的关系曲线（定标曲线）。在分析未知样品中第 j 相的含量时，只要在样品中加入相同百分比的标准物质，然后测量出相同衍射线的强度比 I_j/I_s，再查对定标曲线，即可确定待测样品中第 j 相的含量。必须注意，在制作定标曲线与分析待测样品时，标准物质的质量百分数 ω_s 应保持恒定，通常 ω_s 取为 0.2 左右。而测量强度应选取内标物质以及第 j 相中衍射角相近、衍射强度也比较接近的衍射线，并且这两条衍射线应不受其他衍射线的干扰；否则情况将变得更加复杂，影响分析精度。对于一定的分析对象，在决定选用何种物质作为内标物质时必须考虑到这些问题。除此之外，内标物质必须化学性质稳

定、不氧化、不吸水、不受研磨影响，衍射线数目适中，分布均匀。图 3－24 是以萤石作为内标物质，测定工业粉尘中石英含量的定标曲线。萤石（CaF$_2$）的质量百分数 ω_s 取为 0.2（20%），$I_{石英}$ 是从石英的晶面间距为 0.334 nm 的衍射线测得的强度，而 $I_{萤石}$ 是从萤石的晶面间距为 2.316 nm 的衍射线测得的强度，每一个实验点为 10 个测量数据的平均值。

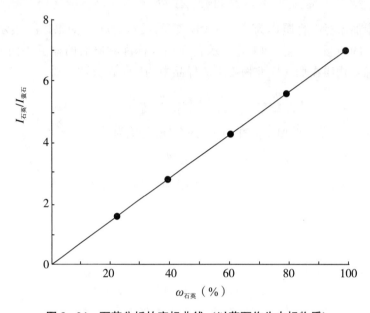

图 3－24　石英分析的定标曲线（以萤石作为内标物质）

（4）K 值法。

在使用内标法时，常数 C 与标准物质的掺入量 m_s 有关。为了消除这一问题，F. H. Chung 对内标法做了改进，并改称基体冲洗法，又称为 K 值法。

K 值法实际上也是一种内标法。与传统的内标法相比，K 值法不用绘制定标曲线，因而免去了许多繁复的实验，使分析流程大为简化。其原理比较简单，所用的公式是从内标法的公式演化而来的。根据式（3－50），并注意 $\omega'_j = (1-\omega_s)\omega_j$，可得

$$\frac{I_j}{I_s} = \frac{C_j}{C_s}\frac{\rho_s}{\rho_j}\frac{\omega'_j}{\omega_s} = \frac{C_j}{C_s}\frac{\rho_s}{\rho_j}\frac{1-\omega_s}{\omega_s}\omega_j$$

式中，I_j 和 I_s 分别为加了内标物质后样品中第 j 相和内标物质选定的衍射线的强度；ω_j 和 ω'_j 分别为内标物质加入以前和加入以后样品中第 j 相的质量百分数；ω_s 为内标物质加入以后内标物质的质量百分数。在上式中，若令

$$K_s^j = \frac{C_j}{C_s}\frac{\rho_s}{\rho_j} \tag{3－52}$$

则

$$\frac{I_j}{I_s} = K_s^j\frac{\omega'_j}{\omega_s} \tag{3－53}$$

或

$$\frac{I_j}{I_s} = K_s^j \frac{1-\omega_s}{\omega_s} \omega_j \tag{3-54}$$

如果已知K_s^j，又测定了I_j和I_s，则通过式（3-53）或式（3-54）可计算出ω_j'或ω_j（因为加入的内标物质的质量分数ω_s是已知的）。由式（3-52）可知，K_s^j是一个与第j相和第s相的含量无关，且与样品中其他相的存在与否无关的常数，而且它与入射X射线强度、衍射仪圆半径R等实验条件也无关。它是一个只与第j相和第s相的密度、结构及所选的是哪条衍射线有关的常数。X射线的波长也会影响K_s^j的值，因为X射线波长的变化会影响衍射角，从而影响角因数，也就影响C_j、C_s和K_s^j。可见当X射线波长选定不变时，K_s^j是一个只与j和s两相有关的特征常数。由于这个常数通常以字母K来表示，故通常称为K值法。为了方便起见，有时将K_s^j简记为K。

K_s^j的值通常用以下方法测定：选取纯的第j相和第s相物质，将它们配制成一定比例，例如1∶1的样品，这时ω_j'和ω_s都为0.5，$\omega_j'/\omega_s=1$，只要测定该样品的衍射强度比，即可得$K_s^j=I_j/I_s$。为了使测得的K_s^j值有较高的准确度，选择各物相的被测衍射线时，在保证没有相互干扰的条件下，要尽量选用最强的衍射线。

当应用K值法对某种样品进行相分析时，所需的K值除用实验测定外，在某些情况下还可以从JCPDS编制的PDF索引中查出来，现说明如下：

因为K值法简便易行，很受人们重视，又因为在波长一定的条件下，K_s^j的值只与j和s两相有关，是个通用常数，所以在PDF索引中，列有很多常用物质的K值以供参考，这些K值是以纯的刚玉（α-Al_2O_3）作为通用标准物质测得的。也就是说，这些K值是将某物相j与刚玉配制成质量比为1∶1的混合物，然后测定该混合物第j相最强线的强度I_j和刚玉最强线的强度I_0，再取它们的强度比而得到的，即

$$K_s^j = \frac{I_j}{I_0}$$

因为K_s^j是两相最强线的强度比，故又称为参比强度。选择刚玉作为通用的标准物质主要是因为在世界范围内高纯度的刚玉都比较容易获取，而且它的化学稳定性极好。与此同时，刚玉颗粒在各方向上的尺度比较接近，在制备样品时不易产生择优取向，因此衍射数据的一致性较好。

K值法应用于两相系统时特别简单、方便。若已经知道第1相对第2相的K_2^1，又测定了两相的强度比I_1/I_2，则不用加入标准物质即可求出各相的质量百分比，因为这时有

$$\begin{cases} \omega_1 + \omega_2 = 1 \\ \dfrac{I_1}{I_2} = K_2^1 \dfrac{\omega_1}{\omega_2} \end{cases}$$

解之，得

$$\omega_1 = \frac{1}{1 + K_2^1 \dfrac{I_2}{I_1}} \tag{3-55}$$

下面综述用K值法对多相混合物进行定量分析的步骤。其中，假设测定的是样品中第j相的质量分数，而内标物质为第s相。

①确定 K 值。确定 K 值有两种方法：一种是采用 PDF 索引上的参比强度数据，间接导出K_s^j的值；另一种是通过衍射实验测定，即用纯的第 j 相物质和选定的内标物质配制成质量比为 1∶1 的混合样品，然后选取 j 和 s 两相的衍射线（一般选最强线）各一条，测量它们的强度I_j和I_s，即得$K_s^j=I_j/I_s$。

②选取已知量的内标物质与待分析样品配制成混合样品（将 ω_s 控制在 0.2 左右），然后充分研磨拌匀并使粒度达到 $1\sim5\ \mu m$。

③测定配好的样品的I_j及I_s。

④根据$\omega_j'=\dfrac{I_j}{I_s}\dfrac{1}{K_s^j}\omega_s$或$\omega_j=\dfrac{I_j}{I_s}\dfrac{1}{K_s^j}\dfrac{\omega_s}{1-\omega_s}$计算出$\omega_j'$或$\omega_j$。

从前述内容可知，K 值法也是一种内标法，并且 K 值实际上也是定标曲线的斜率，但与一般内标法相比，这种方法具有明显的优点。首先，在 K 值法中，$K=\dfrac{C_j}{C_s}\dfrac{\rho_s}{\rho_j}$，$K$ 值与 X 射线的波长及 j 和 s 两相的结构和密度有关，因此具有常数意义，精确测定的 K 值具有通用性；而在一般内标法中，定标曲线的斜率$C=\dfrac{C_j}{C_s}\dfrac{\rho_s}{\rho_j}\dfrac{1-\omega_s}{\omega_s}$，它是与内标物质的加入量$m_s$有关的值，因此不具有通用性。其次，在一般内标法中，为了确定定标曲线，至少要配制三个组成不同的样品进行重复测量；而在 K 值法中，只要配制一个样品即能完全确定 K 值，显然更加方便。

在 K 值法中，计算和测量的是待测相与内标物质某条衍射线的强度比 I_j/I_s，这使得基体产生的影响在求强度比的过程中被抵消了，或者说是被冲洗掉了。反映在式（3-54）中，就是使得计算结果与基体因素无关，因此内标物质又称为冲洗剂，K 值法又称为基体冲洗法。

需要注意的是，物相定量分析的强度比公式是以下列假设为前提的：粉末样品中晶粒尺寸非常细小（粒径约 $10\ \mu m$），各相粉末混合均匀，晶粒无择优取向（完全随机排列）。若样品情况与上述假设不符，就会影响定量分析的精确度。因此，在制备样品时要充分研磨和混合，避免重压以减少择优取向。另外，还可以采取多次制样，多次测量强度，然后取平均值，或者使用特制的样品架，在测量过程中使样品围绕其表面法线不断转动等办法来消除择优取向的影响。

3.4.2.3　晶胞参数的精确测定

晶胞参数是晶体物质的基本结构参数，是指结晶物质在一定条件下具有一定的六个晶胞结构参数，即晶胞内相邻的三个棱边长度 a、b、c，以及这些棱边相互之间的三个夹角 α、β、γ。但是晶胞参数会随化合物的化学计量比、固溶体的组分比、晶体中的杂质含量以及温度、压力等因素的变化而发生变化。晶胞参数的变化反映了晶体组成、空位浓度、应力状态等的变化。所以晶胞参数的精确测定可用于固溶体及晶体缺陷的研究：通过晶胞参数随方位的变化测定多晶物质中的弹性应力；通过晶胞参数随温度的变化计算膨胀系数；由晶胞参数的精确值计算得到粉末状等不适于用其他物理方法测定密度的物质的真实密度。

晶胞参数的精确值可从单晶体和多晶体测得。用于单晶体测定的有转动晶体法、魏森堡法、单晶衍射仪法、双晶衍射仪法;用于粉末和多晶体测定的有德拜-谢乐法和衍射仪法。由于衍射仪灵敏度、精度高,并早已普及,在此主要介绍粉末衍射仪测量晶胞参数的方法。

测量粉末晶体衍射图上各衍射线的位置 2θ,计算出与各衍射线对应的衍射角和衍射面的晶面间距 d_{HKL}。因为晶面间距 d_{HKL} 是与晶胞参数和衍射指数（HKL）相关的函数,所以可从一系列晶面间距及各衍射线的衍射指数计算出晶胞参数。由各种因素引起的晶胞参数变化通常都非常小,往往为 10^{-5} nm 数量级,所以实验误差对晶胞参数精确测定的影响也是非常显著的。用粉末衍射仪测量多晶体晶胞参数的步骤如下:

(1) 作粉末晶体衍射图,用粉末衍射仪作出 X 射线衍射图谱。

(2) 计算各衍射线对应的布拉格角及对应晶面簇的晶面间距 d。

(3) 标定各衍射线的衍射指数（HKL）。

(4) 由 d 及相应的（HKL）计算出晶胞参数,在此过程中要消除误差,得到精确的晶胞参数 a、b、c、α、β 和 γ。

在此先介绍粉末晶体衍射图标定、实验误差分析和消除误差的方法,然后再系统地归纳计算晶胞参数的步骤。

1. 粉末晶体衍射图标定

粉末晶体衍射图标定就是确定各衍射线对应晶面簇的晶面指数,并确定该晶体所属的晶系。粉末晶体衍射图标定有三种常用方法:查卡法、图解法和解析法。

(1) 查卡法。

查卡法是对照已知物质（或经物相定性分析确定了的物质）PDF 卡片,确定各衍射线对应晶面簇的晶面指数,并确定该晶体所属的晶系。在 PDF 卡片中,很多物质的衍射线对应的衍射指数都是已标定好的,因此查找相应的 PDF 卡片即可确定粉末晶体衍射图中各衍射线对应晶面簇的晶面指数,并确定该晶体所属的晶系。

(2) 图解法和解析法。

当 PDF 卡片上没有衍射线对应的衍射指数时,要用图解法或解析法来标定。不论是用图解法还是用解析法,衍射图的标定工作都是烦琐而费时的。图解法要用专用图表,应用赫耳-戴维图和本恩图表可对四方晶系、六方晶系的粉末晶体衍射图进行标定。解析法虽然也很烦琐,但是使用计算机进行标定工作则更为方便,现已有计算晶胞参数的应用程序。下面简要介绍解析法对立方晶系、四方晶系和六方晶系的标定方法。

用晶面间距 d_{HKL} 可计算晶面（HKL）对应的倒易点阵矢量的模的平方值 Q_{HKL},即

$$Q_{HKL} = 1/d_{HKL}^2$$

根据倒易点阵理论,有

$$
\begin{aligned}
Q_{HKL} &= |\boldsymbol{R}_{HKL}^*|^2 = \boldsymbol{R}_{HKL}^* \cdot \boldsymbol{R}_{HKL}^* = [H\boldsymbol{a}^* + K\boldsymbol{b}^* + L\boldsymbol{c}^*] \cdot [H\boldsymbol{a}^* + K\boldsymbol{b}^* + L\boldsymbol{c}^*] \\
&= H^2 a^{*2} + K^2 b^{*2} + L^2 c^{*2} + 2HK a^* b^* \cos\alpha^* + 2HL a^* c^* \cos\beta^* + 2KL b^* c^* \cos\gamma^*
\end{aligned}
$$

$$(3-56)$$

若令 $A = a^{*2}$,$B = b^{*2}$,$C = c^{*2}$,$D = 2a^* b^* \cos\alpha^*$,$E = 2a^* c^* \cos\beta^*$,$F =$

$2b^*c^*\cos\gamma^*$，则式（3−56）变为

$$Q_{HKL}=AH^2+BK^2+CL^2+DHK+EHL+FKL \qquad (3-57)$$

若设粉末晶体衍射图中有 n 条衍射线，则可得到 n 个这样的方程，构成多元方程组。求解这个方解组，可求得各衍射线的衍射指数 H、K、L，以及与晶胞参数有关的常数 A、B、C、D、E 和 F。在求解方程组时，由于等式右边全部是未知数，一般来说求解是比较困难的。但对中高级晶系而言，因为存在特殊的对称特点和系统消光规则，在可能出现的 Q_{HKL} 值和衍射指数 H、K、L 之间往往存在着一些特殊关系，利用这些关系就可解出上述方程组，从而完成标定工作。例如，对立方晶系，因为 $a^*=b^*=c^*=\dfrac{1}{a}$，$\alpha^*=\beta^*=\gamma^*=90°$，故有 $A=B=C=\dfrac{1}{a^2}$，$D=E=F=0$，于是由式（3−57）可得

$$Q_{HKL}=\frac{1}{a^2}(H^2+K^2+L^2) \qquad (3-58)$$

所以，衍射图一般采取由简到繁、逐级判别晶系的方法进行标定。首先用立方晶系的标定法，若能成功，则表示该样品属于立方晶系；若不成功，则顺次用六方晶系、四方晶系的标定法；若都不成功，则说明该样品属于对称性更低的正交晶系、单斜晶系和三方晶系。三方晶系可用变换基矢的办法转化为六方晶系，故可用六方晶系的方法来标定。

①立方晶系的标定方法。

立方晶系粉末晶体衍射图的标定可采用求各衍射线的 $\sin^2\theta$ 比值的方法。在立方晶系中，因为 $a^*=b^*=c^*=\dfrac{1}{a}$，$\alpha^*=\beta^*=\gamma^*=90°$，故有 $A=B=C=\dfrac{1}{a^2}$，$D=E=F=0$，于是式（3−57）变为

$$Q_{HKL}=\frac{1}{a^2}(H^2+K^2+L^2)=\frac{1}{a^2}N \qquad (3-59)$$

式中，$N=H^2+K^2+L^2$，为衍射指数平方和，是整数，但它不可能等于 7，15，23，…，即

$$N\neq(7+8s)4^m \qquad (3-60)$$

式中，s 和 m 均为 0，1，2，…。这是因为没有三个整数的平方和会等于 $(7+8s)4^m$。

由式（3−59）可知，各衍射线的 Q 值之比为一系列整数比。若设各个 Q 值顺次为 Q_1，Q_2，Q_3，…，与其对应的 N 值为 N_1，N_2，N_3，…，则有

$$Q_1:Q_2:Q_3:\cdots=N_1:N_2:N_3:\cdots$$

由立方晶系晶面间距公式及布拉格方程，得

$$\sin^2\theta=\frac{\lambda^2}{4a^2}(H^2+K^2+L^2)$$

代入式（3−59），得

$$Q_{HKL}=\frac{4\sin^2\theta}{\lambda^2}$$

所以 $\sin^2\theta$ 值之比也为一系列整数比，即

$$\sin^2\theta_1:\sin^2\theta_2:\sin^2\theta_3:\cdots=N_1:N_2:N_3:\cdots$$

由此可知，从实验测得的 $\sin^2\theta$ 值即可求得 N 值之比，再考虑到各个 N 值都应是满足式（3−60）的正整数，就可凑出与各衍射线对应的 N 值与衍射指数。在这个过程中，确定 N_1 的值是关键。

了解系统消光规则，对确定 N 值，完成标定工作极为重要。根据结构因子的计算，立方晶系三种晶格的系统消光规则只允许 N 取表 3−1 中所列的一些值：属简单立方晶格的物质，N 可取满足式（3−60）的任何整数；属体心立方晶格的物质，N 可取满足式（3−60）的任何偶数；属面心立方晶格的物质，只有当 H、K、L 全为奇数或全为偶数时，N 值才是允许值。对结构较为复杂的晶体，除上述晶格消光外，还有附加的结构消光规则。例如，金刚石结构型晶体，除面心晶格的消光外，H、K、L 虽全为偶数，但若它们之和（$H+K+L$）不等于 4 的整数倍，也将消光，见表 3−1。又如，氯化钠结构型晶体，当其中两类离子的散射因子相差很小时，就会造成指数全为奇数的衍射线的强度很弱，甚至不出现。这些原因都可能使 N_1 的值不一定是 1，2，3，而可能更大。

表 3−1 立方晶系的衍射指数及其平方和 N 的可能值

$N = H^2 + K^2 + L^2$ 的可能值				衍射指数 （HKL）
简单点阵	体心点阵	面心点阵	金刚石结构型	
1				100
2	2			110
3		3	3	111
4	4	4		200
5				210
6	6			211
7*				
8	8	8	8	220
9				300，221
10	10			310
11		11	11	311
12	12	12		222
13				320
14	14			321
15*				
16	16	16	16	400
17				410，322
18	18			411，330
19		19	19	311

续表

$N=H^2+K^2+L^2$ 的可能值				衍射指数 （*HKL*）
简单点阵	体心点阵	面心点阵	金刚石结构型	
20	20	20		420
21				421
22	22			332
23*				
24	24	24	24	422
25				500，430
26	26			510，431
27		27	27	511，333
28*				
29				520，432
30	30			521
31*				
32	32	32	32	440
33				522，441
34	34			530，433
35		35	35	531

注：表中有 * 号的数据为立方晶系中不可能出现的数值。

②六方（三方）晶系和四方晶系的标定方法。

对六方晶系，因为 $a^*=b^*\neq c^*$，$\beta^*=\gamma^*=90°$，$\alpha^*=60°$，故 $A=B\neq C$，$E=F=0$，$D=a^{*2}=A$，所以有

$$Q_{HKL}=A(H^2+K^2+HK)+CL^2 \tag{3-61}$$

对四方晶系，有

$$Q_{HKL}=A(H^2+K^2)+CL^2 \tag{3-62}$$

令 γ 分别代表六方晶系中的 (H^2+K^2+HK) 和四方晶系中的 (H^2+K^2)，则 γ 可取表 3-2 中所列的一些值。

表 3-2　六方晶系、四方晶系 γ 的允许值

晶　系	γ 的允许值
六方晶系	1,3*,4,7*,9,12*,13,16,19*,21*,…
四方晶系	1,2*,4,5*,8*,9,10*,13,16,17*,…

注：表中有 * 号的数据为区别六方晶系和四方晶系的特征值。3,7,12,19,…为六方晶系中 γ 的特征值，四方晶系中不出现；2,5,8,10,…为四方晶系中 γ 的特征值，六方晶系中不出现。

六方晶系和四方晶系的粉末晶体衍射图中常会出现（00L）型或（HK0）型衍射线，若能确认出两条以上这样的衍射线，就能用式（3－61）和式（3－62）计算出 A 和 C 的值，达到将衍射线指标化的目的。经验证明，（HK0）型衍射线出现的概率要比（00L）型衍射线出现的概率大得多。因此，要从辨认（HK0）型衍射线出发来考虑。

对于（HK0）型衍射线，有

$$Q_{HK0}=A(H^2+K^2+HK)=A\cdot\gamma（六方晶系）$$
$$Q_{HK0}=A(H^2+K^2)=A\cdot\gamma（四方晶系）$$

即 $Q_{HK0}/\gamma=A$ 为常数。因此，若将实验测得的所有 Q_x 值以 γ 的各种允许值去除，并把所得的值按 γ 值和衍射线序号排列成二维数表，将可发现此数表中会有好几组的值是相等的。这些相等的值即是可能的 A 值。并且，若这些相等的值所在的列号 γ 中有 3，7，12，…六方晶系中的特征值，即可判定该晶体属于六方晶系；若 γ 中有 2，5，8，…四方晶系中的特征值，即可判定该晶体属于四方晶系。

求得 A 值后，可从（HKL）型衍射线的 Q 值求出 C 值，这是因为

$$(Q_{HKL}-A\cdot\gamma)/L^2=C \tag{3-63}$$

所以若从已求得的 A 值算出所有的 $(Q_{HKL}-A\cdot\gamma)$，再以一系列整数的平方值 (L^2) 去除，所得的商中必有不少是相等的，这些相等的数即是可能的 C 值。一般来说，这样得到的 C 的可能值也有好几个。

由于实验误差的存在和核对比较时误差窗的影响，在要比较的数值中常会有多个数值可被认为是常数 A 和 C 的可能值，但真正的 A 和 C 的值应是能把全部衍射线都指标化的那两个可能值。

下面仅以六方晶系为例来说明。六方晶系和四方晶系粉末晶体衍射图的标定方法是相似的。

第一步是以六方晶系中 γ 的允许值 1，3，4，7，…为列号，以衍射线序号 x 为行号，建立 Q_x/γ 值的二维数表，γ 的最大值可取为 25 左右。表 3－3 为金属锌（Zn）的这种数表。

表 3－3　Zn 的 Q_x/γ 二维数表（$\times10^{-4}$）

x	γ											
	1	3*	4	7*	9	12*	13	16	19*	21*	25	27
	Q_x/γ											
1	1635	545	409	234	182	136	126	102	86	78	65	61
2	1877	626	469	268	209	156	144	117	99	89	75	70
3	2287	726	572	327	254	191	176	143	120	109	91	85
4	3154	1171	878	502	390	293	270	220	185	167	141	130
5	5553	1851	1388	793	617	463	427	347	292	264	222	206
6	5636	1879	1409	805	626	470	434	352	297	268	225	209
7	6535	2178	1634	934	726	545	503	408	344	311	261	242

x	γ											
	1	3*	4	7*	9	12*	13	16	19*	21*	25	27
	Q_x/γ											
8	7269	2423	1817	1038	808	606	559	454	383	346	291	269
9	7512	2504	1878	1073	835	626	578	469	395	358	300	278
10	7921	2640	1980	1132	880	660	609	495	417	377	317	293
11	8415	2805	2104	1202	935	701	647	526	443	401	337	312
12	8147	3049	2287	1307	1016	762	704	527	481	436	366	339
13	11188	3729	2797	1598	1243	932	861	699	589	533	448	414
14	12094	4031	3024	1728	1344	1008	930	765	637	576	484	448
15	12172	4057	3043	1739	1352	1014	936	761	641	580	487	451
16	13145	4382	3286	1878	1461	1095	1011	822	629	626	526	487
17	13555	4518	3389	1936	1506	1130	1043	847	713	645	542	502
18	14048	4683	3512	2007	1561	1171	1081	878	739	669	562	520
19	14710	4903	3678	2101	1634	1226	1132	919	774	700	588	545
20	14782	4927	3695	2112	1642	1232	1137	924	778	704	591	547

注：表中有 * 号的数据为六方晶系中 γ 的特征值，四方晶系中不出现。

第二步是求出可能的 A 值。先取定一误差窗（允许误差限值），例如取 0.0002，然后将 Q_x/γ 二维数表中的数值逐个进行对比，这时可发现不少在误差范围内相等的数值。若与这些值相应的 γ 值中包含有 3，7，12，…六方晶系中的特征值，说明该晶体属于六方晶系，则这些相等的数值就是 A 的可能值，例如表 3-3 中的 $Q_2/1 = Q_6/3 = Q_9/4 = Q_{16}/7 = 0.1877$ 即是这样的数值。此外，还有 0.0545、0.0626、0.0762、0.1171 等也是。这些可能的 A 值中究竟哪一个是真正的 A 值呢？这要待以后逐步甄别。若某个相等的数值所对应的列号 γ 中不包含特征值，则肯定不是 A 的可能值，而是 C 的可能值或别的巧合。例如，表 3-3 中的 $Q_1/1 = Q_7/4 = Q_{19}/9 = 0.1636$ 即是这样的数值。式中误差窗的值一般可取 0.00020～0.00040。

所取的 A 和 C 的值不能把全部衍射线指标化，则要转用其他的 A 或 C 的可能值，并重复上述步骤。

若误差窗开得足够大仍不能将全部线条指标化，则说明该晶体不属于六方晶系，可以认为属于四方晶系或对称性更低的晶系，或是实验数据的误差太大。

2. 实验误差分析

一方面，晶体内部各种因素引起的晶胞参数变化非常小，往往为 10^{-5} nm 数量级，所以实验误差对晶胞参数精确测定的影响非常大；另一方面，实验数据的精确度是标定能否成功和正确的决定性因素。因此，必须分析误差来源，对误差进行校正。误差可分为偶然误差和系统误差两类。偶然误差来源于试验对象、仪器和外部条件无法控制的波动，这些因素没有一定的大小和方向，但服从统计规律。随着测量次数的增加，偶然误差的平均值逐渐接近于零。系统误差是由仪器、方法、环境的固有偏差或测试者的习惯和偏向引起的，这些因素使测量结果总是朝一定的方向偏离，有一定的规律性。上述两类误差可用精细的实验技术将其减小，还可用数学处理加以修正。

衍射仪法中系统误差主要有衍射仪焦点位移误差、X 射线垂直发散误差、样品引起的误差和实验条件选择不当造成的误差。

（1）衍射仪焦点位移误差。

焦点位移是指衍射仪调整不当，线焦点不在 $2\theta = 180°$ 位置，而沿衍射仪圆的切线方向有一位移。设位移量为 X，则造成的衍射角误差为

$$\Delta 2\theta = -\frac{X}{R} \tag{3-64}$$

式中，R 为测角仪半径；向前位移 X 为正，向后位移 X 为负。当 $R = 180$ mm，焦点位移为 0.015 mm 时，$\Delta 2\theta$ 可达到 0.005° 左右。

（2）X 射线垂直发散误差。

入射 X 射线经梭拉光阑后仍有一定的垂直发散度，这种垂直发散度造成衍射线也有一定的垂直发散。接收狭缝接收到的衍射线是由很多不同高度的衍射圆锥叠加而成的，这会造成衍射线峰位向圆锥内侧移动。当梭拉光阑的垂直发散角为 β 时，衍射角误差为

$$\Delta 2\theta = -\frac{1}{6}\beta^2 \cot 2\theta \tag{3-65}$$

（3）样品表面离轴误差。

样品表面离轴是指平板样品的表面与衍射仪轴不重合，即样品表面与聚焦圆不相切。设离轴位移量为 S，且规定样品表面在聚焦圆外测时 S 为正，则 S 引起的峰位移动为

$$\Delta 2\theta = -\frac{2S\cos\theta}{R} \tag{3-66}$$

（4）样品透明误差。

当样品的吸收系数较小时，一部分 X 射线能射入样品内部，此时即使样品表面与衍射仪轴重合，也相当于有一正值的表面离轴位移，从而使实际测得的衍射角偏小。这种误差是因为样品吸收系数 μ 比较小，比较透明而引起的，故称为透明误差。透明误差造成的峰位移动为

$$\Delta 2\theta = -\frac{\sin 2\theta}{2\mu R} \tag{3-67}$$

（5）平板型样品误差。

衍射仪法中采用的是平板样品，其表面与聚焦圆不完全重合，因此样品上各点的衍射线不能聚焦于一点，引起衍射线展宽和峰位移动。当入射线的水平发散角 α 不大时，峰位移动为

$$\Delta 2\theta = \frac{1}{12}\alpha^2 \cot\theta \tag{3-68}$$

（6）实验条件选择不当造成的误差。

有些实验条件选择不当，如时间常数选得太大，扫描速度太快，也会导致峰位偏移。测角仪的刻度误差和0°误差也可包括在此项中。这些原因造成的衍射角误差往往不随衍射角变化，故可以常量 η 来表示。

综合上述各项系统误差，衍射角误差为

$$\Delta 2\theta = -\frac{X}{R} - \frac{2S\cos\theta}{R} - \frac{\sin 2\theta}{2\mu R} + \frac{1}{12}\alpha^2\cot\theta - \frac{1}{6}\beta^2\cot 2\theta + \eta \tag{3-69}$$

因为 $\dfrac{\Delta d}{d} = -\cot\theta \cdot \Delta\theta$，整理后为

$$\frac{\Delta d}{d} = \cos^2\theta\left(\frac{A}{\sin^2\theta} + \frac{B}{\sin\theta} + C\right) + D\cot\theta + E \tag{3-70}$$

式中，A、B、C、D、E 是一些只与仪器及样品情况有关，而与 θ 无关的常数（对同一衍射图而言）。

由式（3-70）可见，在衍射仪法中，一般认为 $\cos^2\theta$ 项仍是主要的项，可将其用作外推函数。

3. 消除误差的方法

消除误差有两种方法：一种方法是用晶胞参数已知的标准物质与待测样品以一定比例混合，来校正待测样品的测试数据，即内标法；另一种方法是实验数据处理，由误差分析得到系统误差的规律性以及偶然误差的统计分布特点，通过数据处理的方法消除其影响，进而得到精确的晶胞参数值。

（1）内标法。

对一般的应用，如不同样品晶胞参数的相对比较，内标法是较为简便且能达到相当精度的方法。内标法就是用一种精确已知晶胞参数的物质来标定衍射图谱的方法，选用的标准物质可以是 Si 或 SiO_2，对晶胞参数较大的物质则用结晶良好的 As_2O_3（立方晶系，$\alpha = 1.10743$ nm）。若样品是粉末，就将标准物质与样品混合均匀；若样品为块状，可将标准物质粉末用凡士林等黏附在样品表面一薄层，将这种样品用衍射仪法分析，样品和标准物质的衍射线将同时出现在衍射图上，用定性方法将其加以区分。根据标准物质已知的精确晶胞参数计算标准物质的晶面间距 d_{sc}，再测定衍射谱上标准物质的各衍射角 $2\theta_{sc}$ 及待测样品的衍射角 2θ，设样品各衍射线对应的晶面间距为 d，根据布拉格方程有

$$d_{sc}\sin\theta_{sc} = d\sin\theta \tag{3-71}$$

则

$$d = \frac{\sin\theta_{sc}}{\sin\theta}d_{sc} \tag{3-72}$$

这样根据计算的 d_{sc} 和测量的 2θ 及 $2\theta_{sc}$，按式（3-72）计算得到的 d 值就是经内标法修正了的。也可根据 $1/d - \sin\theta_{sc}$ 标定直线（或直线方程），将测量的 $\sin\theta$ 代入求得对应的 d 值。内标法使用方便可靠，缺点是测量精度不可能超过标准物质本身晶胞参数的精度。

（2）实验数据处理。

①图解外推法。

在衍射仪法中，一般认为 $\cos^2\theta$ 项仍是主要的项，可将其用作外推函数。

立方晶系中，晶胞参数 a 与晶面间距 d 成正比，故 $\dfrac{\Delta a}{a}=\dfrac{\Delta d}{d}$，用 $\cos^2\theta$ 作误差函数，则有

$$a = a_0 + K\cos^2\theta \tag{3-73}$$

式中，a_0 为晶胞参数的精确值。于是，由 $\theta>60°$ 区域各条衍射线的 θ 和所用辐射波长 λ 可算出一组（a，$\cos^2\theta$）的值，然后以 a 为纵坐标，$\cos^2\theta$ 为横坐标，可取一系列实验点，根据这些实验点找出一条最合适的外推直线，外推到 $\theta=90°$ 处，就可求得较为精确的晶胞参数，如图 3-25 所示。

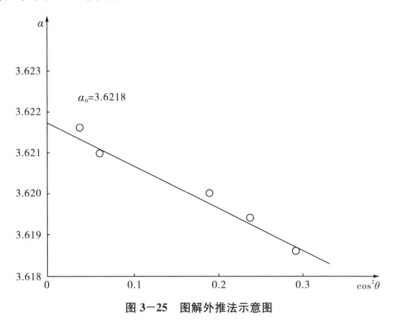

图 3-25　图解外推法示意图

当 $\theta>60°$ 区域的衍射线很少时，可采用纳尔逊函数 $\dfrac{\cos^2\theta}{\sin\theta}+\dfrac{\cos^2\theta}{\theta}$ 作外推函数，因为它的线性区较大，$\theta>30°$ 即可以用。

立方晶系以外的其他晶系，因晶面间距 d 与两个或三个晶胞参数有关，故 $\dfrac{\Delta a}{a}$ $\left(\dfrac{\Delta b}{b}\text{或}\dfrac{\Delta c}{c}\right)$ 与 $\dfrac{\Delta d}{d}$ 无正比关系，外推法用起来就比较麻烦。这时晶胞参数 a、b 和 c 可分别从（$h00$）型、（$0k0$）型和（$00l$）型衍射线外推求得，但往往难以找到很多这种类型的衍射线。这时宜采用最小二乘法。

②最小二乘法。

在图解外推法中作外推直线时有一定的人为因素，特别是当实验点比较分散时，则更感困难。用最小二乘法就可以避免这种人为因素。

1935 年，柯亨（M. U. Cohen）首先开始使用最小二乘法精确测定晶胞参数。柯亨降低的系统误差主要是偏心误差和吸收误差，并提出以 $\sin2\theta$ 为求最佳值的对象，因为 θ 是直接测量数据，可减少计算过程引起的附加误差。

通常是在 $\sin^2\theta$ 关系上应用最小二乘法，将布拉格方程两边平方，得

$$\sin^2\theta = \left(\frac{\lambda}{2d}\right)^2 \qquad (3-74)$$

将式（3-74）两边取对数，得

$$\lg\sin^2\theta = 2\lg\frac{\lambda}{2} - 2\lg d$$

两边取微分（为了避免与晶面间距 d 混淆，微分符号用 Δ 表示），并且视 λ 为常数，可得

$$\frac{\Delta\sin^2\theta}{\sin^2\theta} = 2\frac{\Delta\lambda}{\lambda} - 2\frac{\Delta d}{d}$$

因为 $\frac{\Delta\lambda}{\lambda}=0$，所以

$$\Delta\sin^2\theta = -2\sin^2\theta\frac{\Delta d}{d} \qquad (3-75)$$

若外推函数 $f(\theta)$ 采用$\cos^2\theta$，代入$\frac{\Delta d}{d}=K\cos^2\theta$，则有

$$\Delta\sin^2\theta = -2K\sin^2\theta\cos^2\theta = D\sin^2 2\theta$$

式中，$D=-\frac{K}{2}$为常数。当以α_0代表精确的晶胞参数时，对衍射指数为（HKL）的衍射线，$\sin^2\theta$ 的真值应等于$\frac{\lambda^2}{4\alpha_0^2}$（$H^2+K^2+L^2$），而误差为 $D\sin^2 2\theta$，故$\sin^2\theta$ 的实验值应为

$$\sin^2\theta = \frac{\lambda^2}{4\alpha_0^2}(H^2+K^2+L^2) + D\sin^2 2\theta \qquad (3-76)$$

若令 $A=\frac{\lambda^2}{4\alpha_0^2}$，$\alpha=H^2+K^2+L^2$，$C=\frac{D}{10}$，$\delta=10\sin^2 2\theta$，则

$$\sin^2\theta = A\alpha + C\delta \qquad (3-77)$$

这里在 C 和 δ 中引入因子 10，是为了使方程式的各项系数具有相同的数量级。由式（3-77）出发，可按以前所述的规则列出正则方程：

$$\begin{cases} \sum \alpha\sin^2\theta = A\sum\alpha^2 + C\sum\alpha\delta \\ \sum \delta\sin^2\theta = A\sum\alpha\delta + C\sum\alpha^2 \end{cases} \qquad (3-78)$$

在这个方程组中，α 和 δ 都可由实验求得，只有 A 和 C 是未知数。求解此方程，即可得到 A 和 C。从 A 可求得精确的晶胞参数α_0，而 C 与系统误差大小有关，称为漂移常数。

对于非立方晶系，也可用最小二乘法来计算晶胞参数，但此时往往需要三个或三个以上的正则方程。例如，对六方晶系，有两个晶胞参数α_0和c_0，若误差函数 $f(\theta)$ 仍采用$\cos^2\theta$，则有

$$\sin^2\theta = \frac{\lambda^2}{4}\cdot\frac{4}{3}\cdot\frac{H^2+HK+K^2}{\alpha_0^2} + \frac{\lambda^2}{4}\cdot\frac{L^2}{c_0^2} + D\sin^2 2\theta$$

令 $A=\frac{\lambda^2}{3\alpha_0^2}$，$\alpha=H^2+HK+K^2$，$C=\frac{\lambda^2}{4c_0^2}$，$\gamma=L^2$，$E=\frac{D}{10}$，$\delta=10\sin^2 2\theta$，则

$$\sin^2\theta = A\alpha + C\gamma + E\delta \tag{3-79}$$

于是正则方程为

$$\begin{cases} \sum \alpha \sin^2\theta = A\sum \alpha^2 + C\sum \alpha\gamma + E\sum \alpha\delta \\ \sum \gamma \sin^2\theta = A\sum \gamma\alpha + C\sum \gamma^2 + E\sum \gamma\delta \\ \sum \delta \sin^2\theta = A\sum \alpha\delta + C\sum \gamma\delta + E\sum \delta^2 \end{cases} \tag{3-80}$$

在上述计算公式中，对高角度和低角度衍射线一视同仁，忽视了高角度线条的实验值误差小、精度高的事实，因此所得结果并不一定比外推法更精确。若采用适当的加权因子，则所得结果更为理想。

4. 晶胞参数的精确测定

（1）作粉末晶体衍射图。

①样品制备。

样品制备是获取精确实验数据的前提。用于晶胞参数精确测定的粉末样品，要求粉末细而颗粒均匀且无择优取向。一般粉末样品粒度为 40 μm（过 325 目筛）或更细。

②精确的实验技术。

针对上述误差分析中的各种误差采取相应措施，获得高质量的粉末晶体衍射图。

（2）计算各衍射线对应的布拉格角及对应晶面簇的晶面间距 d。

由布拉格方程即可计算各衍射线对应的布拉格角及对应晶面簇的晶面间距 d，其关键是衍射线峰位的确定和衍射线的选择。

为了确定衍射线的峰位 2θ，可用抛物线拟合法和重心法等。

在选择衍射线方面，晶胞参数是由晶面间距 d 计算的，为考查 d 值误差的来源，须借助布拉格方程的微分式，即

$$\frac{\Delta d}{d} = -\cot\theta\Delta\theta + \frac{\Delta\lambda}{\lambda} \tag{3-81}$$

d 值的误差来源于衍射角误差 $\Delta\theta$ 和波长误差 $\Delta\lambda$，而 X 射线波长的精度已达 10^{-7} nm，且对任何测量，此误差均相等（如 Cu K_α 的波长为 0.1541838 nm），故忽略不计，则式（3-81）变为

$$\frac{\Delta d}{d} = -\cot\theta\Delta\theta \tag{3-82}$$

由立方晶系的晶面间距公式很容易看出：$\Delta a/a = \Delta d/d$。该式表明此误差决定于半衍射角 θ 及 θ 的测量误差 $\Delta\theta$。显然，在 $\Delta\theta$ 一定的条件下，选取的 θ 越大（θ 越接近 90°），晶胞参数的误差越小。为此，一般总是尽可能利用 θ 接近 90° 的高角度衍射线来计算晶胞参数。

（3）标定各衍射线的衍射指数（HKL）。

（4）消除误差。

该项内容同前所述。由 d 及相应的（HKL）计算晶胞参数，在此过程中要消除误差，得到精确的晶胞参数 a、b、c、α、β 和 γ。

现在已有计算晶胞参数的应用程序，可以很方便地计算出晶胞参数，只要学习使用

计算晶胞参数的应用程序即可，在此不赘述。

3.4.2.4 晶粒尺寸的测定

多晶材料在冷加工、淬火及其他处理过程中会在晶体中引起晶粒细化和"显微畸变"，这些显微结构与材料的力学性能、物理化学性能有密切的关系。由于晶粒细化和"显微畸变"会引起衍射谱线的宽化，因此可通过衍射谱线线形分析来测定晶粒尺寸和"显微畸变"。目前常用的 X 射线衍射研究方法主要有近似函数图解法、傅里叶分析法和访查分析法等。下面仅从应用角度简单介绍晶粒尺寸的测定。

多晶材料衍射线宽度由几何宽度和物理宽度两部分组成。几何宽度与光源、光阑、仪器等实验条件有关，称为仪器本身宽化；物理宽度与晶体所处的物理状态，即晶粒尺寸、晶体中不均匀应变和晶体缺陷等有关。

暂不考虑仪器本身宽化，并假设晶体中没有不均匀应变、晶格缺陷等存在，那么衍射线宽化纯属是由晶粒尺寸引起的，仅从干涉函数考虑衍射线的宽化。如前所述，干涉函数 $|G|^2$ 主峰的角宽度反比于参加衍射的晶胞数 N，N 很小，参加衍射的晶胞数少，晶粒尺寸极小，衍射线就会宽化，可以证明有下列关系，即

$$d_{hkl} = \frac{K\lambda}{\beta\cos\theta} \tag{3-83}$$

式中，d_{hkl} 为垂直于（hkl）晶面方向的晶粒尺寸，单位同波长；λ 为所用 X 射线的波长；θ 为布拉格角；β 为由于晶粒细化引起的衍射峰（hkl）的宽化度，单位为 rad；K 为常数，具体数值与宽化度 β 的定义有关。若取 β 为衍射峰的半高宽度 $\beta_{1/2}$，则 $K = 0.89$；若取 β 为衍射峰的积分宽度 β_i，则 $K = 1$。所谓积分宽度 β_i，是指衍射峰的积分面积（积分强度）I_i 除以衍射峰高极大值 I_m 所得的值，即 $\beta_i = I_i / I_m$。

式（3-83）称为谢乐公式，其适用范围是微晶尺寸为 1~100 nm。

仪器本身的宽化问题也应有所考虑，可用标准样品测定仪器本身的宽化度，进行校正。标准样品没有不均匀应变且晶粒尺寸足够大，所以不存在样品本身引起的衍射峰宽化的问题。一般可过 350 目筛，但不过 500 目筛，粒度为 25~44 μm 的石英粉，经 850℃退火后作为标准样品。另外，要对 K_α 双线进行分离，求得 K_{α_1} 所产生的真实宽度，才能代入谢乐公式计算晶粒尺寸。还要注意由谢乐公式所得的晶粒尺寸 d_{hkl} 是与所测衍射线的指数（HKL）有关的，一般可选取同一方向的两个衍射面，如（111）和（222），或（200）和（400）来测量计算，以便进行比较。

3.4.3 计算机分析

随着计算机技术的发展，用于 X 射线衍射分析的应用程序越来越多。1990 年，国际晶体学联合会下属的粉末衍射专业委员会组织了一个由 12 名专家组成的委员会，对此前世界上发表、使用的各种用于粉末衍射的计算机软件进行汇总、分类，最后由 Deane K. Smish 和 Syb Gorter 执笔写成报告，发表于《应用结晶学杂志》（*Journal of Applied Crystallography*）。该委员会共收集了 280 个以上的程序，将其归并为 21 个

大类，其中包括晶体学数据库、分析软件包、仪器控制和数据处理、晶面间距 d 的产生、$d-I$ 的图示、物相定性分析、自动衍射指数标定、结构精修/衍射指数标定、结构精修/误差分析、度量分析、图谱产生、峰形拟合-分解法、峰形拟合-全谱拟合、反卷积、晶粒度/应变/结构、Rietveld 结构精修、物相定量分析、粉末法测定结构、结构显示、小角散射、其他程序等。

对于 X 射线衍射分析最常用的分析——物相分析、测定结构、测定晶粒度等，目前常用的分析软件有以下四种：

（1）PCPDFWIN。

该软件是最原始的。它是在衍射图谱标定以后，按照 d 值检索。一般可以采用限定元素、按照三强线、结合法等方法。直接检索出的卡片大多数时候不正确，因此，完成一张复杂衍射谱的检索对应工作有时候需要一天的时间。

（2）Search-Match。

可以实现与原始实验数据的直接对接，自动或手动标定衍射峰的位置，对于一般的图都能很好地分析。而且有几个小工具使用起来很方便，如放大功能、十字定位线、坐标指示按钮、网格线条等。最重要的是它有自动检索功能，可以很方便地检索出要找的物相。也可以进行各种限定以缩小检索范围。如果对于分析的材料较为熟悉，一张含有四相、五相的图谱仅仅需要 3 分钟左右的检索时间，效率很高，而且它还有自动生成实验报告的功能。

（3）HighScore。

Search-Match 中几乎所有的功能 HighScore 都具备，而且它比 Search-Match 更实用。具体包括：①可以调用的数据格式更多；②窗口设置更人性化，用户可以自己选择；③谱线位置的显示方式可以让用户更直接地看到检索的情况；④手动加峰或减峰更加方便；⑤可以对衍射图进行平滑等操作，使衍射图更漂亮；⑥可以更改原始数据的步长、起始角度等参数；⑦可以进行 0 点的校正；⑧可以对峰的外形进行校正；⑨可以进行半定量分析；⑩物相检索更加方便，检索方式更多；⑪可以编写批处理命令，对于同一系列的衍射图，一键完成。

（4）MDI Jade。

与 HighScore 相比，MDI Jade 的自动检索功能稍差，但它有更多的功能。主要包括：①衍射数据基本处理，包括寻峰、峰形拟合、图谱平滑、扣除背底、扣除 K_{α_2}，可以进行衍射峰的指标化等；②物相分析，包括定性、定量分析；③查找 PDF 卡片；④进行晶格参数的计算；⑤根据标准样品对晶格参数进行校正；⑥计算晶粒大小及微观应变；⑦计算残余应力；⑧计算结晶化度；⑨计算峰的面积、质心；⑩出图更加方便，可以在图上进行随意的编辑。

在上述四种软件中，MDI Jade 的应用最为普遍。MDI Jade 的详细使用方法请参阅《MDI Jade 使用手册》。

习 题

1. 下面是某立方晶系物质的几个晶面，请将它们按晶面间距从小到大依次排列：（123），（100），（200），（311），（121），（111），（210），（220），（030），（221），（110）。

2. 什么叫干涉面？当波长为 λ 的 X 射线照射到晶体上并出现衍射时，相邻两个（hkl）晶面反射线的波程差是多少？相邻两个（HKL）干涉面反射线的波程差又是多少？

3. 体心立方晶体点阵常数 $a=0.2866$ nm，用波长 $\lambda=0.2291$ nm 的 X 射线照射，试计算（110）、（200）、（211）晶面可能发生的衍射角。

4. 金属铝是面心立方晶格，$a=0.409$ nm。现用 Cr K_α（$\lambda=0.209$ nm）摄照周转晶体相，X 射线方向垂直于 [001]。试用埃瓦尔德图解法判断下列晶面有无可能参与衍射：（111），（200），（220），（311），（420）。

5. 已知衍射峰的积分宽度 $\beta=0.25°$，X 射线的波长 $\lambda=0.154$ nm，布拉格角 $\theta=19.23°$，试根据谢乐公式计算亚晶粒的尺寸（假设 $\cos19.23°\approx0.94$，计算结果取整数）。

第4章　电子光学基础

4.1　电子波与电磁透镜

4.1.1　光学显微镜和透射电子显微镜

　　1674 年，荷兰人安东尼·范·列文虎克（Antony van Leeuwenhoek）成功制造出世界上第一架光学显微镜，人类由此得以窥探肉眼所不能看见的奇异世界。然而，光学显微镜利用可见光视物，这大大限制了其分辨率，其观察极限也仅能达到细胞水平（最大放大倍数约为 2000 倍）。

　　分辨率是指成像物体（样品）上能分辨出来的两个物点间的最小距离。光学显微镜的分辨率为

$$\Delta r_0 \approx \frac{1}{2}\lambda \tag{4-1}$$

式中，λ 为照明光源的波长。

　　式（4-1）表明，光学显微镜的分辨率取决于照明光源的波长。在可见光波长范围内，光学显微镜分辨率的极限为 200 nm。因此，要提高光学显微镜的分辨率，关键是要有波长短且能聚焦成像的照明光源。

　　1924 年，法国物理学家德布罗意（de Broglie）发现电子波的波长比可见光短十万倍。1926—1927 年，电子衍射现象验证了电子的波动性，人们发现电子波的波长比 X 射线还要短，从而联想到可以用电子射线代替可见光照明样品来制作电子显微镜，以克服可见光波长在分辨率上的局限性。这意味着原本人们用光子来视物，之后人们能够用分辨率更高的电子来视物了。1926 年，德国物理学家布施（Busch）发现，可以利用一个旋转对称、不均匀的磁场将电子束聚集起来。这个原理类似于玻璃透镜将可见光束聚集起来。这个发现为电子显微镜的问世奠定了理论基础，受此启发，许多学者马不停蹄

地开始了试验。1933 年，德国物理学家恩斯特·鲁斯卡（Ernst Ruska）等首次发表了关于电子显微镜的实验和理论研究成果，并制造出世界上第一台电子显微镜——透射电子显微镜。为了获得较大的放大能力，人们又研究制造了短焦距的磁场透镜。它除安装有会聚透镜外，还利用两个透镜作连续两次的成像。光学显微镜和透射电子显微镜成像原理的比较如图 4-1 所示。

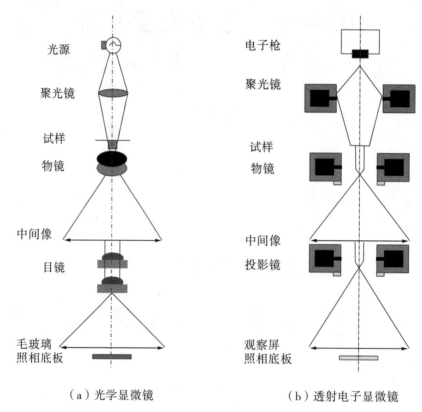

（a）光学显微镜　　　　　　　　（b）透射电子显微镜

图 4-1　光学显微镜和透射电子显微镜的成像原理

目前的透射电子显微镜在具体结构上已经有了很大改进。经过几十年的发展，它已经被广泛应用到自然科学的许多学科中，并且极大地推动了这些学科的发展。到 20 世纪 70 年代，透射电子显微镜终于实现了人们直接观察原子（尽管还不甚清晰）的愿望，达到放大数百万倍的性能，真正成了"科学之眼"。

尽管透射电子显微镜已经发展得较为成熟，但是这类电子显微镜最大的问题是不能获取立体的信息。为了解决这一问题，1935 年有人想到了另一种电子显微镜的模式：用电子束击打样品，然后收集反射回来的电子信号，就可以得到样品表面的信息。1937 年，德国物理学家曼弗雷德·冯·阿登（Manfred von Ardenne）在透射电子显微镜技术的基础上添加了一个扫描用的线圈，做出了世界上第一台扫描电子显微镜。它能够直接观察厚的样品，但由于图像分析的难度加大，所以其发展并没有透射电子显微镜那么迅速。直到 1955 年，扫描电子显微镜的研究才取得了较为显著的突破，其成像质量得到了明显提高。1965 年，剑桥科技器械公司制造出了世界上第一台商业化的扫描电子显微镜。

4.1.2　电子波的波长特性

电子显微镜的照明光源是电子波。电子波的波长取决于电子运动的速度和电子的质量，即

$$\lambda = \frac{h}{mv} \tag{4-2}$$

式中，h 为普朗克常数；m 为电子的质量；v 为电子运动的速度，它和加速电压 U 之间存在下面的关系：

$$\frac{1}{2}mv^2 = eU$$

即

$$v = \sqrt{\frac{2eU}{m}} \tag{4-3}$$

式中，e 为电子所带的电荷。

由式（4-2）式（4-3）可得

$$\lambda = \frac{h}{\sqrt{2emU}} \tag{4-4}$$

如果电子运动的速度较慢，则它的质量和静止质量相近，即 $m \approx m_0$。如果加速电压很高，使电子具有极快的运动速度，则必须经过相对论校正，此时

$$m = \frac{m_0}{\sqrt{1 - \left(\frac{v}{c}\right)^2}} \tag{4-5}$$

式中，c 为光速；m_0 为静止质量。

表 4-1 是根据式（4-4）计算出的不同加速电压下电子波的波长。

表 4-1　不同加速电压下电子波的波长（经相对论校正）

加速电压 /kV	电子波的波长 /nm	加速电压 /kV	电子波的波长 /nm	加速电压 /kV	电子波的波长 /nm
1	0.0338	20	0.00859	100	0.00370
2	0.0274	30	0.00698	120	0.00334
3	0.0224	40	0.00601	200	0.00251
4	0.0194	50	0.00536	300	0.00197
5	0.0713	60	0.00487	500	0.00142
10	0.0122	80	0.00418	1000	0.00087

可见光的波长为 390～760 nm。由表 4-1 可以看出，在常用的 100～200 kV 加速电压下，电子波的波长要比可见光小 5 个数量级。

4.1.3　电磁透镜

电子显微镜中产生磁场使电子波聚焦成像的电磁装置是电磁透镜。

图 4-2 为电磁透镜的聚焦原理示意图。通电的短线圈就是一个简单的电磁透镜，它能造成一种轴对称、不均匀分布的磁场。磁力线圈绕导线呈环状，磁力线上任意一点的磁感应强度 B 都可以分解成平行于透镜主轴的分量 B_z 和垂直于透镜主轴的分量 B_r，如图 4-2（a）所示。速度为 v 的平行电子束进入透镜的磁场时，位于 A 点的电子将受到 B_r 分量的作用。根据右手法则，电子所受的切向力 F_t 的方向如图 4-2（b）所示。切向力 F_t 使电子获得一个切向速度 v_t，v_t 随即和 B_z 分量叉乘，形成了另一个向透镜主轴靠近的径向力 F_r，径向力 F_r 使电子向透镜主轴偏转（聚焦）。当电子穿过线圈走到 B 点位置时，B_r 的方向改变了 180°，F_t 随之反向，但是 F_t 的反向只能使 v_t 变小而不能改变 v_t 的方向，因此穿过线圈的电子仍然趋向于向透镜主轴靠近，结果使电子作如图 4-2（c）所示的圆锥螺旋近轴运动。一束平行于透镜主轴的入射电子束通过电磁透镜时将被聚焦在轴线上一点，即焦点，这与光学玻璃凸透镜对平行于轴线入射的平行光的聚焦作用十分相似。

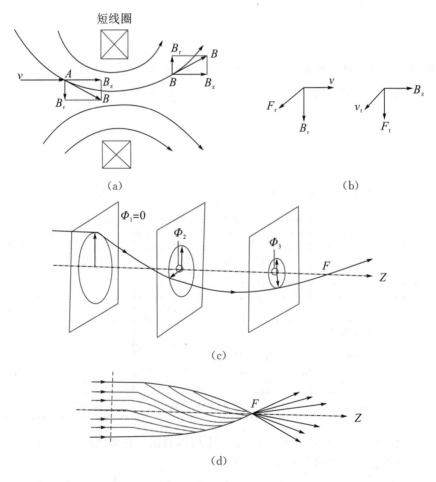

（a）　　　　　（b）

（c）

（d）

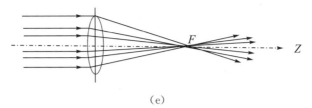

（e）

图 4-2　电磁透镜的聚焦原理示意图

图 4-3 为一种带有软磁铁壳的电磁透镜示意图。导线外围的磁力线都从铁壳中通过，由于在软磁壳的内侧开了一道环状的狭缝，可以减小磁场的广延度，从而使大量磁力线集中在缝隙附近的狭小区域内，增强了磁场的强度。

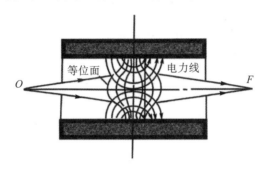

图 4-3　带有软磁铁壳的电磁透镜示意图

为了进一步缩小磁场轴向宽度，还可以在环状间隙两边接出一对顶端呈圆锥状的极靴，如图 4-4 所示。带有极靴的电磁透镜可使有效磁场集中到沿透镜轴向几毫米的范围内。图 4-4（c）给出了不同配置条件下透镜磁感应强度的分布情况。可见，短线圈外加铁壳和短线圈内加极靴后，可明显改变透镜的磁感应强度分布。

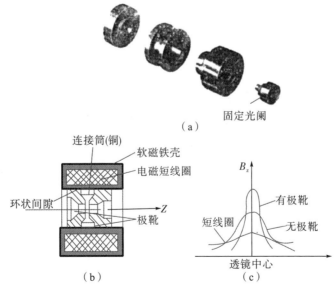

图 4-4　带有极靴的电磁透镜示意图

与光学玻璃透镜相似，电磁透镜物距、像距和焦距三者之间的关系为

$$\frac{1}{f} = \frac{1}{l} + \frac{1}{l'}$$ (4-6)

式中，f 为焦距；l 为物距；l' 为像距。

电磁透镜的放大倍数 M 为

$$M = \frac{f}{l - f}$$ (4-7)

式中，f 为焦距；l 为物距。

电磁透镜的焦距 f 可由下式近似计算：

$$f \approx K \frac{U_r}{(IN)^2}$$ (4-8)

式中，K 为常数；U_r 为经相对论校正的电子加速电压；IN 为电磁透镜的励磁安匝数。

由式（4-8）可以看出，无论励磁方向如何，电磁透镜的焦距总是正的。改变励磁电流，电磁透镜的焦距和放大倍数将发生相应变化。因此，电磁透镜是一种变焦距或变倍率的会聚透镜，这是它有别于光学玻璃凸透镜的一个特点。

4.2 电磁透镜的像差与分辨率

4.2.1 像差

像差分为两类，即几何像差和色差。几何像差主要指球差和像散。几何像差是由透镜磁场几何形状上的缺陷造成的。色差则是由电子波的波长或能量发生一定幅度的改变造成的。

下面将分别介绍球差、像散和色差形成的原因，并讨论减小这些像差的途径。

4.2.1.1 球差

球差即球面像差，是由电磁透镜的中心区域和边缘区域对电子的折射能力不符合预定的规律造成的。距透镜主轴较远的电子（远轴电子）比主轴附近的电子（近轴电子）被折射的程度更大。当物点 P 通过透镜成像时，电子就不会聚集到同一焦点上，从而形成了一个散焦斑，如图 4-5 所示。如果像平面在远轴电子的焦点和近轴电子的焦点之间作水平移动，就可以得到一个最小的散焦圆斑。最小散焦圆斑的半径用 R_s 来表示。若把 R_s 除以放大倍数，就可以把它折算到物平面上去，其大小 $\Delta r_s = R_s / M$（M 为透镜的放大倍数）。

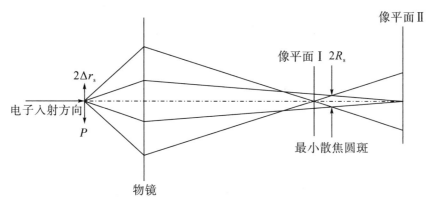

图 4-5   球差示意图

Δr_s 是用来表示球差大小的量。也就是说，当物平面上两点间的距离小于 $2\Delta r_s$ 时，该透镜不能分辨，即在透镜的像平面上得到的是一个点。Δr_s 可以通过下式计算：

$$\Delta r_s = \frac{1}{4} C_s \alpha^3 \tag{4-9}$$

式中，C_s 为球差系数；α 为孔径半角。

通常情况下，物镜的 C_s 为 1~3 mm。由式（4-9）可以看出，减小球差可以通过减小球差系数 C_s 和缩小孔径半角 α 来实现，因为球差和孔径半角成三次方的关系，所以用小孔径半角成像时可使球差明显减小。

4.2.1.2   像散

像散是由透镜磁场的非旋转对称引起的。极靴内孔不圆、上下极靴的轴线错位、制作极靴的材料材质不均匀以及极靴孔周围局部污染等，都会使电磁透镜的磁场产生椭圆度。透镜磁场的这种非旋转对称使得它在不同方向上的聚焦能力出现差别，结果使成像物点 P 通过透镜后不能在像平面上聚焦成一点，如图 4-6 所示。在聚焦最好的情况下能得到一个最小的散焦圆斑，把最小散焦圆斑的半径 R_A 折算到物点 P 的位置上去，就形成了一个半径为 Δr_A 的圆斑，即 $\Delta r_A = R_A / M$（M 为透镜的放大倍数），其值可以通过下式计算：

$$\Delta r_A = \Delta f_A \alpha \tag{4-10}$$

式中，Δr_A 是用来表示像散大小的量；Δf_A 为电磁透镜出现椭圆度时造成的焦距差；α 为孔径半角。

如果电磁透镜在制造过程中已存在固有的像散，则可以通过引入一个强度和方位都可以调节的矫正磁场来进行补偿。这个产生矫正磁场的装置就是消像散器。

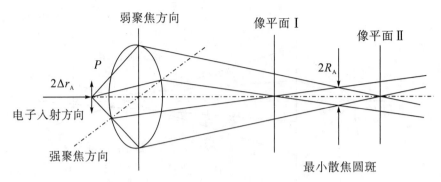

图 4-6　像散示意图

4.2.1.3　色差

色差是由入射电子束的波长（或能量）的非单一性造成的。

图 4-7 为色差示意图。若入射电子能量出现一定的差别，能量较高的电子在距透镜光心比较远的位置聚焦，而能量较低的电子在距透镜光心比较近的位置聚焦，这就会造成一个焦距差。使像平面在长焦点和短焦点之间移动，也能得到一个最小的散焦圆斑，其半径为 R_c。

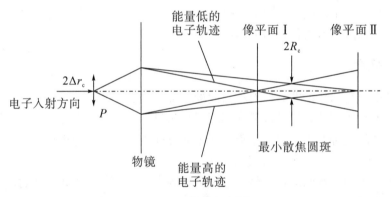

图 4-7　色差示意图

用 R_c 除以透镜的放大倍数 M，即可把散焦圆斑的半径折算到物点 P 的位置上去，这个半径大小等于 Δr_c，即 $\Delta r_c = R_c/M$，其值可以通过下式计算：

$$\Delta r_c = C_c \alpha \left| \frac{\Delta E}{E} \right| \tag{4-11}$$

式中，Δr_c 是用来表示色差大小的量；C_c 为色差系数；α 为孔径半角；$\left| \dfrac{\Delta E}{E} \right|$ 为电子束能量变化率。

当色差系数 C_c 和孔径半角 α 一定时，$\left| \dfrac{\Delta E}{E} \right|$ 的数值取决于加速电压的稳定性和电子穿过样品时发生非弹性散射的程度。如果样品很薄，则可把后者的影响略去。因此，采取稳定加速电压的方法可以有效地减小色差。色差系数 C_c 与球差系数 C_s 均随透镜激磁电流的增大而减小，如图 4-8 所示。

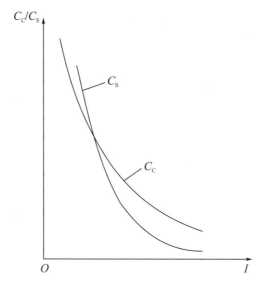

图 4—8 电磁透镜球差系数 C_s、色差系数 C_c 与激磁电流 I 的关系

4.2.2 分辨率

电磁透镜的分辨率由衍射效应和像差决定。

4.2.2.1 衍射效应对分辨率的影响

由衍射效应限定的分辨率在理论上可由瑞利（Rayleigh）公式计算，即

$$\Delta r_0 = \frac{0.61\lambda}{N\sin\alpha} \qquad (4-12)$$

式中，Δr_0 为成像物体（样品）上能分辨出来的两个物点间的最小距离，用它来表示分辨率的大小，Δr_0 越小，透镜的分辨率越高；λ 为波长；N 为介质的相对折射系数；α 为孔径半角。

现在来分析 Δr_0 的物理含义。物体上的物点通过透镜成像时，由于衍射效应，在像平面上得到的并不是一个点，而是一个中心最亮、周围带有明暗相间同心圆环的圆斑，即埃利（Airy）斑。若样品上有两个物点 S_1、S_2 通过透镜成像，在像平面上会产生两个埃利斑 S_1'、S_2'，如图 4—9 所示。如果这两个埃利斑相互靠近，当两个光斑强度峰间的强度谷值比强度峰值低 19% 时（把强度峰的高度看作 100%），这个强度反差对人眼来说是刚刚有感觉。也就是说，这个反差值是人眼能否感觉出存在 S_1'、S_2' 这两个埃利斑的临界值。式（4—12）中的常数 0.61 就是以这个临界值为基础的。在峰谷之间出现 19% 的强度差值时，像平面上 S_1' 和 S_2' 之间的距离正好等于埃利斑的半径 R_0，折算回物平面上点 S_1 和 S_2 的位置上去，就能形成两个以 $\Delta r_0 = \dfrac{R_0}{M}$ 为半径的小圆斑。两个小圆斑之间的距离与它们的半径相等。如果把样品上点 S_1 和 S_2 之间的距离进一步缩小，人们就无法通过透镜把它们的像 S_1' 和 S_2' 分辨出来了。由此可见，若以任一物点为圆心，并

以 Δr_0 为半径作一个圆，此时如果与之相邻的第二物点位于这个圆周之内，则透镜无法分辨出这两个物点间的反差。如果第二物点位于圆周之外，便可被电磁透镜鉴别出来，因此，Δr_0 就是衍射效应限定的透镜的分辨率。

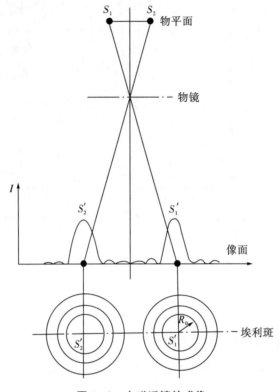

图 4—9 电磁透镜的成像

综上分析可知，若只考虑衍射效应，在照明光源和介质一定的条件下，孔径半角 α 越大，电磁透镜的分辨率就越高。

4.2.2.2 像差对分辨率的影响

如前所述，受球差、像散和色差的影响，物体（样品）上的光点在像平面上均会扩展成散焦斑。各散焦斑半径折算回物体后得到的 Δr_s、Δr_A、Δr_c 自然就成了由球差、像散和色差限定的分辨率。

因为电磁透镜总是会聚透镜，所以球差便成了限制电磁透镜分辨率的主要因素。若同时考虑衍射效应和球差对分辨率的影响，就会发现改善其中一个因素会使另一个因素变坏。要使球差变小，可通过减小 α 来实现 $\left(\Delta r_s=\dfrac{1}{4}C_s\alpha^3\right)$，但从衍射效应来看，减小 α 将使 Δr_0 变大，从而使分辨率降低。因此，两者必须兼顾。关键是确定电磁透镜的最佳孔径半角 α_0，使得衍射效应埃利斑和球差散焦斑尺寸大小相等，表明两者对透镜分辨率的影响效果一样。令式（4—9）中的 Δr_s 和式（4—12）中的 Δr_0 相等，求出 $\alpha_0=12.5\left(\dfrac{\lambda}{C_s}\right)^{\frac{1}{4}}$。这样，电磁透镜的分辨率 $\Delta r_0=A\lambda^{\frac{3}{4}}C_s^{\frac{1}{4}}$。式中，$A$ 为常数，$A\approx0.4\sim$

0.55。由此可见，提高电磁透镜分辨率的主要途径是提高加速电压（减小电子束的波长 λ）和减小球差系数 C_s。目前，透射电镜的最佳分辨率可达 10^{-1} nm 数量级，如日本日立公司的 H-9000 型透射电镜的点分辨率为 0.18 nm。

4.3　电磁透镜的景深和焦长

4.3.1　景深

电磁透镜的另一个特点是景深（或称为场深）大，焦长很长，这是小孔径角成像的结果。从原理上讲，任何样品都有一定的厚度，当透镜焦距、像距一定时，只有一层样品平面与透镜的理想物平面相重合，才能在透镜像平面获得该层平面的理想图像。而偏离理想物平面的物点都存在一定程度的失焦，它们在透镜像平面上将产生一个具有一定尺寸的失焦圆斑。如果失焦圆斑的尺寸不超过由衍射效应和像差引起的散焦圆斑，就不会对透镜像分辨率造成显著的影响。因此，把透镜物平面允许的轴向偏差定义为透镜的景深，用 D_f 来表示，如图 4-10 所示。

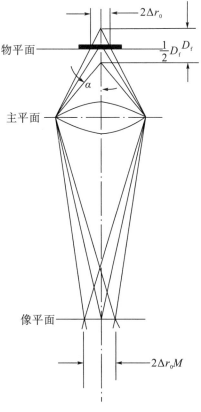

图 4-10　电磁透镜的景深

景深与电磁透镜分辨率 Δr_0、孔径半角 α 之间的关系为

$$D_f = \frac{2\Delta r_0}{\tan \alpha} \approx \frac{2\Delta r_0}{\alpha} \qquad (4-13)$$

式（4-13）表明，电磁透镜孔径半角越小，景深越大。一般的电磁透镜 $\alpha = 10^{-2} \sim 10^{-3}$ rad，$D_f = (200 \sim 2000)\Delta r_0$。如果电磁透镜分辨率 $\Delta r_0 = 1$ nm，则 $D_f = 200 \sim 2000$ nm。对于加速电压为 100 kV 的电子显微镜来说，样品厚度控制在 200 nm 左右，在透镜景深范围内，此样品各部位的细节就都能形成清晰的像。如果允许较低的像分辨率（取决于样品），透镜还可以产生更大的景深。电磁透镜的景深大，对于样品图像的聚焦操作（尤其是在高放大倍数情况下）是非常有利的。

4.3.2 焦长

当透镜焦距和物距一定时，像平面在一定的轴向距离内移动也会引起失焦。如果失焦引起的失焦圆斑的尺寸不超过透镜因衍射效应和像差引起的散焦圆斑，那么像平面在一定的轴向距离内移动对透镜像的分辨率没有影响。把透镜像平面允许的轴向偏差定义为透镜的焦长，用 D_L 表示，如图 4-11 所示。

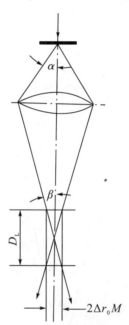

图 4-11 电磁透镜的焦长

由图 4-11 可以看出，透镜焦长 D_L 与分辨率 Δr_0、孔径半角 β 之间的关系为

$$D_L = \frac{2\Delta r_0 M}{\tan \beta} \approx \frac{2\Delta r_0 M}{\beta}$$

因为

$$\beta = \frac{\alpha}{M}$$

所以

$$D_{\mathrm{L}} = \frac{2\Delta r_0}{\alpha} M^2 \qquad (4-14)$$

式中，M 为透镜的放大倍数。

当电磁透镜的放大倍数和分辨率一定时，透镜焦长随孔径半角的减小而增大。若一台电磁透镜的分辨率 $\Delta r_0 = 1$ nm，孔径半角 $\alpha = 10^{-2}$ rad，放大倍数 $M = 200$，可计算得到其焦长 $D_{\mathrm{L}} = 8$ mm。这表明该透镜的实际像平面在理想像平面上、下各 4 mm 范围内移动时不需要改变透镜的聚焦状态，图像仍然可以保持清晰。

对于由多级电磁透镜组成的电子显微镜来说，其最终成像放大倍数等于各级透镜放大倍数之积，因此最终成像的焦长就更长了。一般而言，其实际数值范围甚至可以达到 10~20 cm。这意味着只要在荧光屏上图像聚焦清晰，那么在荧光屏上或下十几厘米放置照相底片，也能拍摄到清晰的图像。由此可见，电磁透镜的这一特点给电子显微镜图像的照相记录带来了极大的便利。

习　题

1. 电子波有何特征？与可见光有何异同？
2. 分析电磁透镜对电子波的聚焦原理，说明电磁透镜的结构对其聚焦能力的影响。
3. 电磁透镜的像差是怎样产生的？如何消除和减少像差？
4. 影响光学显微镜和电磁透镜分辨率的关键因素是什么？如何提高电磁透镜的分辨率？
5. 电磁透镜的景深和焦长主要受哪些因素影响？这说明电磁透镜的景深大、焦长长是什么因素影响的结果？假设电磁透镜没有像差，也没有衍射埃利斑，即分辨率极高，此时它的景深和焦长如何？

第5章　透射电子显微镜分析

通常人眼能分辨的最小距离为 0.1~0.2 mm。要想观察分析更小的细节，就必须借助于观察仪器。显微镜一个最基本的功能就是将细小物体放大至人眼可以分辨的程度。尽管各类显微镜依据的物理基础可能不同，但其基本工作原理是类似的，即首先采用由某种照明光源产生的照明束照射被观察的样品，再用成像放大系统处理照明束与样品的作用结果，构成适合人眼观察的放大像。光学显微镜利用可见光作为照明束，能分辨的最小距离约为 200 nm。尽管如此，由于受可见光波长范围的限制，这样的分辨能力仍不能令人满意。为了突破这一分辨能力的极限，人们想到了以电子作照明束，并于 20 世纪 30 年代制造出了世界上第一台透射电子显微镜。目前，高分辨率透射电子显微镜的分辨本领已达到原子尺度水平（约 0.1 nm），比光学显微镜提高近两千倍。此外，利用电子作照明束所带来的益处不仅仅在于像分辨率的提高，还在于更多地表现出了与此同等重要的有关物质微观结构的其他信息。这些信息在不同程度上被现代透射电子显微镜所利用，使其成为研究物质微观结构强有力的手段之一。

透射电子显微镜（TEM）可以多种不同的形式出现，如高分辨透射电镜（HRTEM）、扫描透射电镜（STEM）、分析电镜（AEM）等。入射电子束（照明束）也有两种主要形式：平行束和会聚束。前者用于透射电子显微镜成像及衍射，后者用于扫描透射电镜成像、微分析及微衍射。本章主要介绍普通透射电子显微镜的工作原理、构造及其在平行束条件下的基本分析方法，对其他方法仅作简要介绍。

5.1　透射电子显微镜的工作原理及构造

5.1.1　工作原理

透射电子显微镜在成像原理上与光学显微镜类似，它们的根本不同在于光学显微镜以可见光作照明束，透射电子显微镜则以电子作照明束。在光学显微镜中将可见光聚焦成像的玻璃透镜，在透射电子显微镜中相应的为磁透镜。电子束的波长极短，且与物质作用符合布拉格方程，产生衍射现象，这使得透射电子显微镜自身在具有高的像分辨本领的同时兼有结构分析的功能。图 5-1 为日本电子株式会社生产的 JEOL JEM-1400 型透射电子显微镜的外观照片。

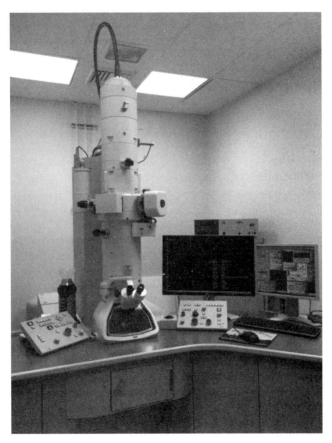

图 5-1　JEOL JEM-1400 型透射电子显微镜

图 5-2 为透射电子显微镜光路原理示意图。由电子枪发射出来的电子，在阳极加速电压（金属、陶瓷等多采用 120 kV、200 kV、300 kV，生物样品多采用 80~100 kV，超高压电镜则高达 1000~3000 kV）的作用下，经过聚光镜（2~3 个电磁透镜）会聚为电子束照明样品。电子的穿透能力很弱（比 X 射线弱很多），因此样品必须很薄（其厚度与样品成分、加速电压等有关，一般厚 5~500 nm）。穿过样品的电子携带了样品本身的结构信息，经物镜、中间镜和投影镜的接力聚焦放大，最终以图像或衍射谱（衍射花样）的形式显示于荧光屏上。

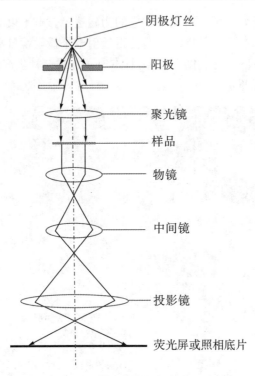

图 5－2　透射电子显微镜光路原理示意图

图中标注（自上而下）：阴极灯丝、阳极、聚光镜、样品、物镜、中间镜、投影镜、荧光屏或照相底片

5.1.2　构造

透射电子显微镜由照明系统、成像系统、记录系统、真空系统和电气系统组成。本章主要介绍透射电子显微镜的照明系统和成像系统。为了便于理解，先对构成透射电子显微镜照明系统和成像系统的关键部件——电磁透镜进行简要介绍。

5.1.2.1　电磁透镜

相对于光学玻璃透镜，能使电子束聚焦的装置称为电子透镜（electron lens）。旋转对称的静电场和磁场对电子束都可以起到聚焦作用，相应的有静电透镜和磁透镜。磁透镜分为恒磁透镜和电磁透镜。磁透镜在许多方面优于静电透镜，尤其是不易受到高电压的影响。利用电磁线圈激磁的电磁透镜，通过调节激磁电流可以很方便地调节磁场强度，从而调节透镜焦距和放大倍数，所以在电子显微镜中得到了广泛应用。

1. 电磁透镜的结构

电磁透镜的结构如图 5－3 所示。电磁透镜主要由两部分组成。第一部分是由软磁材料（如纯铁）制成的中心穿孔的柱体对称芯子，称为极靴。大多数磁透镜有上极靴和下极靴，两极靴之间留有一定的间隙，极靴的孔径与间隙比是电磁透镜的重要参数之一。为了确保电磁透镜的分辨率，须保证极靴有极高的加工精度。第二部分是环绕极靴的铜线圈。当电流流过铜线圈时，极靴被磁化，并在心腔内建立起磁场。该磁场沿透镜的长度方向是不均匀的，但却是轴对称的。其等磁位面的几何形状与光学玻璃透镜的界面相似，这使得电磁透镜与光学玻璃透镜具有相似的光学性质。

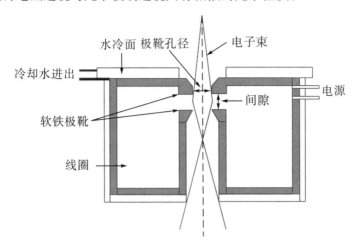

图 5－3　电磁透镜结构示意图

2. 电磁透镜的光学性质

电磁透镜的光学性质与光学玻璃透镜相似。电磁透镜物距、像距和焦距三者之间的关系也可用薄透镜公式表示，即

$$\frac{1}{l} + \frac{1}{l'} = \frac{1}{f} \tag{5-1}$$

式中，l 为物距；l' 为像距；f 为焦距。

电磁透镜的焦距 f 与激磁电流 I 的关系为

$$f = A\frac{RV_0}{(IN)^2} \tag{5-2}$$

式中，V_0 为电子加速电压；R 为透镜半径；IN 为励磁安匝数；A 为与透镜结构有关的比例常数。

式（5－2）表明电磁透镜的焦距恒为正，其大小随激磁电流的变化而变化。所以电磁透镜是一种焦距（或放大倍数）可调的会聚透镜。减小激磁电流可使电磁透镜磁场强度降低、焦距变长（由 f_1 变为 f_2，如图 5－4 所示）。这样，在物距不变的情况下，像距将增加（由 l'_1 变为 l'_2，如图 5－4 所示），从而使放大倍数增大（l'_2/l'_1 倍）。而光学玻璃透镜的焦距却不能改变。电磁透镜与光学玻璃透镜的另一个不同之处在于，成像电子在电磁透镜磁场中沿螺旋线轨迹运动，而可见光是以折线形式穿过光学玻璃透镜的。因此，电磁透镜成像时有一附加的旋转角度，称为磁转角，用 φ 来表示。物与像的相对位向对实像为 $180°\pm\varphi$，对虚像为 φ。

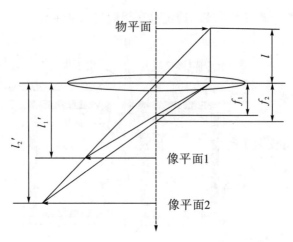

图 5－4　电磁透镜调整焦距和放大倍数示意图

3. 电磁透镜的分辨本领

在最佳情况下，光学玻璃透镜的分辨本领可以达到照明光波波长的一半，可见光的波长为 390～760 nm，因而光学显微镜分辨本领的极限值约为 200 nm。对于电磁透镜，照明电子波的波长极短（100 kV 下，$\lambda=0.0037$ nm；200 kV 下，$\lambda=0.00251$ nm）。然而电磁透镜的分辨本领远未达到其所用照明电子波波长的一半。其主要原因是受电磁透镜的各种像差，尤其是较难克服的球差的限制。综合考虑电子波波长和透镜球差的影响，电磁透镜的分辨本领为

$$\Delta r_0 = A\lambda^{3/4}C_s^{1/4} \qquad\qquad (5-3)$$

式中，A 为常数；λ 为照明电子束波长；C_s 为透镜球差系数。Δr_0 的典型值为 0.25～0.3 nm。高分辨条件下，Δr_0 可达 0.15 nm。

5.1.2.2　照明系统

照明系统的作用是提供亮度高、相干性好、束流稳定的照明电子束。它主要由发射并使电子加速的电子枪和会聚电子束的聚光镜组成。

电子显微镜使用的电子源有两类：一类为热电子源，即在加热时产生电子；另一类为场发射源，即在强电场作用下产生电子。为了控制由电子源产生的电子束，并将其导入照明系统，须将电子源安装在电子枪的特定装置内。对热电子源和场发射源，电子枪的设计不同。目前绝大多数透射电子显微镜仍使用热电子源。图 5－5 为三极热电子枪示意图，它由阴极（灯丝）、栅极和阳极组成。钨丝和 LaB_6 均可以用作电子枪的阴极。为了改善阴极发射电子的稳定性，通常采用自偏压方法，即在栅极上施加比阴极负几百至近千伏的偏压，限制阴极尖端发射电子的区域。三极电子枪本身对电子束还有一定的聚焦作用。阴极发射的电子被阳极电位加速，穿过栅极孔，在电极间的电场作用下，在栅极和阳极间会聚为尺寸为 d_0 的交叉点。

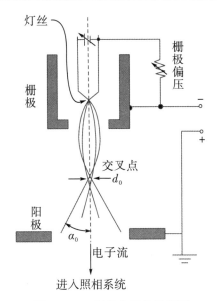

图 5-5　三极热电子枪示意图

　　样品上需要照明的区域大小与放大倍数有关。放大倍数越大，照明区域越小，相应的要求以更细的电子束照明样品。由电子枪直接发射出的电子束的束斑尺寸较大，相干性也较差。为了更有效地利用这些电子，获得亮度高、相干性好的照明电子束以满足透射电子显微镜在不同放大倍数下的需要，由电子枪发射出来的电子束还需要进一步会聚，提供束斑尺寸不同、近似平行的照明束。这个任务通常由两个聚光镜的电磁透镜完成。在图 5-6 中，C_1 和 C_2 分别表示第一聚光镜和第二聚光镜。C_1 通常保持不变，其作用是让电子枪的交叉点成一缩小的像，使其尺寸缩小一个数量级以上。照明电子束的束斑尺寸及相干性的调整是通过改变 C_2 的激磁电流和 C_2 聚光镜光栅孔径实现的。为了获得尽可能平行的电子束，通常要适当减弱 C_2 的激磁电流。例如，拍摄衍射谱时，总是要适当减弱 C_2 的激磁电流，以使衍射斑更为明锐。采用小孔径聚光镜光栅可减小电子束的会聚角度，即增强其相干性或平行度，但同时却使得电子束流减小，图像亮度降低。通过 C_1、C_2 可获得直径为几个微米的近似平行电子束，相应的放大倍数范围为几千至十万倍。

117

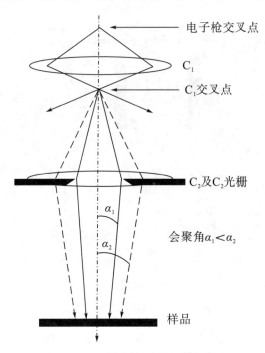

电子枪交叉点

C_1

C_1交叉点

C_2及C_2光栅

α_1

α_2

会聚角$\alpha_1 < \alpha_2$

样品

图5-6 双聚光镜照明系统光路图

此外,在照明系统中还安装有电子束倾斜装置,可以很方便地使电子束在$2° \sim 3°$的范围内倾斜,以便以某些特定的倾斜角度照明样品。例如,中心暗场成像时要将照明束(入射束)倾斜,使一个特定的衍射束平行于光轴。

5.1.2.3 成像系统

透射电子显微镜的成像系统由物镜、中间镜(1~2个)和投影镜(1~2个)组成。成像系统的两个基本操作是将衍射花样或图像投影到荧光屏上。

照明系统提供两束相干性很好的照明电子束,这些电子穿越样品后便携带样品的结构信息,沿各自不同的方向传播(比如,当存在满足布拉格方程的晶面簇时,可能在与入射束成2θ角的方向上产生衍射束)。物镜将来自样品不同部位、传播方向相同的电子在其背焦面上会聚为一个斑点,沿不同方向传播的电子相应地形成不同的斑点,其中散射角为零的直射束会聚于物镜的焦点,形成中心斑点。这样,在物镜的背焦面上便形成了衍射花样。而在物镜的像平面上,这些电子束重新组合相干成像。通过调整中间镜的透镜电流,使中间镜的物平面与物镜的背焦面重合,可在荧光屏上得到衍射花样,如图5-7(a)所示。若使中间镜的物平面与物镜的像平面重合,则得到显微像,如图5-7(b)所示。通过两个中间镜相互配合,可实现在较大范围内调整相机长度和放大倍数。

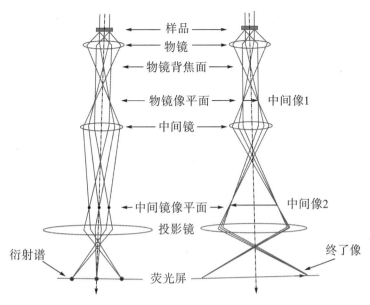

（a）将衍射花样投影到荧光屏 （b）将显微像投影到荧光屏

图 5-7 透射电子显微镜成像系统的两种基本操作

由图 5-7 可见，由衍射状态变换到成像状态，是通过改变中间镜的激磁强度（即改变其焦距）来实现的。在这个过程中，物镜的焦距只需在很小的范围内变化。

从上述成像原理可以看出，物镜提供了第一幅衍射花样和第一幅显微像。物镜所产生的任何缺陷都将被随后的中间镜和投影镜接力放大。可见，透射电子显微镜分辨率的高低主要取决于物镜，它在透射电子显微镜成像系统中占有头等重要的位置。为了获得高分辨本领，物镜通常采用强激磁、短焦距透镜。中间镜属弱激磁、长焦距透镜。投影镜与物镜一样，属于强激磁透镜，它的特点是具有很大的景深和焦长。这使得在改变中间镜电流以改变放大倍数时，无须调整投影镜电流，仍能得到清晰的图像，同时容易保证在离开荧光屏平面（投影镜像平面）一定距离处放置的感光片（或感光元件）上所成的图像与荧光屏上的相同。

5.1.3 选区电子衍射

5.1.3.1 原理与操作

图 5-7（a）中的衍射花样包含了来自样品上整个照明区域的电子。这种花样的用处不大，因为样品在大范围上常被弯曲，衍射花样质量很差，而且很强的直射束会对荧光屏造成损害。此外，在实际操作过程中往往需要对样品上的指定区域进行电子衍射分析。因此，在透射电子显微镜中经常采用选区电子衍射的方法。

选区电子衍射（selected area electron diffraction）是通过在物镜像平面上插入选区光栅实现的，其作用如同在样品所在平面（物镜的物平面）内插入一虚光栅，使虚光栅孔以外的照明电子束被挡掉，如图5-8所示。当电镜在成像模式时，中间镜的物平面与物镜的像平面重合，插入选区光栅便可选择感兴趣的区域。调节中间镜电流使其物平面与物镜背焦面重合，将电子显微镜置于衍射模式，即可获得与所选区域相对应的电子衍射谱。

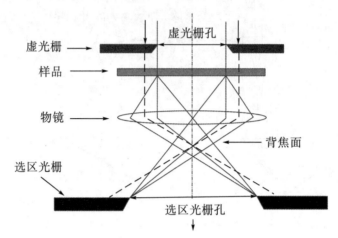

图5-8 在物镜像平面上插入选区光栅实现选区衍射的示意图

选取小孔径选区光栅可以缩小样品上被选择分析区域的尺寸。然而，由于物镜总存在一定的聚焦误差和难以克服的球面像差，选区衍射时总存在一定程度的选区误差。通常情况下，通过缩小光栅孔径不可能使样品上被分析的范围小于 0.5 μm（对现代电子显微镜，在特定的条件下，选区衍射分析的区域可小至 0.1 μm）。为了尽可能地减小选区误差，应按以下步骤进行选区衍射操作：

（1）使选区光栅以下的透镜系统聚焦在选区成像模式下。插入选区光栅，通过中间镜聚焦，在荧光屏上获得清晰、明锐的光栅孔边缘的像，此时中间镜物平面与光栅所在平面重合。

（2）使物镜精确聚焦。通过物镜聚焦，使样品的形貌图像清晰显示，此时三个平面——物镜像平面、选区光栅平面、中间镜物平面重合。

（3）获得衍射谱。移动样品，让选区光栅孔套住所选区域，移去物镜光栅，将透射电子显微镜置于衍射模式，通过中间镜聚焦，使中心斑最细小、圆整。使第二聚光镜适当欠焦以提供尽可能平行的入射电子束，从而使衍射斑点更为细小、明锐。

需要指出的是，如果物镜像平面和中间镜物平面不在选区光栅平面上重合，将导致放大倍数、相机常数、磁转角等发生变化，这也是进行选区衍射时必须遵循上述操作步骤的另一个重要原因。由于电磁透镜存在磁转角，选区电子衍射中图像与其相对应的衍射花样间也存在磁转角，这在早期的透射电子显微镜中是经常需要标定的。对现代电子显微镜，在仪器的设计上考虑了磁转角问题，并进行了补偿修正。在正常操作条件下，可以认为选区电子衍射中图像相对于花样的磁转角为零。

5.1.3.2 复杂电子衍射花样分析

电子衍射谱可以看作是落在埃瓦尔德球（反射球）面上的倒易点阵所构成的图形的

投影"放大像"，即$(uvw)_0^*$零层倒易面上倒易点（去除$|F|^2=0$的倒易点）排列图形的"放大像"。这类衍射花样称为"简单花样"。然而，实际遇到的单晶体电子衍射花样并非都如此单纯，除上述规则排列的斑点外，由于晶体结构本身的复杂性或衍射条件的变化等，常常会出现一些"额外的斑点"或其他图案，构成所谓的"复杂花样"。以下介绍两类常见的"复杂花样"。

1. 高阶劳埃区电子衍射谱

（1）高阶劳埃区及广义晶带定理。

晶向矢量$r_{uvw}=[uvw]$是同名指数倒易面$(uvw)^*$的法线方向，且矢量的长度是该倒易面晶面间距（d_{uvw}^*）的倒数。在一系列平行的$(uvw)^*$倒易面中，通过倒易原点的倒易面$(uvw)_0^*$零层倒易平面又称为$[uvw]$的零阶劳埃区，处于$(uvw)_0^*$面的任一倒易点阵(HKL)均满足（零阶）晶带定理，即

$$Hu+Kv+Lw=0$$

对处于沿$[uvw]$方向，距$(uvw)_0^*$面$N \cdot d_{uvw}^*$远处倒易面的倒易点阵(HKL)，则有

$$Hu+Kv+Lw=N \qquad (5-4)$$

该倒易面称为$[uvw]$的N（N为整数）阶劳埃区，沿$[uvw]$方向的各阶劳埃区依次为：+1阶劳埃区，记作$(uvw)_{+1}^*$；+2阶劳埃区，记作$(uvw)_{+2}^*$等。沿$[uvw]$反方向的各阶劳埃区依次为：-1阶劳埃区，记作$(uvw)_{-1}^*$；-2阶劳埃区，记作$(uvw)_{-2}^*$等。式（5-4）称为广义晶带定理。

参照图5-9，对于晶带定理可证明如下：设(HKL)为属于$[uvw]$的N阶劳埃区（即N层倒易面）的倒易点阵，相应的倒易矢量$g_{HKL}=Ha^*+Kb^*+Lc^*$。按照倒易点的定义，有$g_{HKL} \cdot r_{uvw}=(Ha^*+Kb^*+Lc^*) \cdot (ua+vb+wc)=Hu+Kv+Lw$。另一方面，因为$(HKL)$处于$[uvw]$的第$N$层倒易面，设$g_{HKL}$与$r_{uvw}$的夹角为$\alpha$，则$|g_{HKL}|\cos\alpha=N \cdot d_{uvw}^*$。又$|r_{uvw}|=1/d_{uvw}^*$，于是$g_{HKL} \cdot r_{uvw}=|g_{hkl}| \cdot |r_{uvw}|\cos\alpha=N$。所以，$Hu+Kv+Lw=N$。

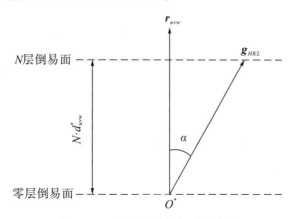

图5-9　广义晶带定律证明示意图

（2）高阶劳埃区衍射谱的形成及一般特征。

埃瓦尔德球面除和零阶劳埃区的倒易杆相交外，还可能和高阶劳埃区的倒易杆相交，相应地可得到高阶劳埃区衍射斑点。

对称入射（入射束平行于 $[uvw]$）时，零阶劳埃区为以透射斑为中心的对称圆盘，高阶劳埃区则在外围形成与之同心的圆环，如图 5-10（a）所示。非对称入射时，零阶劳埃区可以是偏心圆盘或偏心圆环，高阶劳埃区为偏心圆环，如图 5-10（b）所示。此外，高阶劳埃区与零阶劳埃区之间的空白区也可能变窄甚至消失。显然，衍射晶体越薄（倒易杆拉得越长），晶体点阵常数（或单胞尺寸）越大（高阶劳埃区和零阶劳埃区的间距越小），就越容易同时获得多个劳埃区的衍射斑点；而晶带轴指数越小（各劳埃区之间越能分开），同时获得多个劳埃区的衍射斑点的可能性就越小。

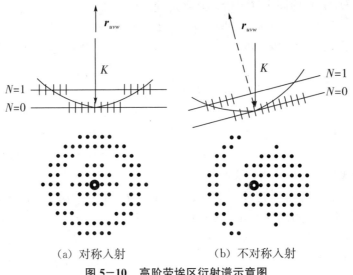

（a）对称入射　　　　　（b）不对称入射

图 5-10　高阶劳埃区衍射谱示意图

高阶劳埃区中的斑点与零阶劳埃区中的斑点具有相同的周期排列规律，即阵点的特征平行四边形相同。为了标定高阶劳埃区中斑点的指数，可以将它们以特征平行四边形的边长为基本平移矢量平移至零阶劳埃区，并确定高阶劳埃区中斑点在零阶劳埃区中斑点点列的相对位置，而高阶劳埃区中斑点所处的位置通常可按相应高阶倒易点阵在零阶倒易面上的投影位置计算。在标定了一个高阶劳埃区中斑点的指数后，其余斑点的指数均可以容易地通过平移矢量推算出来。

高阶劳埃区的衍射谱可以提供许多重要的晶体学信息，如：测定电子束偏离晶带轴方向的微小角度；估算样品晶体的厚度；求正空间单胞常数；当两个物相的零阶劳埃区中斑点的排列相同时，可以用二者高阶劳埃区中斑点排列的差异鉴定物相。

2. 菊池花样

在单晶体电子衍射花样中，除了前面提到的衍射斑点，还经常出现一些线状花样。菊池（Kikuchi）于 1928 年（在透射电子显微镜发明以前）首先描述了这种现象，所以称之为菊池线（Kikuchi lines）。菊池线的位置对晶体取向的微小变化非常敏感。因此，菊池花样（Kikuchi pattern）被广泛应用于晶体取向的精确测定，以及解决其他一些与此相关的问题。

（1）菊池线的产生。

菊池线的产生与电子的弹性散射和非弹性散射都有关系，对这个问题的深入研究较为复杂，然而就精确测定晶体取向以及解决其他相关问题而言，关注的是这种花样的几何特征。为此，下面主要从衍射几何角度简要介绍菊池花样的形成过程。

入射电子在晶体内发生两类散射：一类是相干散射，其结果是形成前面所说的衍射环或衍射斑点；另一类是非相干散射，其结果是使晶体内出现沿空间所有方向传播的电子波，造成衍射花样的背景强度。非相干散射电子的强度在入射方向上最大，并随散射角的增大而降低，所以衍射花样中的背景总是中心较强，边缘较弱，如图 5－11（a）所示。当样品晶体有足够的厚度时，将产生足够数量的非相干散射电子，这些电子有时被称为漫散射电子。而在样品不过分厚的情况下，可以认为这些漫散射电子中有相当一部分的能量没有损失，或与入射电子的能量相比损失很小，亦即可以认为它们与入射电子具有相同的波长 λ。这些在空间所有方向上传播的漫散射电子中，一些沿相对于某一 (HKL) 晶面以及 $\{HKL\}$ 晶面簇，夹角为 θ（布拉格角）的方向上传播的电子，满足布拉格方程而发生衍射，如图 5－11（b）所示。这些衍射电子分别构成以衍射晶面的法线 N_{HKL} 和 $N_{\overline{HKL}}$ 为轴、半顶角为 $90°-\theta$ 的两个圆锥面，如图 5－11（c）所示。两个圆锥面与底板的交线是一对双曲线。在光轴附近的区域内，这对双曲线看上去就好像一对相互平行的直线。其中，远离 000 斑点的为亮线，其电子强度高于背景强度；相对靠近 000 斑点的为暗线，其电子强度低于背景强度。这对相互平行的直线（通常为一明一暗）称为菊池线。有时，将菊池线和两线中间的区域一起称为菊池带（Kikuchi band）。

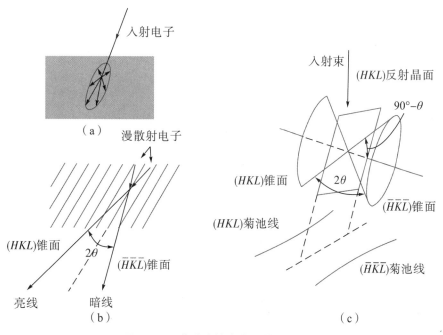

图 5－11　菊池线的产生及其几何特征

（2）晶体取向与菊池图。

对任何一对菊池线，必有一条对应于 θ，另一条对应于 $-\theta$。其一是 N_{HKL} 菊池线，其二是 $N_{\overline{HKL}}$ 菊池线。由于两个圆锥面的夹角为 2θ，所以在倒易空间中，N_{HKL} 菊池线和 $N_{\overline{HKL}}$ 菊池线的距离为 $L \cdot 2\theta$（L 为样品至底板的距离，即相机长度），而且菊池线对的中线就是（HKL）晶面的迹线［（HKL）晶面延伸后与底板的交线］。当给样品一个很小角度的倾斜时，菊池线就会移动，但衍射斑点的强度几乎不变，其位置也会不改变。所以，菊池线对的位置对晶体取向的变化相当敏感，被用于精确测量晶体的取向，其精度约达 $0.1°$。

由埃瓦尔德图解可知，当晶体取向精确满足布拉格方程时，其倒易点必落在反射球（面）上；若与布拉格方程存在偏差，则其倒易点不在反射球（面）上。这种偏差可用偏移参量 s 来表示。利用菊池线可判断（或测量）偏离参量 s 的大小，参见图 5－12。对称入射时，菊池线对对称分布在 000 斑点两侧，$s_{+g} = s_{-g}$，入射束与 ［uvw］ 平行，如图 5－12（a）所示。当 N_{HKL} 菊池线通过其相应的衍射斑点 HKL 时，即双光束条件下，相应的（HKL）晶面精确满足布拉格方程，其偏离参量 $s=0$。此时，N_{HKL} 菊池线为亮线，$N_{\overline{HKL}}$ 菊池线为暗线，且后者正好通过 000 斑点，如图 5－12（b）所示。随着 s 的增大，菊池线对将向 HKL 斑点的方向移动；随着 s 的减小，菊池线对将向 $\overline{HKL}$ 斑点的方向移动。所以，当 N_{HKL} 菊池线处在衍射斑点 HKL 远离 000 斑点方向一侧时，$s>0$，如图 5－12（c）所示；当 $N_{\overline{HKL}}$ 菊池线处在衍射斑点 $\overline{HKL}$ 远离 000 斑点方向一侧时，$s<0$，如图 5－12（d）所示。菊池线离开其相应衍射斑点的位置越远，$|s|$ 越大。当菊池线离开其相应衍射斑点的距离为 x 时，可求得 $|s|=x/(Ld)$。

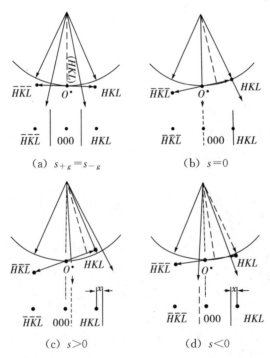

（a）$s_{+g}=s_{-g}$ （b）$s=0$

（c）$s>0$ （d）$s<0$

图 5－12　不同入射条件下菊池线对的位置

由以上讨论可知，一方面借助菊池线对的位置可取得相关晶体取向的精确信息，另一方面通过观察菊池线对的运动方向可获得晶体转动方式的可靠指示。在晶体样品的透射电子显微分析工作中，很多情况下要将晶体样品做系统的倾斜，以选择合适的晶体取向。此时，一个非常有用的工具就是菊池图（Kikuchi maps）。衍射谱上的一对菊池线就好比可供我们选择的一条条道路，将一条条道路画在一起便形成了一张交通图。同样，我们将不同指数（通常为较低指数）的菊池线对按照相互间的位置关系绘制（也可通过实验照片拼接）在一起就构成了菊池图。图 5-13（a）是一个由实验照片拼接而成的面心立方晶体的菊池图，其中主要菊池线对的指标如图 5-13（b）所示。菊池图上存在很多不同菊池线对中线相交的交点，这些交点称为菊池极。相交于一点的菊池线对中线对应的晶面必属于同一晶带 [uvw]，该交点称为晶带轴 [uvw] 的菊池极。在各个不同的低指数菊池极处，菊池花样显示出各自独特的明显的对称性。将实际观测到的菊池花样与事先准备好的相应晶体的菊池图对照，可直接确定菊池极指数，为确定入射束的晶体学位向以及样品取向的进一步调整提供可靠的信息和参考。

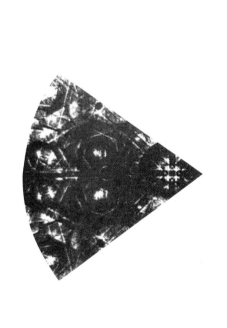
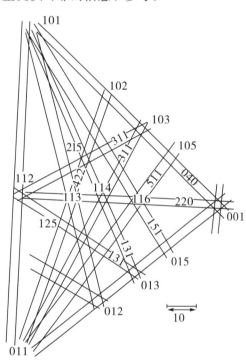

（a）实验照片拼接图　　　　　　　　（b）菊池图的指标化

图 5-13　面心立方晶体的菊池图

除上述两类复杂花样外，选区电子衍射时可能遇到的还有超点阵衍射、双衍射、孪晶衍射、织构衍射等复杂衍射花样，可通过相关参考文献做进一步的了解。

5.2　透射电子显微镜分析样品的制备

样品制备在透射电子显微分析技术中占有相当重要的位置。由透射电子显微镜的工作原理可知，供透射电子显微镜分析的样品必须对电子束是透明的，通常样品观察区域的厚度控制在 $100\sim200$ nm 为宜。此外，所制得的样品必须具有代表性以真实反映所分析材料的某些特征。因此，样品制备时不可影响这些特征，如果已产生影响，则必须知道影响的方式和程度。透射电子显微镜分析样品的制备是一个涉及面很广的问题，方法也很多。具体选择哪种方法则取决于材料的类型和所要获取的信息。透射电子显微镜分析样品可分为间接样品和直接样品。下面仅对应用较广的复型、电解双喷、离子减薄（薄化）等样品制备技术进行介绍。

5.2.1　间接样品的制备

间接样品即复型，是将样品表面的浮凸复制到某种薄膜上而获得的。利用这种薄膜样品在透镜下成像即可间接反映原样品表面形貌的特征。对复型材料的要求主要包括：①复型材料本身必须是"无结构"或非晶态的，从而避免由于复型材料本身结构细节的显示干扰被复制的表面形貌的观察和分析；②复型材料有足够的强度和刚度，良好的导电、导热和耐电子束轰击性能，防止在复型过程中产生破损或畸变，避免在电子束照射下发生烧蚀和分解；③复型材料的分子尺寸应尽量小，以利于提高复型的分辨率，更深入地揭示表面形貌的细节特征。常用的复型材料是非晶碳膜和各种塑料薄膜。按复型的制备方法，复型主要分为一级复型、二级复型和萃取复型。

一级复型可以是塑料一级复型或碳一级复型，前者是将配制好的塑料溶液直接浇铸在样品表面，后者是在高真空室中向样品表面直接喷碳。塑料一级复型的优点是制作简单，不破坏样品表面；缺点是衬度差，易被电子烧蚀和分解，且由于塑料的分子尺寸通常比碳颗粒大而分辨率较低（约 $10\sim20$ nm）。碳一级复型的优点是分辨率较高（约 $2\sim5$ nm），电子束照射下的稳定性较好；缺点是制备过程较为复杂且在分离碳膜时容易使样品表面遭到破坏。综合塑料复型和碳复型的某些优点，较为常用的是塑料-碳二级复型。

图 5-14 为塑料-碳二级复型制备过程示意图。制备的具体步骤如下：

（1）在拟分析的样品（如金相样品、断口）表面滴一滴丙酮，将 A.C. 纸（醋酸纤维素薄膜）覆盖其上，适当按压形成不夹气泡的一级复型，如图 5-14（a）所示。

（2）待上述一级复型干燥（通常用灯光烘干）后，小心地将其剥离，并将复制面向上平整地固定在玻璃片上，如图 5-14（b）所示。

（3）将固定好复型的玻璃片连同一白色瓷片置于真空镀膜室中，先以倾斜方向"投影"重金属（如 Cr 等），再以垂直方向喷碳，以制备由塑料和碳膜构成的复合复型，如图 5-14（c）所示。碳膜厚度可通过观察放置于样品旁边的白色瓷片表面在喷碳过程中颜色的变化来估计,一般以浅棕色(几十纳米)为宜。

(4)将复合复型上要分析的区域剪为略小于样品铜网(∅3 mm)的小方块后,使碳膜面朝里,贴在事先熔在干净玻璃片上的低熔点石蜡层上,待石蜡层冷凝后即把复合膜块固定在玻璃片上。将该玻璃片放入丙酮液中,复合复型的 A.C. 纸(即一级复型)在丙酮中将逐渐溶解,同时适当加热以溶解石蜡,如图 5-14(d)所示。

(5)待 A.C. 纸和石蜡完全溶解后,碳膜(即二级复型)将漂浮在丙酮液中,用铜网勺将其转移至清洁的丙酮液中清洗后,再转移至盛蒸馏水的器皿中。此时,由于水的表面张力,碳膜会平展地漂浮在水面,用样品铜网将其捞起,如图 5-14(e)所示,干燥后即可置于电子显微镜下观察。

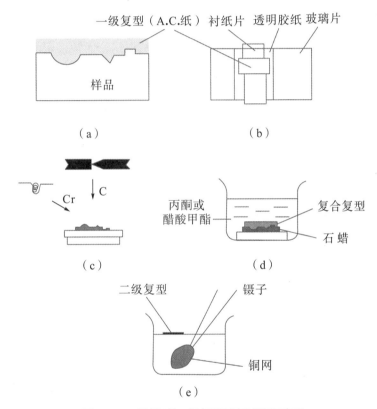

图 5-14 塑料-碳二级复型制备过程示意图

需要指出的是,复型技术在早期的透射电子显微分析中得到了广泛的应用,其主要原因在于:①透射电子显微镜诞生初期,制备可使电子束透明的直接样品在技术上很难办到;②在扫描电子显微镜诞生并获得广泛应用之前,高倍断口需通过制备复型样品在透射电子显微镜中观察。目前,制备电子显微镜研究断口十分方便、有效。因此,在现代电子显微分析中已较少采用复型技术。然而,在某些情况下,复型技术仍具有其独特的优势,例如上述二级复型可用于现场采样而不会破坏原始样品。

萃取复型是在复型膜与样品表面分离时,将样品表面欲分析的颗粒相抽取下来并黏附在复型膜上。虽然复型材料不是原始材料,但黏附的颗粒却是真实的,因此萃取复型实际上是一种半直接样品。因为利用萃取复型样品分析这些颗粒可以避免基体的干扰，因此随着电子显微分析技术的出现，萃取复型再次受到研究者的青睐。

5.2.2 直接样品的制备

制备直接样品的方法有很多，但一般情况下，总的制备过程分为以下几步：①初减薄——由块状样品制备厚度为 $100\sim200~\mu m$ 的薄片；②从薄片上切取 $\varnothing 3~mm$ 的圆片；③预减薄——从圆片的一侧或两侧将圆片中心区域减薄至数微米；④终减薄。下面进行详细说明。

5.2.2.1 初减薄

对延性材料，如金属，为了避免对材料造成机械损伤，通常采用电火花线切割法从块状样品上获得厚度约 $200~\mu m$ 的薄片。此外，也可以将材料轧制为薄片，再通过退火消除轧制缺陷。对某些脆性材料（例如 Si、GaAs、NaCl、MgO），可用刀片将其沿解理面解理，重复解理直至达到对电子束透明的程度。如要使薄片不与解理面平行，可采用金刚锯。另外还有一些特殊的方法，如用水作溶剂，通过线锯切割岩盐。此外，还可以用超薄切片机从块状样品上切取可以直接供透射电子显微镜观察的样品。

5.2.2.2 圆片切取

如果材料的塑性较好且对机械损伤的要求不很严格，可采用特制的小型冲床从薄片上直接冲取 $\varnothing 3~mm$ 的圆片。对脆性材料，有三种基本方法可供选用，即电火花切割、超声波钻和研磨钻。电火花切割用于导体材料，超声波钻和研磨钻常用于陶瓷和半导体材料。

5.2.2.3 预减薄

预减薄的目的在于使圆片的中心区域进一步减薄，以确保最终能在圆片的中心部位穿孔（其边缘附近区域可供观察）。预减薄通常采用专用的机械研磨机，使中心区域减薄至约 $10~\mu m$ 厚，借助于微处理器控制的精密研磨有时可以获得使电子束透明的厚度（$<1~\mu m$）。有时也用化学方法进行预减薄。

5.2.2.4 终减薄

常用的终减薄方法有两种，即电解减薄和离子减薄。电解减薄只能用于导电样品，其特点是快捷和不产生机械损伤，所以被广泛应用于金属和合金样品制备。图 5-15 是双喷电解减薄装置示意图。离子减薄适用于难熔金属、硬质合金和不导电材料的样品制备，此法设备复杂，减薄时间较长，且减薄后期阶段难以掌握。图 5-16 是离子减薄装置示意图。

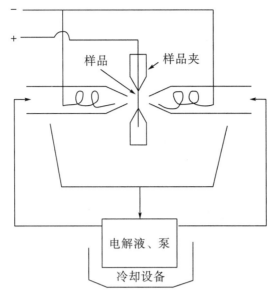

图 5-15　双喷电解减薄装置示意图

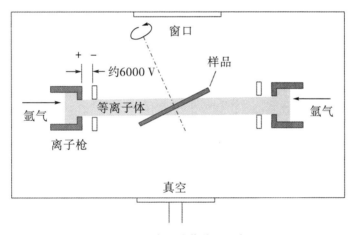

图 5-16　离子减薄装置示意图

5.3　透射电子显微镜基本成像操作及像衬度

5.3.1　成像操作

5.3.1.1　明场成像和暗场成像

利用投影到荧光屏上的选区衍射谱可以进行透射电子显微镜两种最基本的成像操作。无论是晶体样品还是非晶体样品，其选区衍射谱上必然存在一个由直射电子束形成的中心亮斑，以及一些由散射电子形成的明暗不一的光斑。操作者既可以选直射电子也可以选部分散射电子来成像。这种成像电子的选择是通过在物镜背焦面上插入物镜光栅来实现的。选用直射电子形成的像称为明场像，选用散射电子形成的像称为暗场像。图 5-17（a）和（b）分别是晶体样品明场成像和暗场成像的光路原理示意图。

5.3.1.2　中心暗场成像

在暗场成像条件下，成像电子束偏离了透射电子显微镜的光轴而造成较大的像差并在成像时难以聚焦，因而成像质量较差。在透射电子显微镜中，为了获得高质量的暗场像，人们总是采取中心暗场成像（centered dark-field imaging），即将入射电子束反向倾斜一个相应的散射角度而使散射电子沿光轴传播。对晶体样品，如明场成像时（HKL）晶面簇恰好与入射方向相交成精确的布拉格角，而其余晶面均与衍射条件存在较大偏差，此时除直射束外只有一个强的衍射束即（HKL）衍射束，即构成双光束条件。在此条件下，通过束倾斜，使入射束沿原先的（HKL）衍射束方向入射，即将中心斑点移至 HKL 衍射斑点的位置。此时，（HKL）晶面簇将偏离布拉格条件，而（$\overline{HKL}$）晶面簇与入射束相交成精确的布拉格角，其衍射束与光轴平行，正好通过光栅孔，而直射束和其他衍射束均被挡掉，如图 5-17（c）所示。

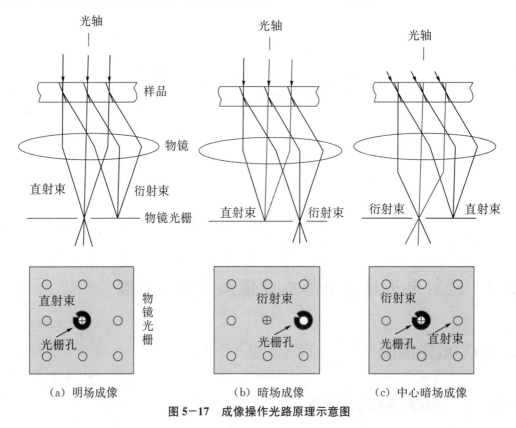

　　（a）明场成像　　　　　　　（b）暗场成像　　　　　　（c）中心暗场成像

图 5-17　成像操作光路原理示意图

5.3.2　像衬度

像衬度是图像上不同区域间存在的明暗程度的差别。正是由于图像上不同区域间存在明暗程度的差别即衬度的存在，我们才能观察到各种具体的图像。透射电子显微镜的像衬度与所研究样品材料自身的组织结构、所采用的成像操作方式和成像条件有关。只有了解了像衬度的形成机理，才能对各种具体的图像给予正确解释，这是进行材料电子显微分析的前提。

总的来说，透射电子显微镜的像衬度来源于样品对入射电子束的散射。当电子波穿透样品时，其振幅和相位都将发生变化，这些变化都可以产生像衬度。所以，透射电子显微镜像衬度从根本上可分为振幅衬度和相位衬度。在多数情况下，这两种衬度对同一幅图像的形成都有贡献，只不过是哪一种衬度占主导而已。下面仅介绍振幅衬度。振幅衬度分为两个基本类型，即质厚衬度和衍射衬度，它们分别是非晶体样品衬度和晶体样品衬度的主要来源。

5.3.2.1　非晶体样品

非晶体样品透射电子显微图像衬度是由于样品不同微区间存在原子序数或厚度的差异而形成的，即质量厚度衬度，简称质厚衬度。

质厚衬度来源于电子的非相干弹性散射。当电子穿过样品时，通过与原子核的弹性作用被散射而偏离光轴，弹性散射截面是关于原子序数的函数。此外，随着样品厚度的增加，将发生更多的弹性散射。所以，样品上原子序数较大或样品较厚的区域（较暗）比原子序数较小或样品较薄的区域（较亮）会使更多的电子被散射而偏离光轴，如图 5-18 所示。

透射电子显微镜总是采用小孔径角成像，在图 5-18 所示的明场成像即在垂直入射并将光栅孔置于光轴位置的成像条件下，偏离光轴一定程度的散射电子将被物镜光栅挡掉，使落在像平面上相应区域的电子数目减少（强度较小），原子序数较大或样品较厚的区域在荧光屏上显示为较暗的区域；反之，原子序数较小或样品较薄的区域对应于荧光屏上较亮的区域。所以，图像上明暗程度的变化就反映出样品上相应区域原子序数（质量）或样品厚度的变化。此外，也可以利用任何散射电子来形成显示质厚衬度的暗场像。显然，在暗场成像条件下，样品上较厚或原子序数较大的区域在荧光屏上显示为较亮的区域。可见，这种建立在非晶体样品中原子对电子的散射和透射电子显微镜小孔径角成像基础上的质厚衬度是解释非晶体样品电子显微图像衬度的理论依据。

质厚衬度受到透射电子显微镜物镜光栅孔径和加速电压的影响，如选择的光栅孔径较大，将有较多的散射电子参与成像，图像在总体上的亮度增加，但却使得散射和非散射区域（相对而言）间的衬度降低。如选择较低的加速电压，散射角和散射截面将增大，较多的电子被散射到光栅孔以外。此时，衬度提高，但亮度降低。

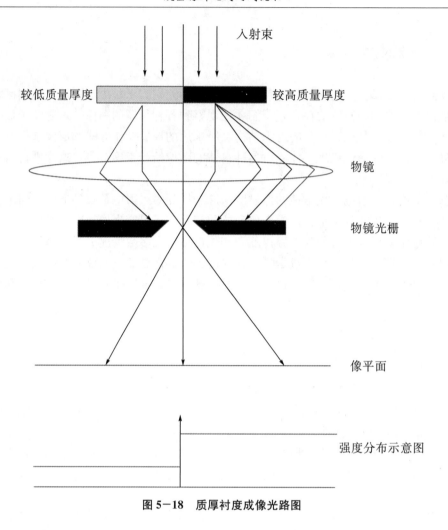

图 5-18　质厚衬度成像光路图

5.3.2.2　晶体样品

对晶体样品，电子将发生相干散射即衍射。所以，在晶体样品的成像过程中，起决定作用的是晶体对电子的衍射。由样品各处衍射束强度的差异形成的衬度称为衍射衬度，简称衍衬。影响衍射衬度的主要因素是晶体取向和结构振幅。对没有成分差异的单相材料，衍射衬度是由样品各处满足布拉格方程程度的差异造成的。

衍射衬度成像和质厚衬度成像有一个重要的差别。在形成显示质厚衬度的暗场像时，可以利用任意的散射电子。在形成显示衍射衬度的明场像或暗场像时，为了获得高衬度高质量的图像（同时也便于图像衬度解释），总是通过倾斜样品台获得双束条件（two-beam conditions），即在选区衍射谱上除强的直射束外只有一个强衍射束。图 5-19 是晶体样品中具有不同取向的两个相邻晶粒在明场成像条件下获得衍射衬度的光路图。图 5-19 中，在强度为 I_0 的入射束照射下，A 晶粒（HKL）晶面与入射束的夹角正好等于布拉格角，形成强度为 I_{HKL} 的衍射束，其余晶面均与衍射条件存在较大的偏差；而 B 晶粒的所有晶面均与衍射条件存在较大的偏差。这样，在明场成像条件下，像平面上与 A 晶粒对应的区域的电子束强度为 $I_A \approx I_0 - I_{HKL}$，而与 B 晶粒对应的区域的电子束强度为 $I_B \approx I_0$；在暗场成像条件下，即通过调节物镜光栅孔位置，只让衍射束 I_{HKL} 通过光栅孔参与成像，有 $I_A \approx I_{HKL}$，$I_B \approx 0$。由于荧光屏上像的亮度取决于相应区域电子束的强度，因此，若样品上不同区域的衍射条件不同，图像上相应区域的亮度将有所不同，这样在图像上便形成了衍射衬度。

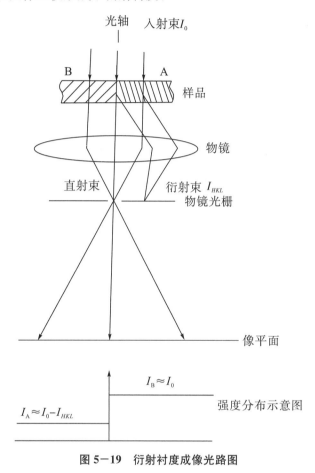

图 5-19　衍射衬度成像光路图

5.4　电子衍射运动学基本理论

透射电子显微镜衍射衬度是由于样品底表面不同部位的衍射束强度存在差异而造成的。要深入理解和正确解释透射电子显微镜衍衬像的衬度特征，就需要对衍射束的强度进行计算。

通常情况下，电子衍射束很容易再次发生衍射，这种重复衍射称为动力学衍射。易发生动力学衍射的原因在于，电子束和晶体中的原子由于库仑力的存在发生强烈的相互作用（相比之下，X 射线受原子作用的程度弱得多，只发生一次散射，即运动学散射的可能性较大）。由于这个原因，透射电子显微镜衍射束强度的分析和计算比较复杂。同时，我们也不能像利用 X 射线衍射强度那样将电子衍射谱中斑点的强度用于结构分析（特殊情况如会聚束电子衍射除外）。较严密的有关电子衍射束强度的计算要利用动力学理论。然而，采取一些近似处理方法可更直观地了解和掌握一定的相关原理。尽管这些方法不够严格，但在某些特定的条件下还是适用的，运动学近似就是其中之一。运动学理论作为讨论衍射波强度的一种简化理论，其主要特点是不考虑电子衍射的动力学效应。在一定的实验条件下，可以用来对衍射衬度中的某些现象给出满意的解释。

5.4.1 运动学理论的基本假设

运动学理论是建立在运动学近似［即忽略各级衍射束（透射束为零级衍射束）之间的相互作用］基础上的用于讨论衍射波强度的一种简化理论。其基本假设如下：

（1）入射电子在样品内只可能受到不多于一次的散射。

（2）入射电子波在样品内传播的过程中强度的衰减可以忽略，即衍射波强度始终远小于入射波强度；否则，衍射波会发生较为显著的再次衍射，即动力学衍射。

实践中可以通过以下两条途径来实现上述基本假设：

（1）使样品晶体处于足够偏离布拉格条件的位向，以避免产生强的衍射，保证入射波强度不发生明显衰减。

（2）采用足够薄的样品，尽量减少电子受到多次散射的机会。

要达到这两个实验条件，实践上都有困难。一方面，原子对电子的散射振幅较大，散射强度不会很弱，而且当选用的衍射束对应的倒易点足够偏离埃瓦尔德球面时，其附近的某个或某些倒易点又将靠近埃瓦尔德球面；另一方面，随着样品厚度的减小，倒易杆拉长，更容易产生较强的衍射，而且样品越薄则越难完全代表大块材料的性质，所以衍射衬度分析时样品通常不应制得太薄。

可见，用运动学理论解释衍射衬度在大多数情况下都是近似的。为了进一步简化计算，采用两个近似处理方法：

（1）双束条件，即除直射束外只激发产生一个衍射束的成像条件。由上述讨论可知，对薄晶体样品，双束条件实际上是达不到的，实践中只能获得近似的双束条件。因此，用于成像的衍射束应具有较大的偏离参量，使其强度远小于直射束强度，以近似满足运动学要求；该衍射束的强度应明显高于其他衍射束的强度，以近似满足双束条件。

（2）柱体近似，即在计算样品下表面衍射波强度时，假设将样品分割为贯穿上、下表面的一个个小柱体（直径约 2 mm），而且相邻柱体中的电子波互不干扰。

5.4.2 完整晶体的衍射强度

衍射波的强度 I_g 与其振幅 φ_g 的关系：$I_g = |\varphi_g|^2$。在厚度为 t 的薄晶体内取一小柱体，如图 5-20 所示。振幅 $\varphi_0 = 1$ 的入射电子波通过距上表面为 z 的厚度元 dz（其位置矢量为 r）后，按费涅耳（Fresnel）衍射原理可以推得在衍射方向上产生的散射波的振幅：

$$d\varphi_g = \frac{i\pi}{\xi_g}\exp[-2\pi i(K'-K)\cdot r]dz \tag{5-5}$$

式中，$d\varphi_g$ 为散射波振幅；K 为透射波波矢；K' 为衍射波波矢；ξ_g 为对应于操作反射矢量 g 的消光距离（extinction distance）。

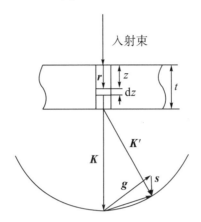

入射束

图 5-20　小柱体的衍射强度

消光距离是一个动力学概念，具有长度的量纲，说明电子束在晶体内传播过程中完成一次能量由入射束向散射束转换所对应的传播距离，与样品的成分、晶体结构、操作反射及电子束加速电压有关。在加速电压为 100～200 kV 时，大多数金属低指数反射消光距离的典型值为几十纳米。

因为 $K'-K=g+s$，$g\cdot r$ 为整数，又考虑到 s 与 r 近似平行，即近似有 $s\cdot r=sz$。于是，式（5-5）可化简为

$$d\varphi_g = \frac{i\pi}{\xi_g}\exp(-2\pi isz)dz \tag{5-6}$$

式（5-6）即为运动学理论的基本方程。

将该小柱体内所有厚度元的散射振幅按位向叠加，即得到柱体底部衍射波的合成振幅：

$$\varphi_g = \frac{i\pi}{\xi_g}\int_0^t \exp(-2\pi isz)dz \tag{5-7}$$

积分结果为

$$\varphi_g = \frac{i\pi}{\xi_g}\frac{\sin(\pi st)}{\pi s}e^{-\pi ist}$$

相应的衍射束强度为

$$I_g = \varphi_g \cdot \varphi_g^* = \frac{\pi^2}{\xi_g^2}\frac{\sin^2(\pi st)}{(\pi s)^2} \tag{5-8}$$

衍射束强度随样品厚度和偏离参量的变化曲线如图 5-21 所示。

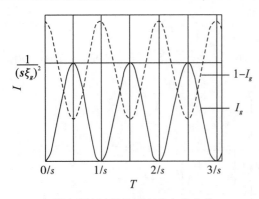
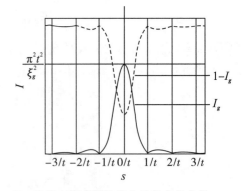

（a）衍射束强度随样品厚度的变化曲线　　（b）衍射束强度随偏离参量的变化曲线

图 5-21　衍射束强度随样品厚度和偏离参量的变化曲线

下面分别对这两种情况进行讨论：

（1）当偏离参量 s 一定时，衍射强度随样品厚度呈周期性变化，如图 5-21（a）所示。振荡的深度周期为 $T=1/s$。当 $T=n/s$（n 为整数）时，衍射束强度 $I_g=0$；当 $T=\left(n+\dfrac{1}{2}\right)/s$ 时，衍射束强度 I_g 达最大值 $\left(I_g=I_{g\max}=\dfrac{1}{(s\xi_g)^2}\right)$。

根据衍射衬度成像原理，暗场像的强度为衍射束强度，明场像的强度为直射束强度。在双束条件下，明、暗场互补，直射束强度为 $1-I_g$。用衍射强度随样品厚度呈周期性变化这一运动学结果，可定性地解释晶体样品中厚度变化区域出现的等厚条纹（也称为厚度消光条纹）。例如，薄膜样品的孔洞边缘往往呈楔形。按照上述理论，随着楔形边缘厚度的连续变化，其下表面的衍射强度将发生周期性变化，如图 5-22（b）所示。类似于地形图上的等高线，图中同一亮线或暗线处样品具有相同的厚度。

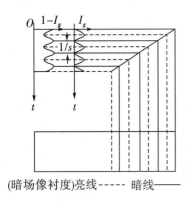

（a）厚度条纹的产生　　　　　　　　（b）样品边缘产生的厚度条纹

图 5-22　厚度条纹的运动学解释及实例

倾斜于样品膜面的界面（如晶界、孪晶界、相界面等）也常常显示出类似于楔形边缘的条纹衬度。当界面一侧的晶体发生强烈衍射时，另一侧的晶体可能不满足衍射条件，其衍射强度可视为零。这样，对衍射束强度而言，不满足衍射条件的这部分晶体好像并不存在，而发生强烈衍射的晶体在界面处便相当于一个楔形边缘，形成厚度条纹衬度。

（2）当样品厚度 t 一定时，衍射强度随偏移参量也呈周期性变化，如图 5-21（b）所示。振荡周期为 $T=1/t$。当 $T=\pm n/t$（n 为非零整数）时，衍射束强度 $I_g=0$，直射束强度达最大值；当 $T=\left(n+\dfrac{1}{2}\right)\!\big/t$（$n$ 为非零整数）时，衍射束强度 I_g 达极大值，但随 $|T|$ 的增大迅速衰减，直射束强度达极小值；当 $T=0$ 时，I_g 达最大值（$I_g=I_{g\max}=\dfrac{\pi^2 t^2}{\xi_g^2}$），直射束强度达最小值。这一运动学理论结果可定性地解释晶体样品中弹性变形（如弯曲、隆起或凹陷）区域出现的弯曲消光轮廓。图 5-23 是 TiAl 薄膜明场像中的弯曲消光条纹。图中同一暗线处反射晶面具有相同的偏离参量。

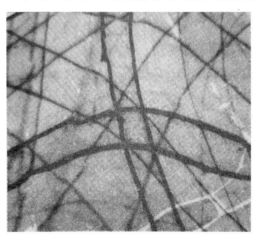

图 5-23　TiAl 薄膜明场像中的弯曲消光条纹

5.4.3　缺陷晶体的衍射强度

晶体缺陷的存在使其附近区域的点阵发生畸变。设缺陷的存在使厚度元 $\mathrm{d}z$ 处发生位移 $\boldsymbol{R}$，其位置矢量由 $\boldsymbol{r}$ 变为 $\boldsymbol{r}'$：$\boldsymbol{r}'=\boldsymbol{r}+\boldsymbol{R}$。相应地，厚度元 $\mathrm{d}z$ 的散射振幅变为

$$\mathrm{d}\varphi_g=\frac{\mathrm{i}\pi}{\xi_g}\exp\left[-2\pi\mathrm{i}(\boldsymbol{K}'-\boldsymbol{K})\cdot\boldsymbol{r}'\right]\mathrm{d}z \tag{5-9}$$

式中，位向因子：

$$\exp\left[-2\pi\mathrm{i}(\boldsymbol{K}'-\boldsymbol{K})\cdot\boldsymbol{r}'\right]=\exp\left[-2\pi\mathrm{i}(\boldsymbol{g}+\boldsymbol{s})\cdot(\boldsymbol{r}+\boldsymbol{R})\right]$$
$$=\exp\left[-2\pi\mathrm{i}(\boldsymbol{g}\cdot\boldsymbol{r}+\boldsymbol{s}\cdot\boldsymbol{r}+\boldsymbol{g}\cdot\boldsymbol{R}+\boldsymbol{s}\cdot\boldsymbol{R})\right]$$

因为 $\boldsymbol{g}\cdot\boldsymbol{r}$ 为整数，$\boldsymbol{s}\cdot\boldsymbol{R}$ 很小，可以忽略，$\boldsymbol{s}\cdot\boldsymbol{r}=sz$，所以

$$\exp\left[-2\pi\mathrm{i}(\boldsymbol{K}'-\boldsymbol{K})\cdot\boldsymbol{r}'\right]=\exp(-2\pi\mathrm{i}sz)\exp(-2\pi\mathrm{i}\boldsymbol{g}\cdot\boldsymbol{R})$$

代入式（5-9），得

$$\mathrm{d}\varphi_g=\frac{\mathrm{i}\pi}{\xi_g}\exp(-2\pi\mathrm{i}sz)\exp(-2\pi\mathrm{i}\boldsymbol{g}\cdot\boldsymbol{R})\mathrm{d}z \tag{5-10}$$

将上式积分，得到缺陷晶体柱体底部衍射波的合成振幅：

$$\varphi_g=\frac{\mathrm{i}\pi}{\xi_g}\int_0^t \mathrm{e}^{-2\pi\mathrm{i}sz}\ \mathrm{e}^{-2\pi\mathrm{i}\boldsymbol{g}\cdot\boldsymbol{R}}\mathrm{d}z \tag{5-11}$$

将式（5-11）和式（5-10）分别与式（5-7）和式（5-6）进行比较，可知在缺陷晶体衍射振幅的表达式中出现了一个附加位相因子$e^{-2\pi i g \cdot R}$。该附加位相因子使得缺陷附近区域的衍射强度在通常情况下不同于无缺陷区域的衍射强度，从而在衍射图像中显示出相应缺陷的衬度。

显然，$g \cdot R$ 的值直接影响缺陷的衬度。对于给定的缺陷（即 R 一定），可通过倾转样品台，选用不同的操作反射 g 成像，获得不同的 $g \cdot R$ 值。当满足下述条件时，附加位相因子$e^{-2\pi i g \cdot R}=1$：

$$g \cdot R = n（n \text{ 为整数}） \tag{5-12}$$

此时，缺陷的存在对衍射强度无影响，所以缺陷不显示衬度，即在图像中不可见。

应当指出，由于采用了相应的假设和简化，单凭运动学理论不足以对缺陷的衬度细节进行分析和预测，但它的一些重要结论可以帮助我们了解和掌握一些衍射衬度分析的基本原理。例如，式（5-12）所表达的不可见判据（invisibility criteria）便是缺陷的晶体学定量分析的重要依据，可用于位错的伯格斯矢量测定等。

5.5　透射电子显微镜分析应用

5.5.1　典型应用

衍衬分析适用于从约 1.5 nm 到微米数量级尺度的微观组织结构特征的分析，下面简要介绍其在晶体缺陷分析和显微组织分析方面的应用。

5.5.1.1　晶体缺陷衍射衬度分析

广义地讲，一切破坏正常点阵周期的结构均可称为晶体缺陷。如空位、间隙原子、位错、层错、晶界、相界面、孪晶界、表面析出物等破坏点阵周期的结构，都将导致其所在区域的衍射条件发生变化，使得缺陷所在区域的衍射条件不同于正常区域的衍射条件，从而显示出相应的衬度。以下对具有代表性的三类晶体缺陷——位错、层错和界面的衍射衬度分析做简要介绍。

1. 位错

位错是一种线缺陷，表明其晶体学特性的基本物理量是伯格斯矢量（b）。位错有两种基本类型，即刃型位错和螺型位错。前者的伯格斯矢量垂直于位错线，后者的伯格斯矢量平行于位错线。介于两者之间的为混合位错。在位错线周围，点阵发生了不同程度的畸变，其应力应变场的性质主要与位错的伯格斯矢量、位错线的方向以及晶体的对称性有关。

位错在明场像中通常显示为暗线，它并不与位错所处的实际位置完全对应，总是出现在其实际位置的一侧或另一侧。此外，位错线的像总是有一定的宽度。位错线的像与其实际位置的偏离程度以及像的宽度与所采用的操作反射矢量 g 及其偏离参量 s 的大小有关。当操作反射指数较低，偏离参量又很小时，位错线像往往较宽，如图 5-24（a）所示；适当增大偏离参量（使亮菊池刚好处于相应衍射斑点的外侧），可减小位错的像宽，如图 5-24（b）所示；为了减小像宽，提高图像的分辨率，观察位错时经常采用弱束暗场像，如图 5-24（c）所示。此时，位错显示为亮线。与中心暗场像不同，弱束暗场像采用很大的偏离参量 s，使完整区域的衍射束强度极弱，而在缺陷附近极小的区域内发生较强的反射，形成具有较高分辨率（位错线像的宽度较窄）的缺陷图像，同时减小了位错线像与其实际位置的偏离程度。

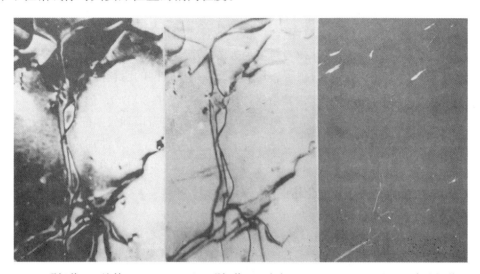

（a）明场像，s 约等于 0　　　（b）明场像，s 略大于 0　　　（c）$g/3g$ 弱束暗场像

图 5-24　偏离参量对位错线像宽度的影响

此外，当 g 和 s 较小时，一些倾斜于样品膜面的位错常常显示为锯齿状的位错线像，如图 5-25（a）所示。它纯粹是一种干涉现象，并非由位错本身的任何结构效应造成，当采用较大的偏离参量或较高的操作反射指数时，位错成像为连续而无曲折的细线，如图 5-25（b）所示。

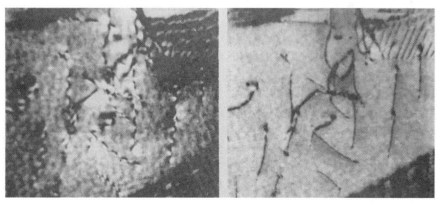

（a）锯齿状位错线像，s 约等于 0　　　（b）偏离参量略微增大后的位错线像

图 5-25　倾斜于样品膜面的位错

依据晶体缺陷的不可见性判据［式（5－12）］可以测定位错的伯格斯矢量 b。对螺型位错，通常可认为其应变场位移矢量 R 平行于 b。在选用不同的操作反射 g 时，$g \cdot b$ 可以为正整数、负整数或零。若 $g \cdot b = 0$，则 $g \cdot R = 0$。此时，位错线附近区域的衍射强度与无缺陷区域的相同，即该位错不显示衬度。对刃型位错，R 与 b 的方向不一致，R 可分解为平行于 b 的 R_1 和垂直于滑移面的 R_2 两个分量。当 $g \cdot b = 0$ 时，$g \cdot R_1 = 0$，但 $g \cdot R_2$ 不一定为零，位错仍可能显示衬度。所以，对刃型位错，只有在 $g \cdot b = 0$ 和 $g \cdot R_2 = 0$ 同时成立的条件下，位错才不显示衬度。但是，由于 R_1 是 R 的主部，当 $g \cdot b = 0$ 时，由 R_2 引起的衬度很模糊（通常称为残余衬度），将 $g \cdot b = 0$ 作为位错衬度消失的判据仍近似有效。对混合位错，尽管像衬度消失的条件 $g \cdot R = 0$ 更不容易满足，但同样可以把 $g \cdot b = 0$ 视为衬度消失的一个实际可行的有效判据。图 5－26 是对同一个样品位错伯格斯矢量的测定。其中，（a）是位错网的明场像。其中一组位错在 $g = 04\bar{2}$ 和 $g = 000$ 时不显示衬度，其伯格斯矢量 b 平行于 ［110］，如图 5－26（b）和（e）所示。至于伯格斯矢量的正负号和模量大小的确定，需用到像匹配技术等，这里不再介绍。但在多数情况下，可以根据所分析样品的晶体结构特性加以判断。例如，图 5－26 中所分析的材料的晶体结构为 L10 有序结构，可知网上近似横向排列的位错的 $b = \frac{1}{2}$ ［$\bar{1}$10］，近似纵向排列的位错的 $b = \frac{1}{2}$ ［110］。

（a）近似相互垂直排列的位错构成的位错网，明场像

（b）$g = 04\bar{2}$，暗场像

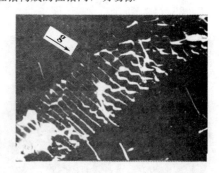

（c）$g = 13\bar{1}$，暗场像

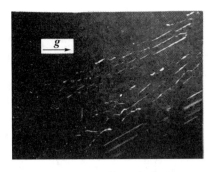 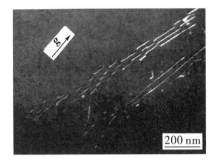

200 nm

（d）$\boldsymbol{g}=00\bar{2}$，暗场像　　　　　　（e）$\boldsymbol{g}=000$，暗场像

图 5-26　位错伯格斯矢量的测定

2. 层错

层错是平面型缺陷，它与完整晶体间的边界是不全位错，层错面两侧的晶体具有相同的位向，但彼此间有一恒定的不等于点阵平移矢量的位移 $\boldsymbol{R}$。在面心立方晶体中，层错可以由（1/2）<110>型全位错分解形成，如在（111）面上（1/2）[111] 位错分解为两个不全位错：（1/2）$[10\bar{1}]$ → （1/6）$[2\bar{1}\bar{1}]$ + （1/6）$[11\bar{2}]$，在该（111）面上两个不全错位（1/6）$[2\bar{1}\bar{1}]$ 和（1/6）$[11\bar{2}]$ 之间的区域即为层错。通常将两个不全位错连同夹在中间的层错称为扩展位错。层错能的高低决定了两个不全位错扩展的宽度，亦即层错的宽度。上述层错引起的附加位相角 $\alpha = 2\pi\boldsymbol{g}\cdot\boldsymbol{R} = 2\pi\cdot(Ha^*+Kb^*+Lc^*)\cdot\dfrac{1}{6}(a+b-2c)=\dfrac{\pi}{3}(H+K-2L)$。因为 H、K、L 全为奇数或全为偶数，α 只能是 $2n\pi$、$\pm\dfrac{2\pi}{3}+2n\pi$ 或 $\pm\dfrac{4\pi}{3}+2n\pi$（n 为整数）。例如，当选用 $\boldsymbol{g}=220$ 或 $\boldsymbol{g}=3\bar{1}1$ 时，α 分别为 0 和 2π，层错不显示衬度；当 $\boldsymbol{g}=311$ 或 $\boldsymbol{g}=1\bar{1}1$ 时，α 分别为 $\dfrac{2\pi}{3}$ 和 $\dfrac{4\pi}{3}$，层错显示衬度。在 α 不为 2π 的整数倍的情况下，当层错面平行于样品膜面时，层错区域显示为均匀的亮区或暗区（但当层错处于某些特定的深度时，由于层错区域的亮度和无缺陷区域的相同，层错不显示衬度）；当层错面倾斜于样品膜面时，层错显示为平行于层错与样品上、下膜面交线的亮、暗条纹，在满足运动学近似的条件下，其深度周期为 $1/s$。

层错总是与其边界的不全位错联系在一起的，由于不全位错伯格斯矢量 $\boldsymbol{b}_p$ 不等于点阵的平移矢量，所以 $\boldsymbol{g}\cdot\boldsymbol{b}_p$ 不一定为整数。对肖克莱（Shockley）位错和弗兰克（Frank）位错，通常认为，当 $\boldsymbol{g}\cdot\boldsymbol{b}_p=0$ 和 $\boldsymbol{g}\cdot\boldsymbol{b}_p=\pm\dfrac{1}{3}$ 时不可见，当 $\boldsymbol{g}\cdot\boldsymbol{b}_p=\pm\dfrac{2}{3}$ 或为整数时可见。肖克莱位错包围的层错经常与样品上、下膜面相截，图 5-27（a）为其衬度特征的示意图，（b）为样品内层错的衍射衬度像。

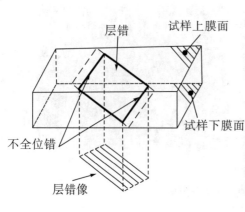
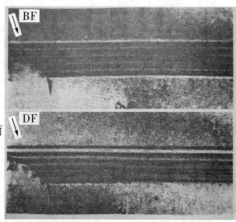

（a）层错面位置及衬度示意图　　　　（b）层错明场像（BF）及暗场像（DF）

图 5-27　层错的衬度特征

3. 界面

　　界面对材料的性能有重要的影响，透射电子显微镜是研究界面结构的有力工具。通过电子衍射和衍射衬度分析可以精确测定界面两侧晶体的位向关系、界面相对于晶体的位向，观察分析界面的精细结构，如界面台阶、界面位错等。图 5-28 是一个晶粒与其周围 5 个晶粒间界面的电子衍射衬度像，图中的 1～5 为 5 个不同的晶粒。相应于界面两侧晶粒的不同位向关系形成具有不同 Σ 值的晶粒边界，晶粒间的取向可以与精确 CSL（重位点阵）取向有微小的偏离，这种偏离通过界面上的二次晶粒边界位错网协调。

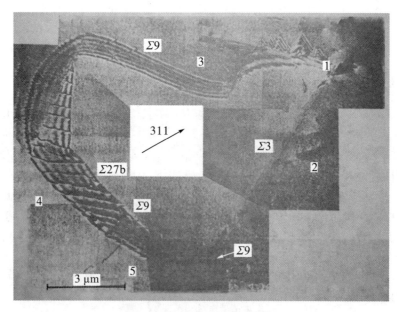

图 5-28　晶界的衍射衬度像

5.5.1.2　组织观察

选区衍射使得人们能够在组织形貌观察的同时进行晶体的结构和取向分析。图 5－29 是经 α+γ 两相区热处理后的 TiAl 基合金中层状组织的衍射衬度分析照片。其中，（a）是明场像，（b）是对应于层片 L₁、L₂ 和 L₃ 的选区衍射谱，（c）是对应于层片 L₃ 和 L₄ 的选区衍射谱，（d）是对应于层片 L₄、L₅ 和 L₆ 的选区衍射谱，（e）是对应于层片 L₆ 的选区衍射谱，（f）是对应于层片 L₆、L₇ 和 L₈ 的选区衍射谱。由图 5－29 可以看出，γ 层片所对应的衍射谱只有两类，表明这些 γ 层片间为 120°旋转孪晶关系。图中 L₂、L₅ 为 α2 层片，其余为 γ 层片。

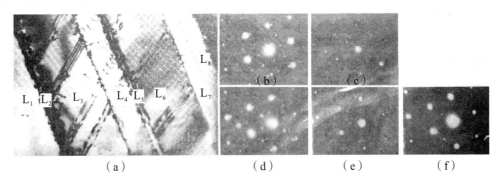

图 5－29　TiAl 基合金层状组织明场像及不同区域的选区衍射谱

第二相颗粒往往显示两种衬度：由穿过颗粒的晶体柱内衍射波的振幅和位相发生变化形成的沉积物衬度，以及由于颗粒的存在引起周围基体点阵发生局部畸变所造成的基体衬度。图 5－30（a）为经固溶时效处理基体内析出有序相颗粒的 NiAl 合金的明场像。由于较强的基体应变场衬度，颗粒对应位置的图像沿垂直于 g 矢量的方向分裂为两个部分。利用该有序相颗粒的超点阵反射成中心暗场像，可较清楚地显示颗粒的形貌，如图 5－30（b）所示。

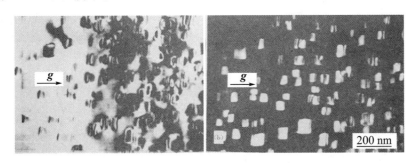

（a）明场像，g=220　　　（b）中心暗场像，g=110

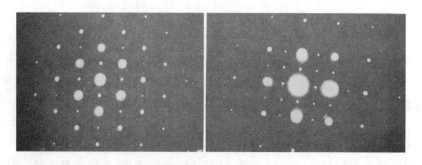

　　　(c) 选区衍射谱，B//[$\overline{1}$10]　　　　　(d) 选区衍射谱，B//[010]

图 5—30　NiAl 合金中的析出相

5.5.2　其他功能

5.5.2.1　原位观察

　　利用相应的样品台，在透射电子显微镜中可进行原位实验（in situ experiments）。如利用加热台加热样品观察其相变过程，利用应变台拉伸样品观察其形变和断裂过程。图 5—31 给出了加热过程中界面台阶移动过程的原子级水平观察。图中，（a）～（d）每两幅照片之间的拍摄时间间隔为 8 s。

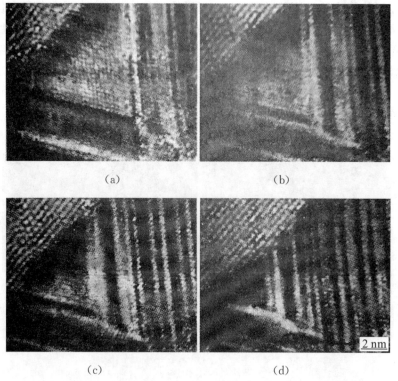

　　　　(a)　　　　　　　　　　　(b)

　　　　(c)　　　　　　　　　　　(d)

图 5—31　250℃加热时 Ge/Ag/Ge 层反应前端的高分辨原位观察

　　此外，一些相变可以在电子显微镜观察过程中的电子束照射下发生。图 5−32 是 ZrO_2（2Y）陶瓷在透射电子显微镜电子束照射下 $t−m$ 相变过程的原位观察系列照片。其中的 m 相薄片优先在 t 晶粒边界形核，长大穿越 t 晶粒后，在晶粒的另一边触发新的 m 片形核……图中，相对于照片（a），（b）～（f）照片对应的电子束照射时间分别为 10 s、60 s、140 s、350 s、1200 s。

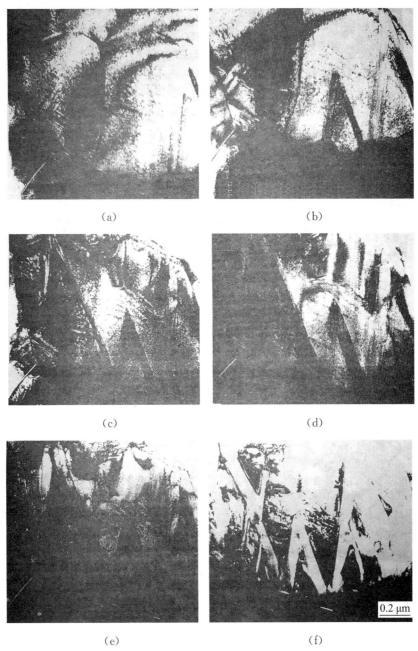

图 5−32　在透射电子显微镜电子束照射下 ZrO_2（2Y）陶瓷中
m 片在 t 晶粒中形核和长大过程的原位观察

图 5-33 是 TiAl 基合金原位拉伸过程中的一组透射电子显微镜照片。图中，从 (a) 到 (c) 因变量逐渐增大。经原位拉伸形成的裂纹在图 5-33 的拉伸过程中，其尖端未明显向前扩展。由图 5-33 可以看出，随着因变量的增大，在裂纹旁侧区域逐渐形成大量形变孪晶，使裂纹尖端不断张开并钝化。需要指出的是，由于透射电子显微镜样品很薄，存在极大的比表面能，材料在这种薄膜状态的性能与其在大块状态的性能可能存在较大的差异。所以，尽管原位实验能使我们直接获取有关样品组织结构变化的信息，但是也很可能得出一些与大块材料不相符的结果。为此，在利用原位实验结果时，必须考虑薄膜效应造成的影响，做到去伪存真。显然，为了尽量保持大块材料的性质，样品厚度应尽量增大，但这同时要求采用具有足够高的加速电压的透射电子显微镜。如采用 1000~3000 kV 超高压电子显微镜可以观察厚度大于 1 μm 的样品，而这种实验是相当昂贵的。

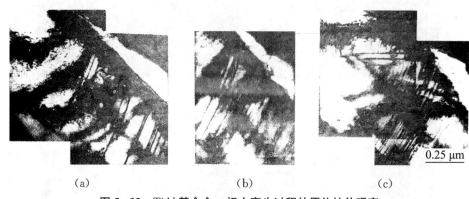

(a)   (b)   (c)

图 5-33　TiAl 基合金 γ 相中孪生过程的原位拉伸观察

5.5.2.2　会聚束电子衍射分析

会聚束电子衍射（CBED）是电子显微镜中最早实现的电子衍射方式（Kossel 和 Mollenstedt，1939），远早于前面所讲的选区电子衍射（LePoole，1947）。但是，由于仪器方面的原因，在较长的一段时间内这一技术未得到应有的发展。前文介绍的选区电子衍射有两个严重的局限性：①由于选区误差，当所选区域直径<0.5 μm 时，对所得衍射谱的分析必须非常谨慎，衍射花样可能包含了选区以外的物质的信息，即难以实现甚至不能实现对小尺度晶体结构特征的分析；②由于薄样品使布拉格条件放宽，选区衍射谱仅给出了很不精确的二维晶体学信息。会聚束电子衍射技术克服了以上两个局限性，并产生了许多新的衍射信息。20 世纪 60 年代中期以来，随着仪器设备的不断改进和相关理论的逐步完善，会聚束电子衍射已成为如今进行微区分析强有力的技术。会聚束电子衍射在许多方面有其独特的优势，如测定样品薄膜厚度、微区的晶体学取向、点阵常数、结构因子、晶体的对称性等，被广泛应用于材料科学、物理学、晶体学等领域。

选区衍射采用的是平行的（具有相同的 **K** 矢量）束斑直径较大（约 1~10 μm）的入射束，而会聚束电子衍射采用的是会聚的（一定范围的 **K** 矢量）束斑直径很小（约 10~100 nm）的入射束。会聚束好比一个探针，用它可以获得局部区域信息，如用于微分析或微（micro）/微微（nano）衍射。对于常用的热电子枪电镜，仅通过调节聚光镜 C_1 和 C_2 不可能将电子束会聚为尺寸足够小（<10 nm）的探针。通常的办法是将物镜上的极靴变作聚光镜 C_3，并增强其励磁电流，减弱或关闭 C_2，如图 5−34 所示。此外，强激磁 C_1 使电子枪交叉斑的像与 C_3 间的距离增大，即 C_3 的像距远小于其物距，从而较大程度地缩小了 C_1 的交叉斑，使电子束得到有效会聚。实现会聚束电子衍射的方式还有回摆束法、空心锥光束法等。由于入射束以足够大的会聚角照射到样品上，背焦面上的投射斑和衍射斑均扩展为圆盘，如图 5−35 所示。在这些圆盘内存在特殊的衬度花样，可为我们提供许多有用的信息。

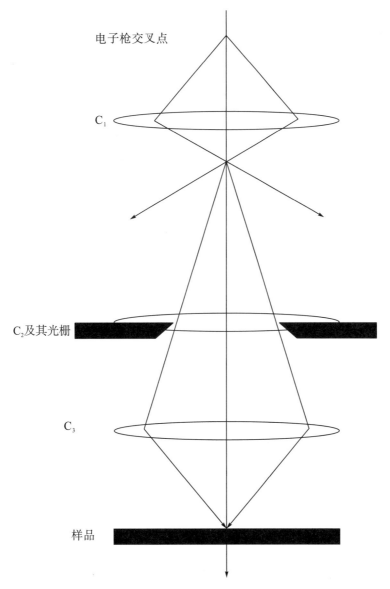

图 5−34　将物镜上的极靴变作第三聚光镜获得大会聚角照明束

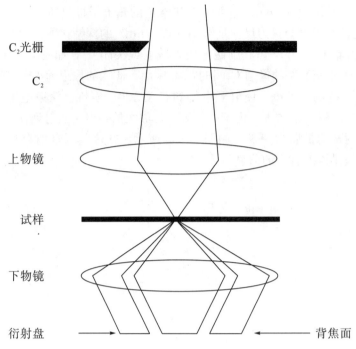

C₂光栅

C₂

上物镜

试样

下物镜

衍射盘

背焦面

图 5-35　会聚束电子衍射花样形成的光路图

1. K-M 条纹

当拍摄带轴图（zone-axis pattern，ZAP，某一晶带轴平行于中心入射束时的会聚束电子衍射谱）所用的会聚半角小于与透射 000 圆盘近邻的衍射圆盘对应的布拉格角（即衍射圆盘不互相重叠）时，000 圆盘内通常会出现呈同心圆的弥漫条纹，即 K-M（Kossel-Mollenstedt）条纹，如图 5-36 所示。这些条纹包含了有关样品厚度的信息，用它可以测量分析点处样品的厚度。这种方法尽管稍显烦琐，但却是测量所有晶体材料样品厚度最佳和最精确的方法之一。为了便于解释，测量样品厚度时总是通过倾斜样品在双束条件下进行，即只有一个强的 HKL 反射。此时，圆盘中不再为同心圆条纹，而为平行条纹。这些条纹的产生是由于 HKL 盘内$\boldsymbol{g}_{HKL}$方向各点的偏离参量 s 不同而使衍射束强度发生震荡的结果，在与$\boldsymbol{g}_{HKL}$垂直的方向上 s 保持不变。这些条纹在 HKL 盘中对称分布，在 000 盘中由于吸收的缘故不对称分布。通过测量 HKL 盘中的条纹间距即可计算样品厚度。

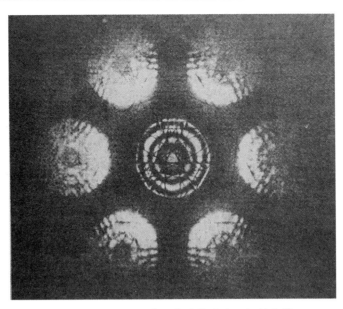

图 5-36　Si 晶体 ［111］ 会聚束电子衍射花样

2. 菊池线和高阶劳埃带线

会聚束电子衍射形成的菊池线远比选区衍射时的明锐和丰富，其主要原因是会聚束电子与样品的作用体积远比选区衍射所选中的部分要小。此外，平行束衍射时的菊池线是由非弹性散射电子形成的；在会聚束条件下，当会聚半角大于布拉格角时，会聚束中将有一些电子相对于某些晶面处于精确的布拉格位向，这样弹性散射将对菊池线的强度有贡献。许多会聚束电子衍射谱中均存在高阶劳埃带菊池线（HOLZ Kikuchi lines）。与零阶劳埃带菊池线（ZOLZ Kikuchi lines）相比，高阶劳埃带菊池线对点阵参数更为敏感，所以高阶劳埃带菊池线也更为有用。然而，会聚束电子衍射时，较少利用高阶劳埃带菊池线，而是利用高阶劳埃带线（HOLZ lines）。高阶劳埃带线就是高阶劳埃带菊池线上由弹性散射形成的部分，它们处于相应的衍射圆盘内。与菊池线一样，高阶劳埃带线也是成对出现的，亮线处在高阶劳埃带的 HKL 圆盘内（往往处在视场或以外），暗线则留在 000 圆盘内。图 5-37 是反映衍射盘、零阶劳埃带菊池线、高阶劳埃带菊池线和高阶劳埃带线关系的示意图。高阶劳埃带线包含了三维信息，反映出真实的面心立方晶体的 3 次 ｛111｝ 对称，而零阶劳埃带菊池线和衍射圆盘反映的是二维的 6 次 ｛111｝ 对称。

由于样品在低温下容易出现高阶劳埃带线，会聚束电子衍射通常需要采用双倾冷却样品台。此外，为了从会聚束电子衍射谱上获得更多的信息，样品应有足够的厚度（一个消光距离以上）。如果样品很薄，处于运动学条件下，衍射盘内的亮度将均匀一致而无衬度，这与高分辨透射电镜（HRTEM）、X 射线能谱（XEDS）、电子能量损失谱（EELS）等技术对样品厚度的要求不同，它们要求样品尽量薄。

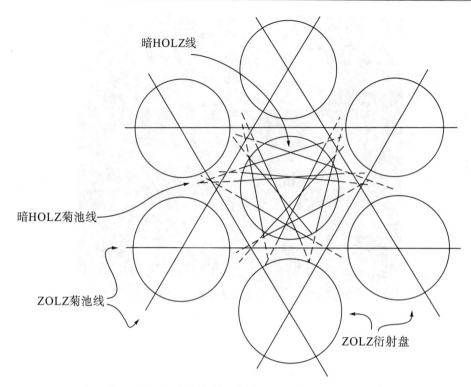

暗HOLZ线

暗HOLZ菊池线

ZOLZ菊池线

ZOLZ衍射盘

图 5-37　面心立方晶体［111］会聚束电子衍射花样示意图

5.5.2.3　高分辨电子显微术

提高显微镜的分辨率以便更深入地观察研究物质的微观结构一直是人们不断追求的目标。前文所述的衍射衬度成像是利用电子束振幅变化的单束（透射束或某一衍射束）成像，可用于揭示大于 1.5 nm 的结构细节。20 世纪 70 年代，人们终于通过电子显微镜直接观察到了原子，随之诞生了一门新兴学科——高分辨电子显微学。现代透射电子显微镜原则上可以实现在原子间距尺度上检验晶体材料的结构。

高分辨电子显微术利用的是相位衬度，即利用电子束相位的变化，由两束以上的电子束相干成像，在电子显微镜分辨率足够高的情况下，所用的电子束越多，图像的分辨率越高。相位衬度的解释是相当复杂的，其原因是它对许多因素敏感，样品的厚度、取向或散射因子的微小变化以及物镜在聚焦和像差上的变化都会引起图像的变化。然而，也正是由于这个原因，相位衬度可以利用薄样品的原子结构成像。高分辨率成像时，往往在不同的离焦量下都能获得清晰的图像，但图像的细节随离焦量而变化。为了使图像尽可能地反映物质的结构，并不是在正焦状态下拍摄，而是需要一定的欠焦量。当样品足够（满足弱相位体近似），在适当的成像条件下，像的衬度与样品的电势投影成比例。作为一级近似，多光束像的解释有很强的直观性。在不满足弱相位体近似的情况下，要对图像做正确的解释，则须借助计算机作细致的模拟。尽管如此，有些信息还是可以通过对图像的直观解释获得的。图 5-38 为一些包含容易解释信息的晶格像。其中，左上角是尖晶石颗粒与橄榄石基体界面的晶格像，右上角是 InAsSb/InAs 异质结上排列的位错，左下角是 Ge 中晶界的原子尺度小刻面，右下角是侧向观察显示的表面上的小刻面。

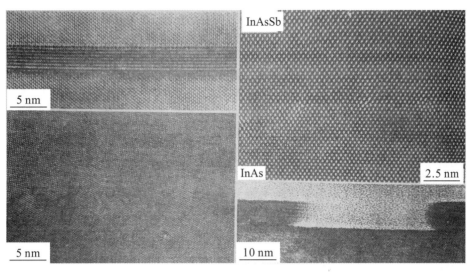

图 5-38　一些包含容易解释信息的晶格像

习　题

1. 简述电磁透镜的结构及光学性质。
2. 透射电子显微镜中物镜和中间镜各处在什么位置？起什么作用？
3. 试比较光学显微镜和透射电子显微镜成像的异同点。
4. 简述选区衍射的原理和操作步骤。
5. 高阶劳埃区的斑点分布特征是什么？
6. 什么是明场像？什么是暗场像？
7. 什么是衍射衬度？它与质厚衬度有什么区别？
8. 试用运动学理论解释层错衬度、位错衬度形成的原因。

第6章 扫描电子显微镜分析

在成像原理方面,扫描电子显微镜和透射电子显微镜有较大的区别。扫描电子显微镜不用电磁透镜放大成像,而是以类似传统 CRT 电视摄影显像的方式,利用细聚焦电子束在样品表面扫描时激发出来的各种物理信号来调制成像。新型扫描电子显微镜二次电子像的分辨率已达 1 nm 以下,放大倍数可从数倍原位放大到 20 万倍左右。由于扫描电子显微镜的放大倍数显著超越了光学显微镜,因此可以用它进行显微断口分析。用扫描电子显微镜观察断口时,样品不必制造复型,可直接进行观察(如果样品表面的导电能力低,可以利用蒸镀金属层等方法进行改善),这就给制样和分析带来了极大的方便。因此,目前各类航空材料的显微断口分析工作大都采用扫描电子显微镜来完成。

随着技术的进步,电子枪的效率不断提高,这使得扫描电子显微镜样品室附近的空间增大,可以装入更多的探测器。因此,扫描电子显微镜不仅能完成样品形貌的成像和采集,还可以和其他分析仪器搭配组合,使人们能够在同一台仪器上完成样品形貌、微区成分和晶体结构等多种微观组织结构信息的同位分析。

6.1 电子束与固体样品作用时产生的信号

样品在电子束的轰击下会产生如图 6-1 所示的各种信号。

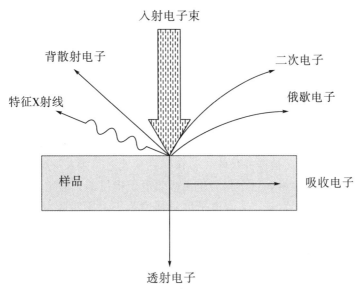

图 6-1　电子束轰击样品产生的信号

6.1.1　背散射电子

背散射电子是被固体样品中的原子反弹回来的一部分入射电子，其中包括弹性背散射电子和非弹性背散射电子。弹性背散射电子是指被样品中的原子核反弹回来的，散射角大于 90°的入射电子，其能量基本上没有损失。由于入射电子的能量很高，所以弹性背散射电子的能量可以达到数千到数万电子伏（eV）。非弹性背散射电子是入射电子和样品核外电子撞击后产生的，伴随撞击后电子方向的改变，电子能量也存在不同程度的损失。如果有些电子经多次散射仍能反弹出样品表面，就形成了非弹性背散射电子。非弹性背散射电子的能量分布范围很广，从数十电子伏直到数千电子伏。从数量上看，弹性背散射电子远比非弹性背散射电子所占的份额多。背散射电子来自样品表层几百纳米的深度范围。由于它的产额会随着样品原子序数的增大而增多，所以背散射电子不仅能用作形貌分析，而且可用来显示原子序数衬度，在样品成分分析中定性地指示出样品所含的元素种类。

6.1.2　二次电子

在入射电子束作用下，被轰击出来并离开样品表面的样品原子的核外电子称为二次电子。这是一种真空中的自由电子。由于原子核和外层价电子间的结合能很小，因此外层的电子比较容易和原子脱离，使原子电离。一个能量很高的入射电子射入样品时，可以产生许多自由电子，这些自由电子中 90% 来自样品原子外层的价电子。

二次电子的能量较低，一般都不超过 8×10^{-19} J（50 eV）。大多数二次电子只带有几个电子伏的能量。在用二次电子收集器收集二次电子时，往往会把极少量低能量的非弹性背散射电子一起收集进去。事实上这两者是无法进行严格区分的。

153

二次电子一般都是从样品表层 5~10 nm 深度范围内发射出来的，它对样品的表面形貌十分敏感，因此，基于二次电子能非常有效地显示样品的表面形貌。二次电子的产额和原子序数之间没有明显的依赖关系，所以不能用它来进行样品的成分分析。

6.1.3 吸收电子

入射电子进入样品后，经多次非弹性散射能量损失殆尽（假定样品有足够的厚度，没有透射电子产生），最后被样品吸收。若在样品和地之间接入一个高灵敏度的电流表，就可以测得样品对地的信号，这个信号是由吸收电子提供的。假定入射电子信号强度为 i_0，背散射电子信号强度为 i_b，二次电子信号强度为 i_s，则吸收电子信号强度为 $i_a = i_0 - (i_b + i_s)$。由此可见，入射电子束和样品作用后，逸出样品表面的背散射电子和二次电子数量越少，吸收电子信号强度越大。若把吸收电子信号调制成图像，则它的衬度恰好和二次电子或背散射电子信号调制的图像衬度相反。

当电子束入射一个多元素的样品表面时，由于不同原子序数部位的二次电子产额基本上是相同的，所以产生背散射电子较多的部位（原子序数大），其吸收电子的数量较少，反之亦然。因此，吸收电子能产生原子序数衬度，同样也可以用来进行定性的微区成分分析。

6.1.4 透射电子

如果被分析的样品很薄，就会有一部分入射电子穿过薄样品而成为透射电子。这里所说的透射电子，是采用扫描透射操作方式对薄样品成像和微区成分分析时形成的透射电子。这种透射电子是在直径很小（<10 nm）的高能电子束照射薄样品时产生的，因此，透射电子信号受微区的厚度、成分和晶体结构共同影响。透射电子中除有能量和入射电子相当的弹性散射电子外，还有各种不同能量损失的非弹性散射电子，其中有些遭受特征能量损失的非弹性散射电子（即特征能量损失电子）和分析区域的成分有关，因此，可以利用特征能量损失电子配合电子能量分析器来进行微区成分分析。

综上所述，如果将样品接地并保持电中性，那么入射电子激发固体样品产生的四种电子信号强度与入射电子信号强度之间必然满足以下关系：

$$i_b + i_s + i_a + i_t = i_0 \tag{6-1}$$

式中，i_b 为背散射电子信号强度；i_s 为二次电子信号强度；i_a 为吸收电子（或样品电流）信号强度；i_t 为透射电子信号强度。

式（6-1）可改写为

$$\eta + \delta + \alpha + \tau = 1 \tag{6-2}$$

式中，$\eta = i_b/i_0$，称为背散射系数；$\delta = i_s/i_0$，称为二次电子产额（或发射系数）；$\alpha = i_a/i_0$，称为吸收系数；$\tau = i_t/i_0$，称为透射系数。

对于给定的材料，当入射电子能量和强度一定时，上述四项系数与样品质量厚度之间的关系如图 6-2 所示。由图 6-2 可以看出，随着样品质量厚度 ρt 的增大，透射系数

τ 减小，而吸收系数 α 增大。当样品厚度超过有效穿透深度后，透射系数等于零。也就是说，对于大块样品，样品同一部位的吸收系数、背散射系数和二次电子发射系数三者之间存在互补关系。背散射电子信号强度、二次电子信号强度和吸收电子信号强度分别与 η、δ 和 α 成正比，但由于二次电子信号强度与样品原子序数没有确定的关系，因此可以认为，如果样品微区背散射电子信号强度大，则吸收电子信号强度小，反之亦然。

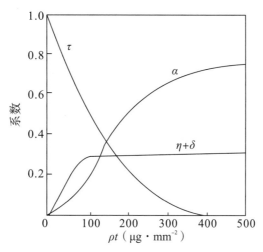

图 6-2　四项系数与样品质量厚度之间的关系（入射电子能量 $E_0 = 10000$ eV）

6.1.5　特征 X 射线

当样品原子的内层电子被入射电子激发或电离时，原子就处于能量较高的激发状态，此时外层电子将向内层跃迁以填补内层电子的空缺，从而使具有特征能量的 X 射线释放出来（见 1.2　X 射线的产生及 X 射线谱）。根据莫塞莱定律，如果我们用 X 射线探测器测到了样品微区中存在某一种特征波长，就可以判定这个微区中存在着相应的元素。

6.1.6　俄歇电子

在入射电子激发样品特征 X 射线的过程中，如果在原子内层电子能级跃迁时释放出来的能量并不以 X 射线的形式发射出去，而是用这部分能量把空位层内的另一个电子发射出去（或使空位层的外层电子发射出去），这个被电离出来的电子就称为俄歇电子（见 1.3　X 射线与物质的相互作用）。俄歇现象于 1925 年由 P. Auger 发现，因此以其姓氏命名。因为每一种原子都有自己的特征壳层能量，所以其俄歇电子能量也各有特征值。俄歇电子的能量很低，一般在 $8 \times 10^{-19} \sim 240 \times 10^{-19}$ J（50～1500 eV）范围内。

俄歇电子的平均自由程很小（1 nm 左右），因此在样品较深区域中产生的俄歇电子在向表层运动时必然会因碰撞而损失能量，失去其具有特征能量的特点，而只有在距离表面层 1 nm 左右范围内（即几个原子层厚度）逸出的俄歇电子才具备特征能量，因此俄歇电子特别适用于航空材料的表面层成分分析。

除上面列出的六种信号外，固体样品中还会产生如阴极荧光、电子束感生效应等信号，将这些信号进行调制后，也可以用于专门的分析。

6.2　扫描电子显微镜的构造和工作原理

如前所述，扫描电子显微镜是在加速高压作用下将电子枪发射的电子经过多级电磁透镜会聚成细小的电子束（其直径一般为 $1\sim5$ nm，相应束流为 $10^{-12}\sim10^{-11}$ A）。在末级透镜上方扫描线圈的作用下，电子束在样品表面做光栅扫描（行扫+帧扫）。入射电子与样品相互作用后会产生二次电子、背散射电子、特征 X 射线等各种信号。这些信号的二维强度分布随着样品表面形貌、成分、晶体取向、电磁特性等特征而变化。将各种探测器收集到的信息按顺序、成比例地转换成视频信号，再传输到同步扫描的显像管并调制其亮度，就可以得到一个反映样品表面状况的扫描图像。如果将探测器接收到的信号进行数字化处理（即转变为数字信号），就可以由计算机完成进一步的处理和存储。

扫描电子显微镜一般由电子光学系统、信号收集处理和图像显示记录系统、真空系统三个基本部分组成。图 6-3 为扫描电子显微镜构造原理图。

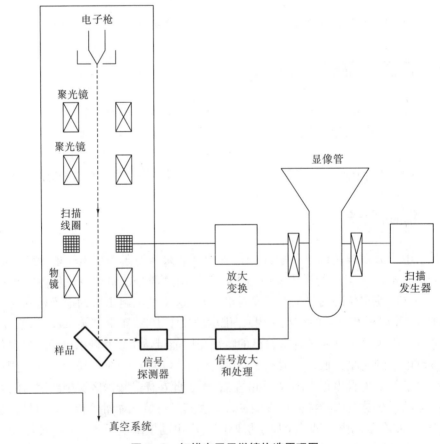

图 6-3　扫描电子显微镜构造原理图

156

6.2.1　电子光学系统

电子光学系统（镜筒）包括电子枪、电磁透镜、扫描线圈和样品室。

6.2.1.1　电子枪

扫描电子显微镜中的电子枪与透射电子显微镜中的电子枪相似，只是其加速电压比透射电子显微镜低。

6.2.1.2　电磁透镜

扫描电子显微镜中各电磁透镜都不起成像透镜的作用，而是作聚光镜用，它们的功能只是把电子枪的束斑（虚源）逐级聚焦缩小，使原来直径约 50 μm 的束斑缩小为直径只有数纳米的细小斑点。要达到这样的缩小倍数，必须用几个透镜来配合完成。扫描电子显微镜一般都有三个聚光镜，前两个聚光镜是强磁透镜，可以把电子束光斑缩小，第三个透镜是弱磁透镜，具有较长的焦距。布置这个末级透镜（习惯上称之为物镜）的目的在于使样品室和透镜之间留有一定的空间，以便装入各种信号探测器。扫描电子显微镜中照射到样品上的电子束直径越小，就相当于成像单元的尺寸越小，相应的分辨率就越高。采用普通热阴极电子枪时，扫描电子束直径可达到 6 nm 左右。若采用六硼化镧阴极和场发射电子枪，电子束直径还可以进一步缩小。

6.2.1.3　扫描线圈

扫描线圈的作用是使电子束偏转，并在样品表面作有规则的扫动。电子束在样品上的扫描动作和显像管上的扫描动作保持严格同步，因为它们是由同一扫描发生器控制的。图 6-4 为电子束在样品表面进行扫描的两种方式。进行形貌分析时都采用光栅扫描方式，如图 6-4（a）所示。当电子束进入上偏转线圈时，方向发生转折，随后又由下偏转线圈使它的方向发生第二次转折。发生二次偏转的电子束通过末级透镜的光心照射到样品表面。在电子束偏转的同时还带有一个逐行扫描动作，电子束在上、下偏转线圈的作用下，在样品表面扫描出方形区域，相应地在显像管荧光屏上也画出一帧比例图像。样品上各点受到电子束轰击时发出的信号可由信号探测器接收，并通过显示系统在显像管荧光屏上按强度描绘出来。电子束经上偏转线圈转折后未经下偏转线圈改变方向，而直接由末级透镜折射到入射点位置，这种扫描方式称为角光栅扫描或摇摆扫描，如图 6-4（b）所示。入射电子束被上偏转线圈转折的角度越大，电子束在入射点上摆动的角度就越大。在进行电子通道花样分析时，将采用这种操作方式。

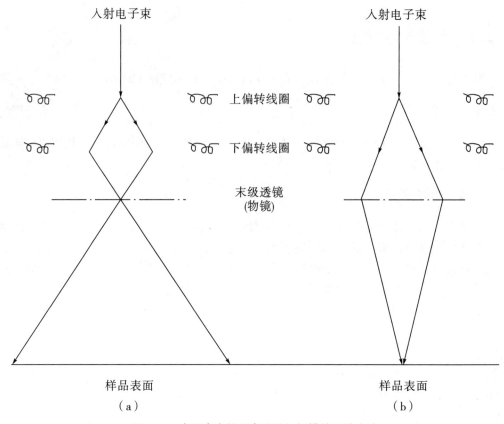

图 6-4　电子束在样品表面进行扫描的两种方式

6.2.1.4　样品室

样品室内除放置样品外，还安置信号探测器。各种不同信号的收集与相应检测器的安放位置有很大的关系，如果安置不当，则有可能完全接收不到信号或只能接收到很弱的信号，从而影响分析精度。

样品台本身是一个复杂而精密的组件，它应能夹持一定尺寸的样品，并能使样品作平移、倾斜和转动等运动，以利于对样品上每一特定位置进行各种分析。新式扫描电子显微镜的样品室实际上是一个微型试验室，它带有多种附件，甚至可使样品在样品台上加热、冷却和进行力学性能试验（如拉伸和疲劳），因而能实现材料结构失效（断裂）过程的动态原位观察。

6.2.2　信号收集处理和图像显示记录系统

二次电子、背散射电子和透射电子的信号都可采用闪烁计数器来进行检测。信号电子进入闪烁体后即引起电离，当离子和自由电子复合后就产生可见光。可见光信号通过光导管送入光电倍增器，光信号放大后又转化成电流信号输出，电流信号经视频放大器放大后就成为调制信号。如前所述，由于镜筒中的电子束和显像管中的电子束是同步扫描的，而荧光屏上每一点的亮度是根据样品上被激发出来的信号强度来调制的，因此样品上各点的状态各不相同，所以接收到的信号也不相同，于是就可以在显像管上看到一幅反映样品表面各点状态的扫描电子显微图像。

6.2.3　真空系统

为了保证扫描电子显微镜电子光学系统的正常工作，镜筒内的真空度需要达到一定的要求。一般情况下，如果真空系统能提供 $1.33 \times 10^{-3} \sim 1.33 \times 10^{-2}$ Pa（$10^{-5} \sim 10^{-4}$ mmHg）的真空度，就能比较有效地防止样品受到污染。如果真空度不足，除样品会被污染外，还会出现灯丝寿命下降、极间放电等问题。图 6-5 为典型扫描电子显微镜样品室外观图。

图 6-5　典型扫描电子显微镜样品室外观图

6.3　扫描电子显微镜的主要性能

6.3.1　分辨率

扫描电子显微镜分辨率的高低和检测信号的种类有关。表 6-1 列出了扫描电子显微镜主要信号产生的区域（空间分辨率）。

表 6-1 各种信号的空间分辨率

单位：nm

信号	俄歇电子	二次电子	背散射电子	吸收电子	特征 X 射线
分辨率	0.5~2	5~10	50~200	100~1000	100~1000

由表 6-1 中的数据可以看出，二次电子信号的空间分辨率较高，相应的二次电子像的分辨率也较高；而特征 X 射线信号的空间分辨率较低，此信号调制成显微图像的分辨率相应也较低。不同信号造成分辨率之间差别的原因如图 6-6 所示。电子束进入轻元素样品表面后会造成一个滴状作用体积，入射电子束被样品吸收或散射出样品表面之前将在这个体积中活动。

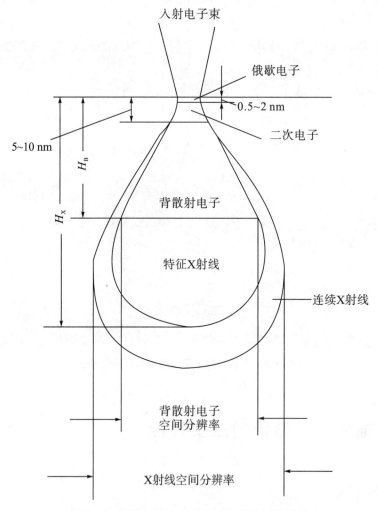

图 6-6 不同信号造成分辨率之间差别的原因

由图 6-6 可知，俄歇电子和二次电子因其本身能量较低以及平均自由程很短，只能从样品的浅层表面逸出。在一般情况下能激发出俄歇电子的样品表层厚度约 0.5~2 nm，能激发出二次电子的样品表面厚度为 5~10 nm。入射电子束进入浅层表面时尚未向横向扩展开来，因此，俄歇电子和二次电子只能在一个和入射电子束斑直径相当的圆柱体内被激发出来。因为束斑直径就是一个成像检测单元（像点）的大小，所以这两种电子的分辨率就相当于束斑直径。

入射电子束进入样品较深部位时向横向扩展的范围变大，从这个范围内激发出来的背散射电子能量很高，它们可以从样品的较深部位弹射出表面，横向扩展后的作用体积大小就是背散射电子的成像单元，从而使它的分辨率大为降低。

入射电子束还可以在样品更深的部位激发出特征 X 射线。从图 6-6 中 X 射线的作用体积来看，若用 X 射线调制成像，它的分辨率比背散射电子更低。

因为图像分析时二次电子（或俄歇电子）信号的分辨率最高，所以扫描电子显微镜的分辨率用二次电子像的分辨率表示。

应该指出的是，电子束射入重元素样品中时，作用体积不是滴状，而是半球状。电子束进入样品表面后立即向横向扩展，因此在分析重元素时，即使电子束的束斑很细小，也不能达到较高的分辨率，此时二次电子像的分辨率和背散射电子像的分辨率之间的差距明显变小。由此可见，在其他条件相同的情况下（如信噪比、磁场、机械振动等），电子束的束斑大小、检测信号的类型以及检测部位的原子序数是影响扫描电子显微镜分辨率的三大因素。

扫描电子显微镜二次电子像的分辨率将随束斑尺寸（在一定范围内）减小而提高，但随束斑尺寸减小，束流强度下降，当束流强度下降到一定程度时，将难以激发足够的二次电子信号，而使图像噪声增大，分辨率随之下降。最理想的电子束不仅束斑尺寸要小，而且束流强度要大，而场发射枪恰好具备这个特点。场发射枪的电子束斑尺寸为热发射电子枪的 0.02%~0.2% 而束流强度比热发射电子枪大 1000 倍，因此场发射枪是高性能（高分辨）扫描电子显微镜的理想电子源，采用相应电子源的扫描电子显微镜则成为场发射扫描电子显微镜。

扫描电子显微镜的分辨率是通过测定图像中两个微粒（或区域）间的最小距离来确定的。在已知放大倍数（一般为 10 万倍）的条件下，把在图像上测到的最小间距除以放大倍数得到的数值就是分辨率。图 6-7 为用蒸镀金膜样品测定分辨率的照片。

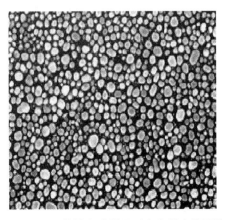

图 6-7　用蒸镀金膜样品测定分辨率的照片

目前生产的扫描电子显微镜二次电子像的分辨率已普遍优于 5 nm，如日立公司 S-570 型扫描电子显微镜的分辨率为 3.5 nm，而 TOPCON 公司 OSM-720 型扫描电子显微镜的分辨率达到了 0.9 nm。

6.3.2　放大倍数

当入射电子束作光栅扫描时，若电子束在样品表面扫描的幅度为 A_s，相应地在荧光屏上阴极射线同步扫描的幅度是 A_c，A_c 和 A_s 的比值就是扫描电子显微镜的放大倍数，即

$$M = \frac{A_c}{A_s}$$

由于扫描电子显微镜的荧光屏尺寸是固定不变的，电子束在样品上扫描一个任意面积的矩形时，在阴极射线管上看到的扫描图像大小都会和荧光屏的尺寸相同。因此，只要减小镜筒中电子束的扫描幅度，就可以得到高的放大倍数；反之，若增加扫描幅度，则放大倍数就减小。例如，荧光屏的宽度 $A_c = 100$ mm 时，电子束在样品表面扫描的幅度 $A_s = 5$ mm，放大倍数 $M = 20$。如果 $A_s = 0.05$ mm，放大倍数就可提高到 2000。20 世纪 90 年代后期生产的高级扫描电子显微镜的放大倍数已经达到从数倍到 30 万倍。进入 21 世纪后，扫描电子显微镜的放大倍数已经可以达到 80 万倍。

6.4　表面形貌衬度原理及其应用

6.4.1　二次电子成像原理

二次电子信号主要用于分析样品的表面形貌。二次电子只能从样品表面层 5~10 nm深度范围内被入射电子束激发出来，深度大于 10 nm 时，虽然入射电子也能使核外电子脱离原子而变成自由电子，但因其能量较低以及平均自由程很短，不能逸出样品表面，最终只能被样品吸收。

被入射电子束激发出的二次电子数量和原子序数没有明显的关系，但是二次电子对微区表面的几何形状十分敏感。图 6-8 说明了样品表面和电子束相对取向与二次电子产额之间的关系。当入射电子束和样品表面法线平行时，二次电子的产额少，如图 6-8（a）所示。若样品倾斜了 45°，则电子束穿入样品激发出二次电子的有效深度增加到 $\sqrt{2}$ 倍，入射电子激发表面产生的二次电子数量增多（图中黑色区域），如图 6-8（b）所示。同理，当样品倾斜了 60°，则有效深度增加了 2 倍，可以导致产生的二次电子数量进一步增加，如图 6-8（c）所示。

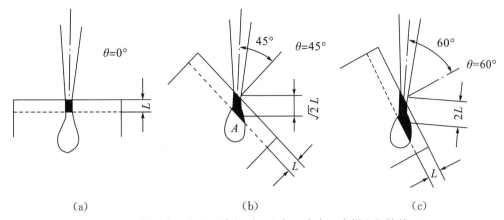

(a)　　　　　　　　　　(b)　　　　　　　　　　(c)

图 6－8　样品表面和电子束相对取向与二次电子产额之间的关系

图 6－9 为根据上述原理画出的造成二次电子形貌衬度的示意图。图中样品上 B 面倾斜度最小，二次电子产额最少，亮度最低；反之，C 面倾斜度最大，亮度最高。

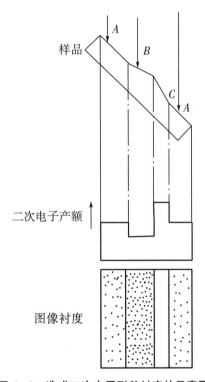

图 6－9　造成二次电子形貌衬度的示意图

　　实际样品的表面形貌要比上面讨论的情况复杂得多，但是形成二次电子像衬度的原理是相同的。图 6－10 为实际样品中二次电子被激发的一些典型例子。由图 6－10 可以看出，凸出的尖棱、小粒子以及比较陡的斜面处二次电子产额较多，在荧光屏上这些部位的亮度较高；平面上二次电子的产额较少，亮度较低；在深的凹槽底部虽然也能产生较多的二次电子，但这些二次电子不易被检测器收集到，因此槽底的衬度也会显得较暗。

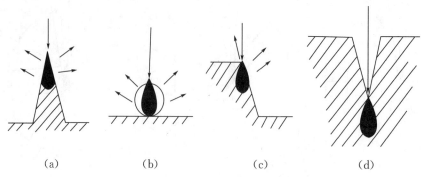

| (a) | (b) | (c) | (d) |

图 6-10　实际样品中二次电子被激发的案例

6.4.2　二次电子形貌衬度的应用

二次电子形貌衬度的最大用途是观察断口形貌，也可用作抛光腐蚀后的金相表面及烧结样品的自然表面分析，并可用于断裂过程的动态原位观察。

6.4.2.1　断口分析

1. 沿晶断口

图 6-11 为普通沿晶断裂的断口照片。因为靠近二次电子检测器的断裂面亮度高，背面则暗，故断口呈冰糖块状或石块状。含 Cr、Mo 的合金钢产生回火脆性时发生沿晶断裂，一般认为是 S、P 等有害杂质元素在晶界上偏聚使晶界强度降低，从而导致沿晶断裂。沿晶断裂属于脆性断裂，断口上无塑性变形的迹象。

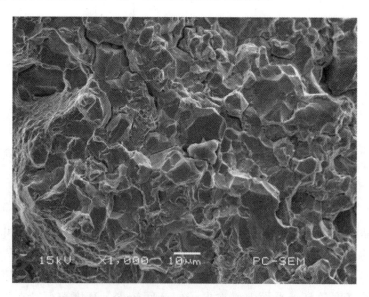

图 6-11　某合金钢发生普通沿晶断裂的断口照片

2. 韧窝断口

图 6-12 为典型的韧窝断口的二次电子像。韧窝的边缘类似尖棱，故亮度较高；韧窝底部比较平坦，故亮度较低。有些韧窝的中心部位有第二相小颗粒，由于小颗粒的尺寸很小，入射电子束能在其表面激发出较多的二次电子，所以这种颗粒往往是比较亮的。韧窝断口是一种韧性断裂断口，无论是从样品的宏观变形行为上，还是从断口的微观区域上都能看出明显的塑性变形。一般韧窝底部有第二相粒子存在，这是由于样品在拉伸或剪切变形时，第二相粒子与基体界面首先开裂形成裂纹（韧窝）源。随着应力的增加，变形量增大，韧窝逐渐撕开，韧窝周边形成塑性变形程度较大的突起撕裂棱，因此，在二次电子像中，这些撕裂棱显示亮衬度。韧窝断裂属穿晶韧性断裂。

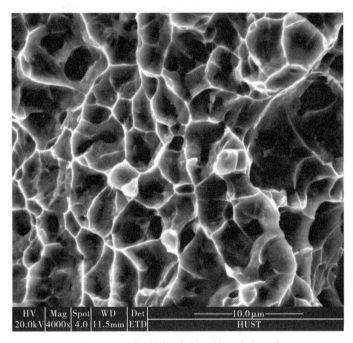

图 6-12　典型的韧窝断口的二次电子像

3. 解理断口

图 6-13 为低碳钢冷脆解理断口的二次电子像。解理断裂是脆性断裂，是沿着某特定的晶体学晶面产生的穿晶断裂。对于体心立方的 α-Fe 来说，其解理面为（001）。由图 6-13 可以清楚地看到，由于相邻晶粒的位向不一样（二晶粒的解理面不在同一个平面上且不平行），因此解理裂纹从一个晶粒扩展到相邻晶粒内部时，在晶界处（过界时）开始形成河流花样（解理台阶）。

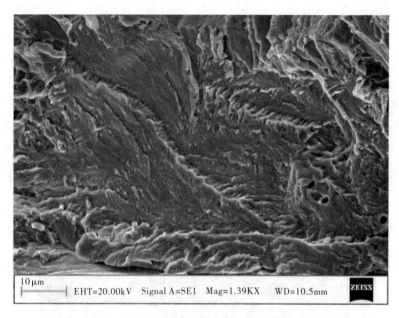

图 6—13　低碳钢冷脆解理断口的二次电子像

4. 纤维增强复合材料断口

图 6—14 为碳纤维增强陶瓷复合材料断口的二次电子像。由于纤维的强度高于基体，因此承载时基体先开裂，但纤维没有断裂，仍能承受载荷。随着载荷的进一步增大，基体和纤维界面脱粘，直至载荷达到纤维断裂强度时，纤维断裂。由于纤维断裂的位置不都在基体主裂纹平面上，一些纤维与基体脱粘后断裂位置在基体中，所以断口上有大量露头的拔出纤维，同时还可以看到纤维拔出后留下的孔洞。

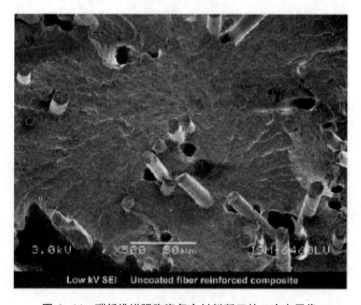

图 6—14　碳纤维增强陶瓷复合材料断口的二次电子像

6. 4. 2. 2　样品表面形貌观察

1. 烧结体烧结自然表面观察

图 6-15 为 ZrO_2-Y_2O_3 陶瓷烧结自然表面的二次电子像。图中可见正方相与立方相双相混合组织，细小的晶粒为正方相，其中的大晶粒为立方相。

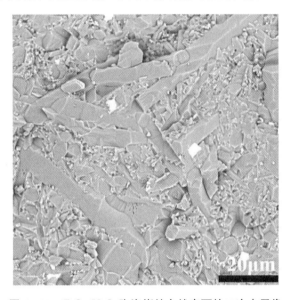

图 6-15　ZrO_2-Y_2O_3 陶瓷烧结自然表面的二次电子像

2. 金相表面观察

图 6-16 为珠光体钢经抛光腐蚀后金相样品的二次电子像。可以看出其分辨率及立体感均远好于光学金相照片。光学金相上显示不清的细节在这里可以清晰地显示出来，如珠光体中的 Fe_3C 与铁素体的层片形态及回火组织中析出的细小碳化物等。

图 6-16　珠光体钢经抛光腐蚀后金相样品的二次电子像

6.4.2.3 材料变形与断裂动态过程的原位观察

1. 双相钢

图 6-17 为双相钢拉伸断裂过程的动态原位观察结果。可以看出，铁素体（F）首先产生塑性变形，并且裂纹先萌生于铁素体中，扩展过程中遇到马氏体（M）受阻；加大载荷，马氏体前方的铁素体中产生裂纹，而马氏体仍没有断裂；继续加大载荷，马氏体才断裂，将裂纹连接起来向前扩展。

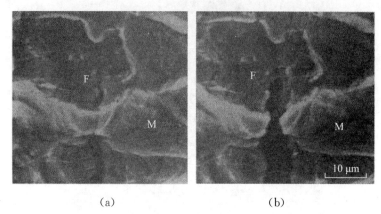

（a） （b）

图 6-17 双相钢拉伸断裂过程的动态原位观察结果

2. 复合材料

图 6-18 为 $Al_3Ti/(Al-Ti)$ 复合材料断裂过程的原位观察结果。可以清楚地看到，裂纹遇到 Al_3Ti 颗粒时受阻而转向，沿着颗粒与基体的界面扩展，有时颗粒也产生断裂，使裂纹穿过粒子扩展。

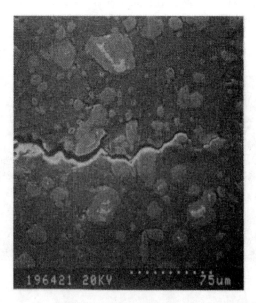

图 6-18 $Al_3Ti/(Al-Ti)$ 复合材料断裂过程的原位观察结果

6.5　原子序数衬度原理及其应用

6.5.1　背散射电子衬度原理及其应用

背散射电子的信号既可用于形貌分析，也可用于成分分析。在进行晶体结构分析时，背散射电子信号的强弱是造成通道花样衬度的原因。下面主要讨论背散射电子信号引起形貌衬度和原子序数衬度的原理。

6.5.1.1　背散射电子形貌衬度原理

用背散射电子信号进行形貌分析时，其分辨率远低于二次电子，因为背散射电子是在一个较大的作用体积内被入射电子激发出来的，成像单元变大是分辨率降低的原因。此外，背散射电子的能量很高，它们以直线轨迹逸出样品表面。对于背向检测器的样品表面，因检测器无法收集到背散射电子而变成一片阴影，因此在图像上显示出很强的衬度。衬度太大会失去细节的层次，不利于分析。用二次电子信号进行形貌分析时，可以在检测器收集栅上加以一定大小的正电压（一般为 250～500 V）来吸引能量较低的二次电子，使它们以弧形路线进入闪烁体，这样在样品表面某些背向检测器或凹坑等部位上逸出的二次电子也能对成像有所贡献，图像层次（景深）增加，细节清楚。图 6-19 为背散射电子和二次电子的运动路线以及它们进入检测器时的情景。图 6-20 为带有凹坑样品的扫描电子显微镜照片，凹坑底部仍清晰可见。

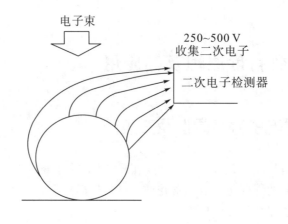

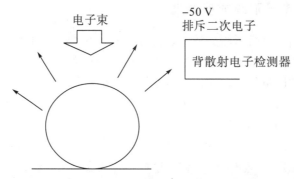

图 6-19　背散射电子和二次电子的运动路线

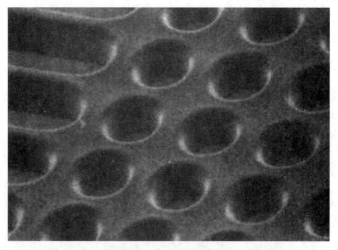

图 6-20　带有凹坑样品的扫描电子显微镜照片

虽然背散射电子也能进行形貌分析，但是它的分析效果远不及二次电子。因此，在进行无特殊要求的形貌分析时，都不用背散射电子信号成像。

6.5.1.2　背散射电子原子序数衬度原理

图 6-21 为原子序数对背散射电子产额的影响。在原子序数 Z 小于 40 的范围内，

背散射电子的产额对原子序数十分敏感。在进行分析时，样品上原子序数较高的区域中由于收集到的背散射电子数量较多，故荧光屏上的图像较亮。因此，利用原子序数造成的衬度变化可以对各种金属和合金进行定性的成分分析。样品中重元素区域在图像上为亮区，而轻元素区域则为暗区。当然，在进行精度稍高的分析时，必须事先对亮区进行标定，才能获得满意的结果。

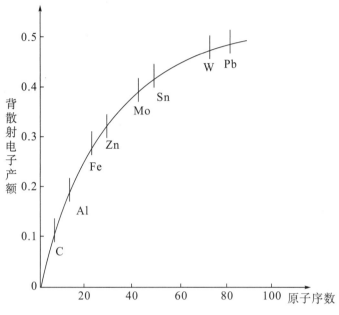

图 6-21　原子序数对背散射电子产额的影响

用背散射电子进行成分分析时，为了避免形貌衬度对原子序数衬度的干扰，被分析的样品只进行抛光，而不必腐蚀。对有些既要进行形貌分析又要进行成分分析的样品，可以采用一对检测器收集样品同一部位的背散射电子，然后把两个检测器收集到的信号输入计算机进行处理，通过处理可以分别得到放大的形貌信号和成分信号。图 6-22 说明了这种背散射电子检测器的工作原理。图中 A 和 B 表示一对半导体硅检测器。对一成分不均匀但表面抛光平整的样品进行成分分析时，A、B 检测器收集到的信号大小是相同的。若把 A 和 B 的信号相加，得到的是信号放大一倍的成分像；若把 A 和 B 的信号相减，则成一条水平线，表示抛光表面的形貌像，如图 6-22（a）所示。图 6-22（b）是对一成分均匀但表面有起伏的样品进行形貌分析时的情况。例如，分析图中的 P 点位于检测器 A 的正面，使 A 收集到的信号较强，但 P 点背向检测器 B，使 B 收集到的信号较弱。若把 A 和 B 的信号相加，则二者正好抵消，这就是成分像；若把 A 和 B 的信号相减，信号放大，就成了形貌像。如果待分析的样品成分既不均匀，表面又不光滑，仍然是 A、B 的信号相加是成分像，相减是形貌像，如图 6-22（c）所示。

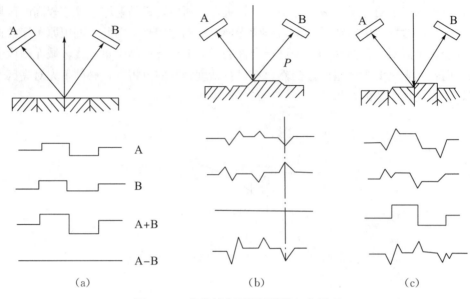

图 6-22　背散射电子检测器的工作原理

利用原子序数衬度来分析晶界上或晶粒内部不同种类的析出相是十分有效的。因为析出相成分不同，激发出的背散射电子数量也不同，致使扫描电子显微图像出现亮度上的差别。从亮度上的差别，就可根据样品的原始资料定性地判定析出物相的类型。

6.5.2　吸收电子衬度原理及其应用

吸收电子的产额与背散射电子相反：样品的原子序数越小，背散射电子越少，吸收电子越多；样品的原子序数越大，背散射电子越多，吸收电子越少。因此，吸收电子像的衬度是与背散射电子和二次电子像的衬度互补的。因为 $i_0 = i_s + i_b + i_a + i_t$，如果样品较厚，透射电子信号强度 $i_t = 0$，$i_s + i_b + i_a = i_0$。因此，背散射电子图像上的亮区在相应的吸收电子图像上必定是暗区。

图 6-23 为铁素体基体球墨铸铁拉伸断口的背散射电子和吸收电子像，二者正好可以互补。

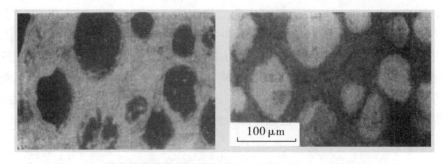

100 μm

图 6-23　铁素体基体球墨铸铁拉伸断口的背散射电子和吸收电子像

习　题

1. 电子束入射固体样品表面会激发哪些信号? 它们有哪些特点和用途?

2. 扫描电子显微镜的分辨率受哪些因素影响? 用不同的信号成像时,其分辨率有何不同? 扫描电子显微镜的分辨率是指用何种信号成像时的分辨率?

3. 扫描电子显微镜的成像原理与透射电子显微镜有何不同?

4. 二次电子像和背散射电子像在显示表面形貌衬度时有何相同和不同之处?

5. 说明背散射电子像和吸收电子像的原子序数衬度形成原理,并举例说明其在分析样品中元素分布的应用。

6. 当电子束入射重元素和轻元素时,其作用体积有何不同? 各自产生的信号的分辨率有何特点?

7. 二次电子像景深很大,样品凹坑底部都能清楚地显示出来,从而使图像的立体感很强,其原因何在?

第7章 电子探针显微分析

电子探针仪的主要功能是进行微区成分分析。它是在电子光学和 X 射线光谱学原理的基础上发展起来的一种高效率分析仪器。其原理是用细聚焦电子束入射样品表面，激发出样品元素的特征 X 射线，分析特征 X 射线的波长或特征能量即可知道样品中所含元素的种类（定性分析）。在此基础上，通过分析 X 射线的强度，就可知道样品中对应元素的含量（定量分析）。电子探针仪镜筒部分的构造大体上和扫描电子显微镜相同，只是在检测器部分使用的是 X 射线谱仪，专门用来检测 X 射线的特征波长或特征能量，以此来对微区的化学成分进行分析。因此，除专门的电子探针仪外，有相当一部分电子探针仪作为附件安装在扫描电子显微镜或透射电子显微镜上，以满足微区组织形貌、晶体结构、化学成分三位一体同位分析的需要。

7.1 电子探针仪的结构和工作原理

图 7-1 为电子探针仪的结构示意图。由图可知，电子探针仪的镜筒及样品室和扫描电子显微镜并无本质上的差别，因此要使一台仪器兼有形貌分析和成分分析两个方面的功能，往往把扫描电子显微镜和电子探针仪组合在一起。

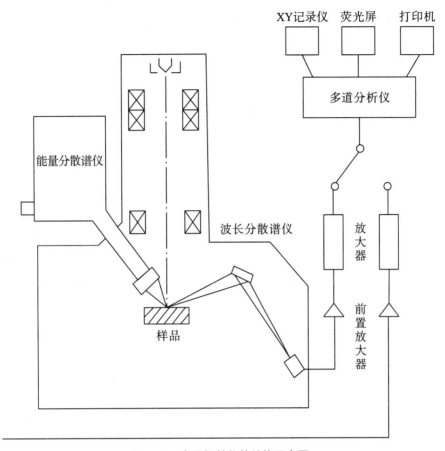

图 7-1 电子探针仪的结构示意图

电子探针仪的信号检测系统是 X 射线谱仪。用来测定 X 射线特征波长的谱仪称为波长分散谱仪（WDS）或波谱仪。用来测定 X 射线特征能量的谱仪称为能量分散谱仪（EDS）或能谱仪。

7.1.1 波长分散谱仪（波谱仪）

7.1.1.1 工作原理

在电子探针仪中，X 射线是由样品表面以下一个微米乃至纳米数量级的作用体积内激发出来的。如果这个体积中含有多种元素，则可以激发出各个相应元素特征波长的 X 射线。若在样品上方水平放置一块具有适当晶面间距的晶体，当入射 X 射线的波长、入射角和晶面间距符合布拉格方程时，这个特征波长的 X 射线就会发生强烈衍射，如图 7-2 所示。因为在作用体积内发出的 X 射线具有多种特征波长，且它们都以点光源的形式向四周发射，因此对一个特征波长的 X 射线来说，只有从某些特定的入射方向进入晶体时，才能得到较强的衍射束。图 7-2 表现了不同波长的 X 射线以不同的入射方向入射时产生各自衍射束的情况。若面向衍射束安置一个接收器，便可记录下不同波长的 X 射线。图 7-2 中右方的平面晶体称为分光晶体，它可以使样品作用体积内不同波长的 X 射线分散并展示出来。

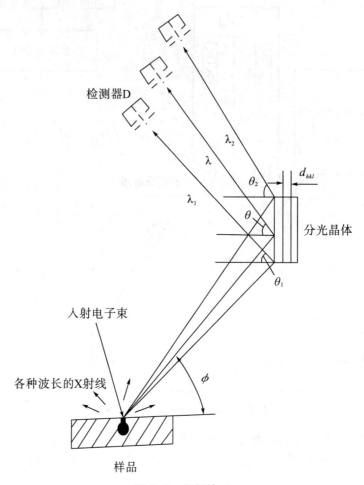

图 7-2　衍射情况

　　虽然平面单晶体可以把各种不同波长的 X 射线分散并展示出来，但就收集单波长 X 射线的效率来看是非常低的，因此这种检测 X 射线的方法必须改进。

　　如果把分光晶体作适当的弹性弯曲，并使射线源、弯曲晶体表面和检测器窗口位于同一个圆周上，就可以达到把衍射束聚焦的目的。此时，整个分光晶体只收集一种波长的 X 射线，这使得这种单色 X 射线的衍射强度大大提高。图 7-3 为两种 X 射线聚焦方法示意图。第一种方法称为约翰（Johann）型聚焦法，虚线圆称为罗兰（Rowland）圆或聚焦圆，如图 7-3（a）所示。这种方法是把单晶体弯曲，使衍射晶面的曲率半径等于聚焦圆半径的两倍，即 2R。当某一波长的 X 射线自点光源 S 处发出时，晶体内表面任意点 A、B、C 上接收到的 X 射线相对于点光源来说入射角都相等，由此，A、B、C 各点的衍射线都能在 D 点附近聚焦。由图可以看出，因为 A、B、C 三点的衍射线并不恰好聚焦在一点，故这是一种近似的聚焦方式。另一种改进的聚焦方法称为约翰逊（Johansson）型聚焦法，如图 7-3（b）所示。这种方法是把衍射晶面曲率半径弯成 R

的晶体表面磨制成与聚焦圆表面相合（即晶体表面的曲率半径和 R 相等），这样的布置可以使 A、B、C 三点的衍射束正好聚焦在 D 点，所以这种方法也称为全聚焦法。

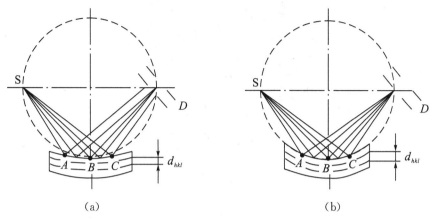

图 7-3　两种 X 射线聚焦方法示意图

在实际检测 X 射线时，点光源发射的 X 射线在垂直于聚焦圆平面的方向上仍有发散性。分光晶体表面不可能处处精确地满足布拉格方程，加上有些分光晶体虽可以进行弯曲，但不能磨制，因此不大可能达到绝对理想的聚焦条件。如果检测器上的接收狭缝有足够的宽度，即使采用不大精确的约翰型聚焦法，也能够满足聚焦要求。

电子束轰击样品后，被轰击的微区就是 X 射线源。要使 X 射线分散、聚焦，并被检测器接收，有两种常见的波谱仪布置形式，即直进式波谱仪和回转式波谱仪。

图 7-4 为直进式波谱仪的工作原理图。这种谱仪的优点是 X 射线照射分光晶体的方向是固定的，即出射角 ψ 保持不变，这样可以使 X 射线穿出样品表面过程中所走的路线相同，也就是吸收条件相等。由图中的几何关系分析可知，分光晶体位置沿直线运动时，晶体本身应产生相应的转动，使不同波长 λ_1、λ_2 和 λ_3 的 X 射线以 θ_1、θ_2 和 θ_3 的角度入射。在满足布拉格方程的情况下，位于聚焦圆周上协调滑动的检测器都能接收到经过聚焦的波长为 λ_1、λ_2 和 λ_3 的衍射线。以图中 O_1 为圆心的圆为例，L_1 为从点光源到分光晶体的距离，$L_1 = 2R\sin\theta_1$，它可以在仪器上直接读取。因为聚焦圆的半径 R 是已知的，所以由测出的 L_1 便可求出 θ_1。然后再根据布拉格方程 $2d\sin\theta = \lambda$，因为分光晶体的晶面间距 d 是已知的，故可计算出和 θ_1 相对应的特征 X 射线的波长 λ_1。把点光源到分光晶体的距离从 L_1 变化至 L_2 或 L_3（可通过仪器上的手柄或驱动电动机，使分光晶体沿出射方向直线移动），用同样的方法可求得 θ_2、θ_3 和 λ_2、λ_3。

分光晶体直线运动时，检测器能在几个位置上接收到衍射束，表明样品被激发的体积内存在着相应的几种元素。衍射束的强度和元素含量成正比。

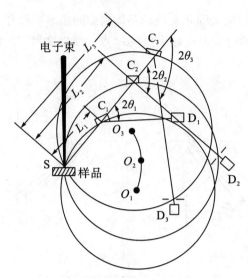

图7-4 直进式波谱仪的工作原理图

图 7-5 为回转式波谱仪的工作原理图。聚焦圆的圆心 O 不能移动，分光晶体和检测器在聚焦圆的圆周上以 1：2 的角速度运动，以保证满足布拉格方程。这种波谱仪的结构比直进式波谱仪简单，出射方向改变很大。在表面不平度较大的情况下，由于 X 射线在样品内行进路线不同，往往会因吸收条件发生变化而造成分析上的误差。

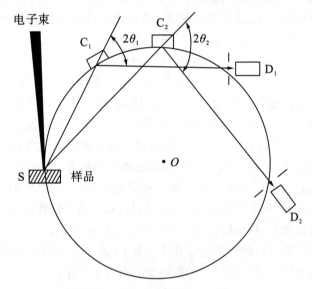

图7-5 回转式波谱仪的工作原理图

7.1.1.2 分析方法

图 7-6 为用波谱仪分析一个测量点的谱线图，其中横坐标代表波长，纵坐标代表强度。谱线上有许多强度峰，每个峰在坐标上的位置代表相应元素特征 X 射线的波长，

峰的高度代表这种元素的含量。进行定点分析时，只要把图 7-4 中的距离 L 从最小变到最大，就可以在某些特定位置测到特征波长的信号，经处理后可在荧光屏或 XY 记录仪上把谱线描绘出来。

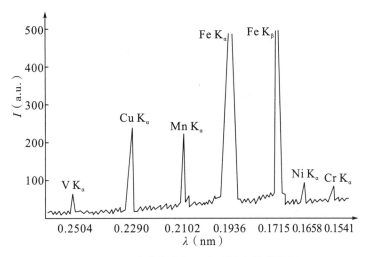

图 7-6　用波谱仪分析一个测量点的谱线图

应用波谱仪进行元素分析时应注意以下两个问题：

（1）分析点位置的确定。

在波谱仪上总带有一台放大 100～500 倍的光学显微镜。显微镜的物镜是特制的，即镜片中心开有圆孔，以使电子束通过。通过目镜可以观察到电子束照射到样品上的位置，在进行分析时，必须使目的物和电子束重合，其位置正好位于光学显微镜目镜标尺的中心交叉点上。

（2）分光晶体固定后，衍射晶面的间距不变。

在直进式波谱仪中，L 与 θ 服从 $L = 2R\sin\theta$ 的关系。因为结构上的限制，L 不能做得太长，一般只能在 10～30 cm 范围内变化。在聚焦圆半径 $R = 20$ cm 的情况下，θ 的变化范围为 15°～65°。可见一个分光晶体能够覆盖的波长范围是有限的，因此它只能测定某一原子序数范围内的元素。如果要分析 $Z = 4$～92 范围内的元素，则必须使用几块晶面间距不同的晶体，因此一个波谱仪中经常装有两块晶体，而一台电子探针仪上往往装有 2～6 个波谱仪，有时几个波谱仪一起工作，可以同时测定几个元素。表 7-1 列出了常用的分光晶体。

表 7-1　常用的分光晶体

常用晶体	供衍射用的晶面	$2d$/nm	适用波长 λ/nm
LiF	(200)	0.40267	0.08～0.38
SiO₂	(10$\bar{1}$1)	0.66862	0.11～0.63
PET	(002)	0.874	0.14～0.83
RAP	(001)	2.6121	0.2～1.83

常用晶体	供衍射用的晶面	$2d/\text{nm}$	适用波长 λ/nm
KAP	$(10\bar{1}0)$	2.6632	0.45~2.54
TAP	$(10\bar{1}0)$	2.59	0.61~1.83
硬脂酸铅	—	10.08	1.7~9.4

7.1.2 能量分散谱仪 (能谱仪)

7.1.2.1 工作原理

前面已经介绍了各种元素具有自己的 X 射线特征波长，特征波长的大小取决于能级跃迁过程中释放出的特征能量 ΔE。能谱仪就是利用不同元素 X 射线光子特征能量不同这一特点来进行成分分析的。图 7-7 为采用锂漂移硅检测器能谱仪的框图。X 射线光子由锂漂移硅 Si（Li）检测器收集，当光子进入检测器后，在 Si（Li）晶体内激发出一定数目的电子-空穴对。产生一个电子-空穴对的最低平均能量 ε 是一定的，因此由一个 X 射线光子造成的电子-空穴对的数目 $N = \dfrac{\Delta E}{\varepsilon}$。入射 X 射线光子的能量越高，$N$ 就越大。利用加在晶体两端的偏压收集电子-空穴对，经前置放大器转换成电流脉冲，电流脉冲的高度取决于 N 的大小，电流脉冲经主放大器转换成电压脉冲进入多道脉冲高度分析器。脉冲高度分析器按高度把脉冲分类并进行计数，这样就可以描出一张特征 X 射线按能量大小分布的图谱。

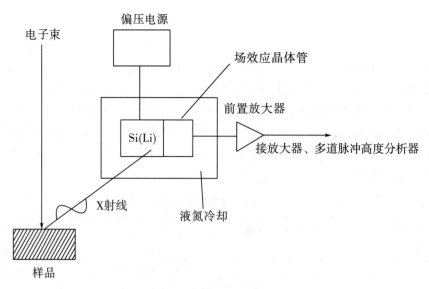

图 7-7 采用锂漂移硅检测器能谱仪的框图

图 7-8 为用扫描电子显微镜配合能谱仪测出的一种含夹杂物铜合金的微观形貌及

其 EDS 谱线图。图 7-8（b）中的横坐标以能量表示，纵坐标是强度计数，图中是波谱仪给出的特征峰位置。

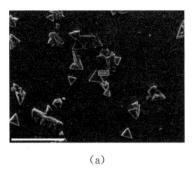

（a）

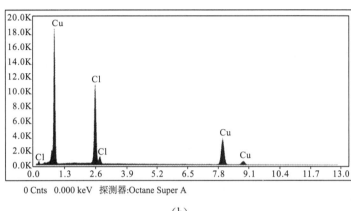

0 Cnts　0.000 keV　探测器:Octane Super A

（b）

图 7-8　一种含夹杂物铜合金的微观形貌及其 EDS 谱线图

7.1.2.2　能谱仪成分分析的特点

1. 优点

和波谱仪相比，能谱仪具有的优点包括能谱仪探测 X 射线的效率高。因为 Si（Li）探头可以安放在比较接近样品的位置，因此它对 X 射线源所张的立体角很大，X 射线信号直接由探头收集，不必通过分光晶体衍射。能谱仪 Si（Li）晶体对 X 射线的检测效率比波谱仪高一个数量级。能谱仪可在同一时间内对分析点内所有元素 X 射线光子的能量进行测定和计数，在几分钟内可得到定性分析结果，而波谱仪只能逐个测量每种元素的特征波长。能谱仪的结构比波谱仪简单，没有机械传动部分，因此稳定性和重复性都很好。能谱仪不必聚焦，因此对样品表面没有特殊要求，适合于粗糙表面的分析工作。

2. 缺点

能谱仪有以下几点不足：能谱仪的分辨率比波谱仪低，能谱仪给出的波峰比较宽，容易重叠。一般情况下，Si（Li）检测器的能量分辨率约为 130 eV，而波谱仪的能量分辨率可达 5~10 eV。能谱仪中因 Si（Li）检测器的铍窗口限制了超轻元素 X 射线的测量，目前可以分析原子序数大于 5（B）的元素，但轻元素的分析信号检测困难，分析精度低。而波谱仪可测定原子序数从 4 到 92 的所有元素。另外，能谱仪的 Si（Li）探头必须保持在低温状态，因此需随时用液氮冷却。

7.2 电子探针仪的分析方法及应用

7.2.1 定性分析

7.2.1.1 定点分析

将电子束固定在需要分析的微区上，用波谱仪分析时可改变分光晶体和探测器的位置，即可得到分析点的 X 射线谱线；若用能谱仪分析，几分钟内即可直接从荧光屏（或计算机）上得到微区内全部元素的谱线（图 7-8）。由 X 射线图谱中特征 X 射线的波长（或能量）确定分析点所含元素的种类，为物相鉴定提供了依据。图 7-9 为一种航空触点铜合金基体定点成分分析结果。可见这种合金属于黄铜，并且其中掺杂有含碳的粒子。

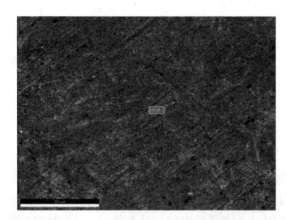

元素	质量百分比（%）	原子百分比（%）
Cu	49.75	22.85
Zn	22.65	10.11
C	27.59	67.04
总量	100	100

图 7-9 一种航空触点铜合金基体定点成分分析结果

7.2.1.2 线分析

将谱仪（波谱仪或能谱仪）固定在所要测量的某一元素特征 X 射线信号（波长或能量）的位置上，使电子束沿着指定的路径作直线轨迹扫描，便可得到这一元素沿该直线的浓度分布曲线。改变谱仪的位置便可得到另一元素的浓度分布曲线。线分析主要用于分析界面处的元素扩散情况。图 7-10 为一种矿石的线扫描分析结果。可以清楚地看到，在浅色区域中 Fe 元素的含量远远高于深色的基体区域。

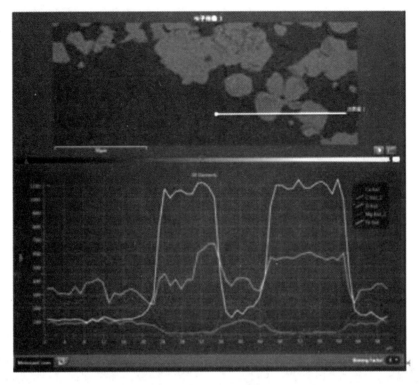

图 7-10　一种矿石的线扫描分析结果

7.2.1.3　面分析

电子束在样品表面作光栅扫描时，把 X 射线谱仪（波谱仪或能谱仪）固定在接收某一元素特征 X 射线信号的位置上，此时在荧光屏上便可得到该元素的面分布图像。实际上，这也是扫描电子显微镜内用特征 X 射线调制图像的一种方法。图像中的亮区表示这种元素的含量较高。若把谱仪的位置固定在另一位置，则可获得另一种元素的浓度分布图像。面分析主要用于分析合金的成分偏聚，或用于显示相（非同素异构）的形状、尺寸和分布。图 7-11 为某飞机粉末冶金零件断口不同位置的面分布成分分析结果。由图 7-11（b）可以看出，该位置的 Ti 元素有严重偏聚。

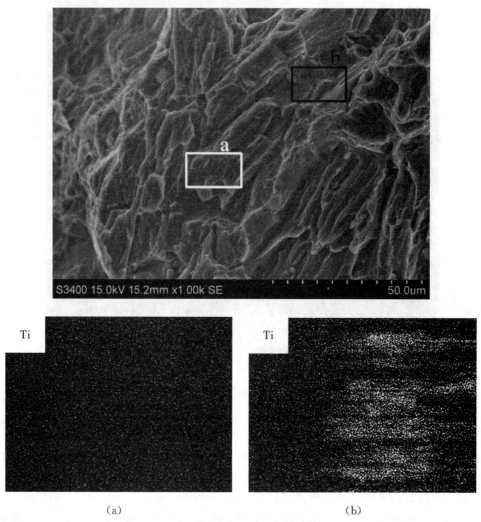

（a）　　　　　　　　　　　　　　　（b）

图 7-11　某飞机粉末冶金零件断口不同位置的面分布成分分析结果

7.2.2　定量分析

定量分析时先测出样品中 Y 元素的 X 射线强度 I'_Y，再在同样条件下测定纯 Y 元素的 X 射线强度 I'_{Y0}，然后二者分别扣除背底和计数器时间对所测值的影响，得到相应的强度值 I_Y 和 I_{Y0}，把二者相比得到强度比 K_Y：

$$K_Y = I_Y / I_{Y0}$$

在理想情况下，K_Y 就是样品中 Y 元素的质量分数 ω_Y。但是，由于标准样品不可能做到绝对纯以及绝对平均，一般情况下还要考虑原子序数、吸收和二次荧光的影响，因此，ω_Y 和 K_Y 之间还存在一定的差别，故有

$$\omega_Y = ZAFK_Y$$

式中，Z 为原子序数修正项；A 为吸收修正项；F 为二次荧光修正项。

定量分析的计算是非常烦琐的，好在新型的电子探针仪都带有计算机，计算的速度可以很快。一般情况下，对于原子序数大于 10、含量大于 10%（质量分数）的元素来说，修正后的含量误差可限定在 ±5% 之内。

电子探针仪作微区分析时，所激发的作用体积大小不过 10 μm^3 左右。如果分析物质的密度为 10 g/cm^3，则分析区的质量仅为 10^{-10} g。若探针仪的灵敏度为万分之一，则分析绝对质量可达 10^{-14} g，因此电子探针仪是一种微区分析仪器。

习　题

1. 电子探针仪与扫描电子显微镜有何异同？电子探针仪如何与扫描电子显微镜和透射电子显微镜配合进行组织结构和微区化学成分的同位分析？
2. 波谱仪和能谱仪各有什么优缺点？
3. 直进式波谱仪和回转式波谱仪各有什么优缺点？
4. 要分析钢中碳化物成分和基体中碳含量，应选用哪种电子探针仪？为什么？
5. 要在观察断口形貌的同时分析断口上粒状夹杂物的化学成分，应选用什么仪器？用怎样的操作方式进行具体分析？
6. 举例说明电子探针仪的三种工作方式（点、线、面）在显微成分分析中的应用。

第8章　热分析

　　人类对热的本质和热的发生过程的认识已经经历了几十万年的历史，可是直到近代人类才把热作为一种分析和研究物质的手段。1887 年，法国和德国的科学家开始使用热电偶测温的方法研究黏土矿物在升温过程中热性质的变化。1891 年，英国冶金学家罗伯茨-奥斯汀（Roberts-Austen）率先使用差示热电偶和参比物，大大提高了相关分析测定的灵敏度，由此正式发明了差示热分析（DTA）。1915 年，日本东北大学的本多光太郎在分析天平的基础上研制了热天平，热重分析（thermogravimetric analysis，TGA 或 TG）诞生了。法国人也研究了相似的技术。1964 年，美国 PerkinElmer 公司的瓦特逊（E. S. Watson）和奥尼尔（M. J. O'neill）在 DTA 的基础上发明了差示扫描量热分析（differential scanning calorimetry，DSC），在此基础上研制了全球第一代DSC-1 型差示扫描量热仪，实现了热量的定量分析。随着热分析技术和研究的发展，1965 年，由英国人麦肯利（R. C. Mackinzie）和雷德菲恩（J. P. Redfern）等人发起，在苏格兰亚伯丁召开了第一次国际热分析大会。1968 年，国际热分析协会（International Confederation for Thermal Analysis，ICTA）成立。ICTA 于 1977 年提出了热分析的定义：热分析是测量在程序控温条件下，物质的物理性质随温度变化的函数关系的技术。这里所说的物质是指被测样品及其反应产物。程序控温一般采用线性程序，但也可能是温度的对数或倒数程序。中国于 1978 年成立了热力学热化学专门委员会，归属于中国化学会。

　　热分析的基础是当物质的物理状态和化学状态发生变化（如升华、氧化、聚合、固化、硫化、脱水、结晶、熔融、晶格改变或发生化学反应）时，往往伴随着热力学性质（如熔、比热容、导热系数等）的变化，因此可通过测定其热力学性能的变化来了解物质的物理或化学变化过程。表 8-1 列出了几种主要的热分析法及其测定的物理化学参数。

表 8－1　几种主要的热分析法及其测定的物理化学参数

热分析法	定义	测量参数	温度范围	应用范围
差示热分析（DTA）	程序控温条件下，测量在升温、降温或恒温过程中样品和参比物的温度差（热量变化）	温度	20℃～1600℃	熔化及结晶转变、二级转变、氧化还原反应、裂解反应等的分析研究。主要用于定性分析
差示扫描量热分析（DSC）	程序控温条件下，直接测量样品在升温、降温或恒温过程中吸收或释放出的能量（热量变化）	热量	－170℃～725℃	分析研究范围与 DTA 大致相同，但能定量测定多种热力学和动力学参数，如比热、反应热、转变热、反应速度和高聚物结晶度等
热重分析（TG 或 TGA）	程序控温条件下，测量在升温、降温或恒温过程中样品质量发生的变化（质量变化）	质量	20℃～1000℃	熔点、沸点测定，热分解反应过程分析与脱水量测定等；生成挥发性物质的固相反应分析，固体与气体反应分析等
动态热机械分析（DMA）	程序控温条件下，测量材料的力学性质随温度、时间、频率或应力等改变而发生的变化（黏弹性变化）	力学性质	－170℃～600℃	阻尼特性、固化、胶化、玻璃化等转变分析，模量、黏度测定等
热机械分析（TMA）	程序控温条件下，测量在升温、降温或恒温过程中样品尺寸发生的变化（长度变化）	尺寸、体积	－150℃～600℃	膨胀系数、体积变化、相转变温度、应力应变关系测定，重结晶效应分析等

　　目前热分析已经发展成系统性的分析方法，在材料的分析研究中是一类极为有用的工具，特别是在高聚物的分析测定方面应用更为广泛，因为通过热分析不仅能获得材料结构方面的信息，而且能测定材料的性能。热分析用于航空材料研究的重要方法有差示热分析（DTA）、差示扫描量热分析（DSC）、热重分析（TG 或 TGA）、热机械分析（TMA）等。本章主要介绍差示热分析、差示扫描量热分析和热重分析。

8.1　差示热分析

8.1.1　差示热分析的基本原理

　　差示热分析是在程序控温条件下，测量样品与参比物的温度差与环境温度的函数关系的一种技术。实验的具体方法是用两个尺寸完全相同的铂坩埚，一个坩埚装参比物，即一种在测量温度范围内没有任何热效应发生的惰性物质（如 $\alpha\text{-}Al_2O_3$、MgO 等），另一个坩埚装待测样品（如航空器结构所用的某种高分子材料）。将两个坩埚放在同一条件下受热（可以在一个金属块上开两个空穴，把两个坩埚放在其中，也可以将两个坩埚放进可以进行程序控温的电炉），热量通过样品容器传导到样品内，使其温度升高。这样，通常在样品内会形成一定的温度梯度，故温度的变化方式会依温差热电偶接点处的位置（测温点）而有所不同。测温点插入样品和参比物中，也可放在坩埚外的底部。考虑到升温和测温过程中的这些因素，差示热分析的严密理论要求必须按照各个装置的特有边界条件及几何形状来进行热传递的理论分析。

通常采用图 8-1 中的方式控温。同极相连，这样它们产生的热电势的方向正好相反，当炉温等速上升，经过一定时间后，样品和参比物的受热达到稳定态，即二者以同样的速度升温。如果样品与参比物温度相同，$\Delta T=0$，那么它们热电偶产生的热电势也相同，由于采取了反向连接，所以产生的热电势大小相等、方向相反，正好抵消，记录仪上不产生信号；如果样品有热效应发生（如玻璃化转变、熔融、氧化分解等），而参比物无热效应发生，就必然出现温差（$\Delta T\neq0$），记录仪上的信号便指示了 ΔT 的大小。当样品的热效应（放热或吸热）结束时，$\Delta T=0$，信号也回到零。这就是差示热分析的基本原理。

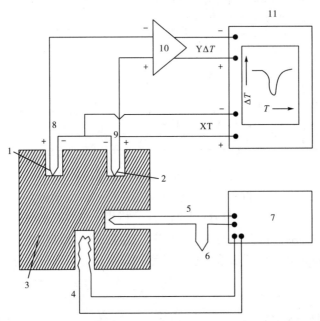

1—参比物；2—样品；3—加热块；4—加热器；5—加热块热电偶；6—冰冷联结；
7—程序控温装置；8—参比热电偶；9—样品热电偶；10—放大器；11—XY 记录仪

图 8-1　差示热分析的基本原理

8.1.2　差示热分析曲线（DTA 曲线）

差示热分析得到的热谱图（即 DTA 曲线）是以温度为横坐标，以样品和参比物的温差 ΔT 为纵坐标，以不同的吸热峰和放热峰显示样品受热时的不同热转变状态，如图 8-2 所示。

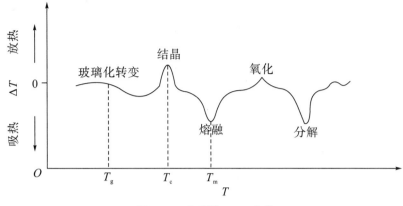

图 8-2　典型的 DTA 曲线

由于热电偶的不对称性，样品、参比物（包括它们的容器）的热容及导热系数不同，在等速升温情况下画出的基线并非 $\Delta T = 0$ 的线，而是接近 $\Delta T = 0$ 的线。另外，升温速度的不同也会造成基线不同程度的漂移。图 8-3 所示的吸热转变曲线，其中的基线向下方漂移。

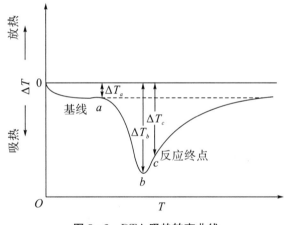

图 8-3　DTA 吸热转变曲线

设样品和参比物（包括容器、温差热电偶等）的热容 C_s、C_r 不随温度而改变，并且假定它们与金属块间的热传递和温差成比例，比例常数 K 与温度无关，则基线偏移量为

$$\Delta T_a = \frac{C_r - C_s}{K} \cdot \phi \tag{8-1}$$

式中，ϕ 为升温速度，$\phi = \dfrac{\mathrm{d}T_w}{\mathrm{d}t}$，$T_w$ 为炉温。

可见，基线偏离仪器零点的原因是样品和参比物的热容不等（$C_s \neq C_r$），因此参比物最好采用与样品在化学结构上相似的物质，有时在样品中掺入一些参比物来稀释调整，使 C_s 与 C_r 相近。此外，K 与装置的灵敏度有关，K 增加，则 ΔT_a 下降。升温速度 ϕ 变化，基线就会漂移，故必须采用程序调节器，使 ϕ 固定不变。

如果样品在加热过程中热容发生了变化，基线就会偏移。因此，从 DTA 曲线便可知热容发生急剧变化的温度，这个方法常用于测定高聚物的玻璃化转变温度。

图 8-3 中，当温度超过了 a 点，样品就发生了某种吸热反应，ΔT 不再是一个定值，而是随时间（即温度）急剧增大，因为样品发生了吸热反应，就需要环境（保温金属块）向样品提供热量。由于环境提供热量的速度有限，吸热使样品的温度上升变慢，从而使 ΔT 增大。达到 b 点时出现极大值，吸热反应开始变缓，直到 c 点时反应停止，样品自然升温。以 ΔH 表示样品吸收（或放出）的热量，如果环境的升温速度 ϕ 是恒定的，熔化时样品的吸热速度为 $\mathrm{d}\Delta H/\mathrm{d}t$，则可得到

$$C_s \frac{\mathrm{d}\Delta T}{\mathrm{d}t} = \frac{\mathrm{d}\Delta H}{\mathrm{d}t} - K(\Delta T - \Delta T_a) \tag{8-2}$$

吸热反应发生后，DTA 曲线偏离基线，由于 ΔT 增加，等式右边的第二项变大。当 $\mathrm{d}\Delta H/\mathrm{d}t > K(\Delta T - \Delta T_a)$ 时，DTA 曲线呈偏离基线趋势；但随着吸热反应趋于完成，$\mathrm{d}\Delta H/\mathrm{d}t$ 逐渐下降，当 $\mathrm{d}\Delta H/\mathrm{d}t = K(\Delta T - \Delta T_a)$ 时，ΔT 达到极值 ΔT_b；当 $\mathrm{d}\Delta H/\mathrm{d}t < K(\Delta T - \Delta T_a)$ 时，ΔT 逐渐减小，DTA 曲线慢慢回到基线。

当 ΔT 处于最高峰 b 点时，ΔT 为 ΔT_b，此时 $\mathrm{d}\Delta T/\mathrm{d}t = 0$，则式（8-2）可写为

$$\Delta T_b - \Delta T_a = \frac{1}{K}\Delta \frac{\mathrm{d}\Delta H}{\mathrm{d}t} \tag{8-3}$$

由式（8-3）可以看出，K 值越小，转变峰值越高（即 $\Delta T_b - \Delta T_a$ 值越大），这表明仪器灵敏度升高。为了使比例常数 K 减小，常在样品容器和金属块之间设法留出一个气隙，这样就可以在 DTA 曲线中得到尖锐的峰。

当实验进行到 c 点时，整个过程交换的总热量应为

$$\Delta H = C_s(\Delta T_c - \Delta T_a) + K\int_a^c (\Delta T - \Delta T_a)\mathrm{d}t \tag{8-4}$$

式（8-4）实际上是把式（8-2）由 a 点积分到 c 点来求峰的面积。为了简化式（8-4），可以假设 c 点偏离基线不远，即 $\Delta T_c = \Delta T_a$，则式（8-4）可写为

$$\Delta H = K\int_a^\infty (\Delta T - \Delta T_a)\mathrm{d}t = KA \tag{8-5}$$

式中，A 为峰面积。

反应终点 c 的确定是十分必要的，因为可以据此得到反应停止时的温度。假设物质的自然升温（或降温）过程是按指数规律进行的，则可以用 b 点以后的一段曲线数据，以 $\lg(\Delta T - \Delta T_a)$ 对 T 作图，即可得到图 8-3 下端的曲线。曲线上开始偏离直线（即不服从指数规律）的点即为 c 点。

如果在升温过程中样品仅发生比热容的变化（即 $C_s \to C_s'$），按照式（8-1）计算即会影响 ΔT 值，使基线发生水平偏移。这种情况常在高聚物样品中出现，因为当高聚物发生玻璃化转变时，自由体积变大，会使热容增加。

应当指出，从 DTA 曲线上可以看到物质在不同的温度情况下所发生的吸热和放热反应，但是并不能由此得到热量的定量数据。因为不论是样品还是参比物，都通过其容器与外界有热量交换，而这种热交换情况与仪器的结构有关。虽然已经有经过精心设计

的仪器（称为量热式 DTA 或定量 DTA），但也需要用标准物质来标定，而且其准确性也不能令人十分满意。所以，当能够准确地获得热量的差示扫描量热计（DSC）出现以后，大有取代 DTA 之势。但因 DSC 仪器比较昂贵，某些 DSC 商品仪器还存在一定的技术问题，所以 DTA 还在普遍使用。

8.1.3　差示热分析仪

差示热分析仪的装置如图 8-4 所示。仪器包括下列几个主要部件。

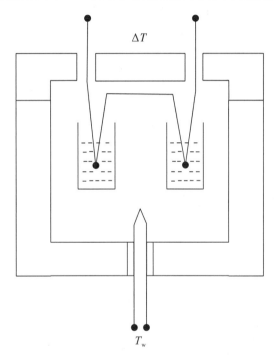

图 8-4　经典的差示热分析测量池结构示意图

8.1.3.1　热电偶

热电偶是准确开展差示热分析的关键元件，分为多种类型，适用于不同的温度范围。热电偶只有经过仔细加工和热处理后，才能稳定可靠地进行测量。主要的电偶双金属搭配类型包括：铜-康铜（Cu55Ni45），长期用于 350℃，短期可用于 500℃；铁-康铜，用于 600℃/800℃；镍铬（Ni90Cr10）-镍铝（Ni97Al3），用于 1000℃/1300℃；铂-铂铑（含 Rh 6~30 wt.%），用于 1300℃/1600℃；铱-铱铑（含 Rh 6~30 wt.%），用于 1800℃/>2000℃；等等。

热电偶的分度号主要有 S、R、B、N、K、E、J、T 等几种，代表温度范围，即每种分度号的热电偶在具体多少温度对应输出多少伏特的电压或者多少毫伏的电压。其中，S、R、B 属于贵金属热电偶，N、K、E、J、T 属于廉金属热电偶。

S 分度号热电偶的特点是抗氧化性能强，适宜在氧化性或惰性气氛中连续使用，长期使用温度为 1400℃，短期使用温度为 1600℃。在热电偶中，该分度号的精确度等级最高，常被用作标准热电偶。

R 分度号热电偶与 S 分度号热电偶相比，除前者的热电动势高出了 15% 左右外，其他性能几乎完全相同。

B 分度号热电偶在室温下热电动势极小，故在测量时一般不用补偿导线。它的长期使用温度为 1600℃，短期使用温度为 1800℃。它可在氧化性或中性气氛中使用，也可在真空条件下短期使用。

N 分度号热电偶的特点是 1300℃ 下抗氧化性能强，热电动势的长期稳定性及短期热循环的复现性好，耐核辐照和耐低温性能好，可以部分代替 S 分度号热电偶。

K 分度号热电偶的特点是抗氧化性能强，适宜在氧化性或惰性气氛中连续使用，长期使用温度为 1000℃，短期使用温度为 1200℃，在所有热电偶中使用最广泛。

E 分度号热电偶的特点是在常用热电偶中，其热电动势最大，即灵敏度最高。可在氧化性或惰性气氛中连续使用，使用温度为 0℃～800℃。

J 分度号热电偶的特点是既可用于氧化性气氛（使用温度上限约为 750℃），也可用于还原性气氛（使用温度上限约为 950℃），并且耐受 H_2 及 CO 气体腐蚀，多用于炼油及化工行业。

T 分度号热电偶的特点是线性度好，热电动势较大，灵敏度较高，传热快，稳定性和均匀性较好，价格比较便宜。使用温度为 −200℃～350℃。

8.1.3.2 测量池

测量池包括样品池和参比池。测量池应与其托架接触良好，以保证能追随程控温度的变化而变化。测量池有两种常见的设计样式：一是经典的设计，即热电偶放入样品和参比物之间，如图 8-4 所示。这种形式的主要缺点是 ΔT 受样品和参比物的密度、导热系数、比热容、热扩散等因素的影响极大，而且受热池及环境的结构几何因素影响也很大，所以用不同的仪器测量同一样品常常会得到差别较大的 DTA 曲线，而且同一仪器的重复性也不好。特别是某些物质会对热电偶有腐蚀作用，容易造成热电偶损坏。但是它的装置比较简单，所以还是被一些实验室采用（特别是用于矿物分析）。然而其总的趋势是逐渐走向淘汰。另一种改进式的测量池是把热电偶放在测量池底部的热沉块中，而且位于热流途径中，如图 8-5 所示。此热沉块具有适当的热惯性，保证热电偶不受其他因素的影响，这就比上述形式受样品性质和几何因素等的影响要轻微得多。样品池和参比池的托架是经过仔细设计和加工的，保证在正常升温条件下传给两个测量池的温度是均衡的，以实现基线的水平。

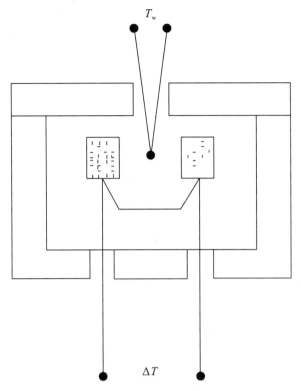

图 8-5　改进式差示热分析测量池结构示意图

8.1.3.3　程序控温装置

差示热分析实验中升温过程的线性非常重要。根据不同的测试目的，有时会有升温、降温和恒温的要求，并且希望升温速度可以在比较大的范围内进行调节。在另一些情况下，又需要测试系统能从负温度开始工作，例如从－170℃到 500℃范围（此温度范围对一般的高聚物分析已足够，但对金属或陶瓷材料则可能要求分析温度达到 1000℃以上）。

8.1.3.4　微伏放大器

热电偶一般使用微伏放大器来进行精密的测量。这个放大器不但要求具有很高的灵敏度，而且还要能够保持稳定。由于电子技术的进步，目前已经出现可以稳定提供小于 10 μV 信号的直流放大器。

8.1.3.5　记录仪

传统的差示热分析仪常采用多笔记录仪，用以记录程序升温、降温曲线，差示热信号 ΔT 的曲线，有时还能同时记录 ΔT 曲线的微分曲线（需要配置电子微分电路）。有的仪器用 XY 记录仪，这对直接读取温度比较方便，但是观察不到程序控温的线性情况。目前，采用微处理器在后台对数据进行处理后通过打印机或绘图仪来绘制曲线的差示热分析仪已成为主流。

8.1.3.6 气氛控制系统

在低温（-170℃~20℃）操作时必须向测量池中通入干燥的氩气或氮气，以避免低温下极易产生的水汽凝聚。在高于600℃的情况下，也经常需要通入氩气来带出分解产物，以免对分析系统造成干扰。

8.1.4 差示热分析测量时应注意的要点及其影响因素

（1）升温速度对曲线的结果有较大的影响，因而需要注意程序控温的线性和速度。前面已经提到程序控温的线性将影响 DTA 基线的平直性，必要时应先做基线空白试验。例如，采用很高的升温速度时，加热速度高可能引起剧烈反应，产生的热来不及散发，从而导致 $\mathrm{d}\Delta H/\mathrm{d}t$ 增加，就会引起峰的最高点 ΔT_b 向高温方向偏移。根据式（8-3）也可以推导出升温速率上升将使峰高增大，并使峰顶移向高温。

（2）在选择参比物时应考虑尽可能使 C_r 与 C_s 相近，从而使基线接近零线。参比物要选择在测量范围内本身不发生任何热变化的稳定物质，通常用熔融石英粉、$\alpha\text{-Al}_2\text{O}_3$ 以及 MgO 粉末等。在样品与参比物的热容相差较大时，也可以用参比物稀释样品来加以改善。同时，参比物的导热系数也应当尽可能与样品相近。稀释的方法也可以达到同样的目的。此外，这种处理措施还有防止样品烧结，帮助样品与周围气氛接触等优点。

（3）在测定过程中应注意水分的干扰影响。样品如果吸附了一定的水分，将在100℃附近出现显著的蒸发吸热峰，造成对实验结果的干扰。为此，常需要预先对样品进行干燥处理。

（4）测定过程中可能发生双峰交叠的情况，应设法分峰（这表示存在两个热反应）。如果仪器不具备自动分峰功能，可利用前述指数规律来确定第一个反应的终止点温度，进而对交叠的双峰加以区分。

（5）注意反应中的挥发物可能会发生二次反应，产生的反应热会对测试结果造成干扰。

（6）对预结晶物质而言，采用程控升温和降温所得的曲线是不可逆的。

（7）差示热分析需要用温度标准物质来校正测定结果。所用的温度标准物质必须是化学稳定的，而且其蒸汽压要比较低（它的蒸发热不会对测量造成干扰），因此多数温度标准物质属于金属盐类、纯金属或纯有机化合物。

8.2 差示扫描量热分析

差示热分析输出的信号一般是温差（ΔT），而用温差来描述热量不但间接而且不够准确，难以进行热量的定量测定，为此人们不断地改进设计，以求得到定量化的差示热分析。很多此类的探索虽然取得了一定的效果，但并不理想。直到瓦特逊和奥尼尔设计了两个独立的量热器，它们有各自的电加热器，在相同的环境温度下，采取热量补偿的方式保持两个量热器皿的平衡，从而测量样品对热能的吸收和放出（以补偿对应的参比物的热量来表示）。这两个量热器皿都放在程序控温条件下，采取封闭回路的形式，所以能精确迅速地测定热容和热焓。这两位研究者把这种设计称为差示扫描量热分析（DSC）。

目前发展了两种差示扫描量热分析，即功率补偿式差示扫描量热分析和热流式差示扫描量热分析。前者即上述介绍的方法，后者仍脱离不了定量型差示热分析的痕迹，实际上并不非常严格。下面主要介绍前一种方法。

8.2.1 差示扫描量热分析的基本原理

图 8−6 为功率补偿式差示扫描量热分析的基本原理。与差示热分析相比，多了一个功率补偿放大器，样品池和参比池下面增加了补偿加热丝。如果样品吸热，补偿加热丝便供热给样品，使样品与参比物的温度相等，$\Delta T =0$；如果样品放热，补偿加热丝便供热给参比物，使样品与参比物的温度相等，$\Delta T =0$。这样，补偿的能量就是样品吸收或放出的能量。

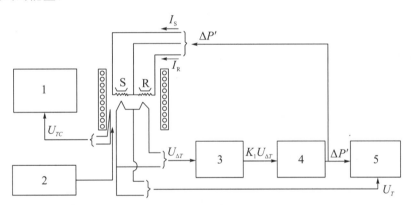

图 8−6 功率补偿式差示扫描量热分析的基本原理

设补偿回路总的电流强度为 I，其中样品池下面加热丝的电流强度为 I_S，参比池下面加热丝的电流强度为 I_R，且在整个测试过程中，补偿回路总的电流强度保持不变。根据 DSC 补偿电路可知

$$I = I_S + I_R \tag{8−6}$$

I_S上升，I_R必然下降；反之亦然。DSC 补偿电路中样品池和参比池下面的补偿加热丝电阻R_S和R_R相等，这样补偿功率的大小只与补偿电路的电流强度有关。当样品无热效应发生时，$\Delta T=0$，这时补偿电路$I_S = I_R$，补偿给样品和参比物的功率相等。当样品有热效应发生时，$\Delta T \neq 0$，这时补偿电路$I_S \neq I_R$，补偿给样品和参比物的功率不相等：若样品放热，则$I_S < I_R$；若样品吸热，则$I_S > I_R$。目的是使样品与参比物之间的温差ΔT 趋于零，使样品和参比物的温度始终维持相同。当温差热电偶输出一个温差信号$U_{\Delta T}$

$$U_{\Delta T} \propto \Delta T \propto (\Delta P - \Delta P')U_{\Delta T} = K_1(\Delta P - \Delta P') \tag{8−7}$$

经差热放大器和功率补偿放大器放大后，输出补偿给样品和参比物的功率之差为

$$\Delta P' = K_2 \cdot K_3 \cdot U_{\Delta T} = K_1 \cdot K_2 \cdot K_3 (\Delta P - \Delta P') = K(\Delta P - \Delta P') \quad (8-8)$$

式中，K_1 是一个系数，$K = K_1 \cdot K_2 \cdot K_3$ 为 $\Delta P - \Delta P'$ 转换为热电势的变换系数；K_2 为差热放大器的放大系数；K_3 为电压转换为功率的变换系数；ΔP 为样品的放热或吸热速率。

将式（8-8）整理后可得

$$\Delta P \cdot K = \Delta P'(K + 1) \quad (8-9)$$

若 $K \gg 1$，则有

$$\Delta P = \Delta P' \quad (8-10)$$

由上述分析可知使热效应充分补偿的条件。$\Delta P'$ 是可被测定的量，由于 $\Delta P' = \Delta P$，所以 $\Delta P'$ 从侧面反映了样品热效应的大小。由补偿电路可知

$$\Delta P' = I_S^2 R_S - I_R^2 R_R \quad (8-11)$$

根据 DSC 补偿电路的特点

$$I = I_S + I_R, \ R_S = R_R$$

式（8-11）可改写为

$$\Delta P' = (I_S + I_R)(I_S R_S - I_R R_R) = I(\Delta U)$$

式中，ΔU 为补偿电路中样品支路与参比物支路的电压差。记录 $\Delta P' = I(\Delta U)$ 随 T（或 t）变化的曲线就是 DSC 曲线。DSC 曲线的纵坐标代表样品放热或吸热的速度，横坐标代表温度或时间。同样规定吸热峰向下，放热峰向上。

8.2.2　差示扫描量热仪

差示扫描量热仪的核心是测量池的设计。图 8-7 表示出了两种 DSC 测量池。应该指出，铂电阻测温式测量池尽管结构复杂，制作有相当难度，但由于铂电阻的稳定度和灵敏度均优于热电偶，其目前所能达到的性能指标优于结构简单的热电偶测温式测量池。

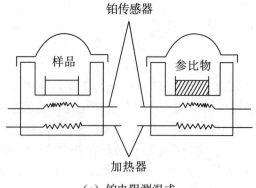

铂传感器

样品　参比物

加热器

（a）铂电阻测温式

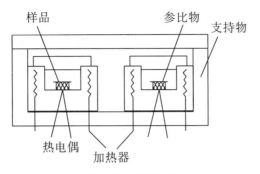

（b）热电偶测温式

图 8－7　两种 DSC 测量池

　　差示扫描量热仪的结构如图 8－8 所示。图中各部分的作用已在原理部分予以阐明。应当补充说明的是，在电路中有一个双刀双接点的继电器来交替完成两个回路的工作，即把测温元件的信号交替地输入平均温度计算机和温差放大器，交替的次数为每秒 60 次。由于交替频率相对于记录仪的动作来说是很快的，所以对于温度和补偿功率的记录可以看成是连续进行的。另外，程序控温电路中带动电位计所用的电机一般是步进电机，由重复频率可任意调节的脉冲电压来驱动，以改善升温的线性和所需要的程序速度。以美国 Perkin Elmer 公司的 DSC-2 型为例，其程序扫描速度为 0.6 ℃/min～8 ℃/min，输出灵敏度最低可达 0.134 J/s，使用温度范围为－100℃～500℃，样品用量为 0.1～10 mg。

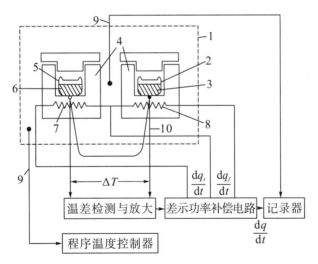

1—电炉；2，5—容器；3—参比物；4—支持器；6—样品；
7，8—加热丝；9—测温热电偶；10—温差热电偶

图 8－8　差示扫描量热仪结构示意图

8.2.3 差示扫描量热分析测量时应注意的要点

8.2.3.1 取样方面的问题

差示扫描量热分析可以分析固体和液体样品。固体样品可以是粉末、薄片、晶体或颗粒状。对高聚物薄膜来说，可以直接冲压成圆片，块状的可用切刀或锯子分解成小块。一般样品均放入铝（500℃以上选用铂、石墨、氧化铝等）制成的浅碟状测量皿中，并将测量皿的盖子盖好（但不能过分严实）。

样品质量可根据要求在 0.5～10 mg 之间变动。样品量少有利于使用快速程序进行温度扫描，这样可得到高分辨率，从而提高定性效果。同时，样品量少有利于与周围控制的气氛相接触，容易释放裂解产物，还可获得较高转变能量，因而能获得重复性较好的峰形。尽管如此，样品量大也有一些优点，如可以观察到细小的转变，可以得到较精确的定量结果，并可获得较多的挥发产物，以便用其他方法配合进行分析。样品质量与热量数据之间的关系见表 8-2。由表 8-2 可以看出，程序升温对热量数据影响较小。

表 8-2 某样品质量与热量数据之间的关系

样品质量/mg	峰面积/J·g^{-1}	峰位置/℃
1.09	189.1	129.7
5.04	189.6	130.9
9.87	189.6	132.6
14.90	186.4	133.6
20.09	188.8	134.5

另外，一般来说，样品的几何形状对 DSC 曲线的峰形也有影响，对峰面积则基本上没有影响。大块样品常造成峰形不规则，这是传热不良所致。细或薄的样品则容易得到规则的峰形，有利于面积的计算。

8.2.3.2 样品的纯度

样品的纯度对 DSC 曲线的影响较大。杂质含量的增加会使转变峰向低温方向移动，而且峰形将宽化。

其他影响因素与上述有关差示热分析的（3）～（7）条（见 8.1.4 节）的影响因素基本一致。其校正用的标准物质也与差示热分析相同。

8.3　热重分析

8.3.1　热重分析的基本原理

热重分析是在程序控温条件下，测量物质的质量与时间或温度的函数关系的一种技术。热重分析得到的热谱图称为热重曲线或 TGA 曲线。记录 TGA 曲线对时间或温度的一阶导数的方法称为微商热重法，得到的热谱图称为微商热重曲线或 DTG 曲线。

热重分析装置由加热炉和分析天平组成，如图 8-9 所示。

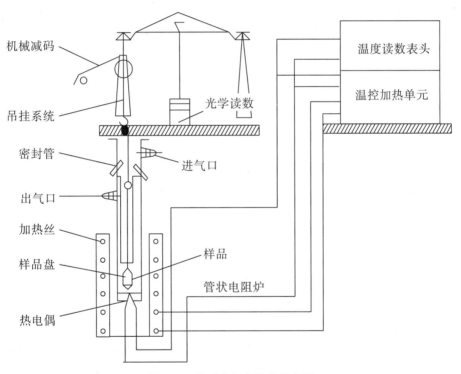

机械减码

吊挂系统

密封管

出气口

加热丝

样品盘

热电偶

光学读数

进气口

样品

管状电阻炉

温度读数表头

温控加热单元

图 8-9　热重分析仪结构示意图

样品可以在真空中加热，也可以在气氛中加热，并在受热中连续称取样品的质量。热重分析有两种控温方法，即升温法和恒温法。

8.3.1.1　升温法

升温法也称为动态法。高聚物样品在真空或其他任何气体中进行等速加温，将随温度的升高发生物理变化（如溶剂从高聚物中解析出来或水分蒸发出来）和化学变化（样品分解），使原样失重。在某温度下样品会发生质量的突变，可用以确定样品的特性，这就是升温法。

图 8-10 是升温法测得的 TGA 曲线。样品原来的质量为m_0，等速升温的开始阶段（100℃左右）样品有少量的质量损失，$m_0 \rightarrow m_1$，这主要是高聚物中溶剂的解吸和失水所致。继续升温，达到T_3时，样品质量显著下降，$m_1 \rightarrow m_2$，这是样品大量分解所致。分解温度有两种求法：一是开始偏离直线的 b 点对应的温度T_2，就用其作为分解温度；二是取 c 点的切线与 ab 延长线的交点对应的温度T_2'作为分解温度，后者的数值偏高。$T_3 \rightarrow T_4$这一段存在其他稳定相，然后再进一步分解。

在实验中，首先，升温速度要适当，一般为 5~10 ℃/min。若升温速度太快，会使分解温度明显升高。同时，因为升温速度快，样品受热尚来不及达到平衡，就会使两个阶段变化为一个阶段，对谱图无法分辨。其次，颗粒大小要适当。样品颗粒不能太大，否则会影响热量传递；样品颗粒太小则会使开始分解的温度和分解完毕的温度都降低。尤其需要注意的是，样品杯不能太深，最好将样品铺成薄层，以免分解放出气体时把样品冲走。如果分解出来的气体或其他气体在样品中有一定的溶解性，则会使测定结果不正确。

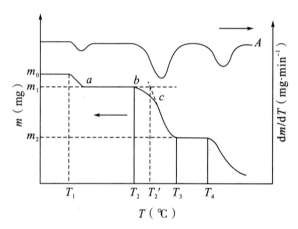

图 8-10　升温法测得的 TGA 曲线

8.3.1.2　恒温法

恒温法也称为静态法。实验在恒温下进行，把样品的质量变化作为时间的函数记录下来，这就是恒温法。在实际分析测试中，采用恒温法的情况较少。

8.3.2　热重曲线（TGA 曲线）

样品在程序控温条件下发生热失重的过程可用下式表示：

$$A（固体）\longrightarrow B（固体）+C（气体）$$

失重的速率可用下式表示：

$$-\mathrm{d}\overline{m}/\mathrm{d}t = K\overline{m}^n \tag{8-12}$$

式中，K 为热失重速率常数；n 为热失重反应级数；$\overline{m}$ 为高聚物分解反应过程中剩余活性物质的质量百分数。

设 m_0 与 m_∞ 分别为样品原质量和裂解之后的最终质量，t 时刻样品质量为 m，则有

$$\bar{m} = \frac{m - m_\infty}{m_0 - m_\infty} \tag{8-13}$$

设实验的升温速率为常数，即 $\beta = dT/dt$，则 $dt = dT/\beta$，代入式（8-12），得

$$-d\bar{m}/dT = \frac{K}{\beta} \cdot \bar{m}^n \tag{8-14}$$

根据 Arrehnius 方法，热失重速率常数 $K = Ae^{-E/RT}$，则

$$-\frac{d\bar{m}}{dT} = \frac{A}{\beta} e^{-E/RT} \cdot \bar{m}^n \tag{8-15}$$

式（8-15）两边取对数，将两个不同温度下得到的对数式相减（这时 β 为常数），得

$$\Delta \lg \left(-\frac{d\bar{m}}{dT} \right) = n\Delta \lg \bar{m} - \frac{E}{2.303R} \Delta \left(\frac{1}{T} \right) \tag{8-16}$$

若在一条 TGA 曲线上（热失重发生区域）取多组数据，使各组数据间 $\Delta \left(\frac{1}{T} \right)$ 保持恒定，这时 $\Delta \lg \left(-\frac{d\bar{m}}{dT} \right) \sim \Delta \lg \bar{m}$ 呈直线关系，直线的斜率为 n，从直线的截距可求出 E。

另一种处理方法是在多种加热速率下，由几条 TGA 曲线求得动力学参数。由热失重速率的原始定义可知

$$\ln \left(-\frac{d\bar{m}}{dT} \right) = \ln A - \frac{E}{RT} + n\ln \bar{m} \tag{8-17}$$

当 $\bar{m}$ 一定时（即取各曲线上 $\bar{m}$ 相等的数据点），根据各 TGA 曲线上 $d\bar{m}/dt$ 和 T 的数值，作 $\ln \left(\frac{d\bar{m}}{dt} \right) \sim \ln \bar{m}$ 图，由直线的斜率求出 n，由几条直线的截距可求出 E 和 A。

8.3.3 热重分析仪

8.3.3.1 天平式和弹簧秤式热重分析仪

比较原始的热重分析仪都采用天平的称量方式，如图 8-11 所示。由于需要足够的灵敏度，一般采用灵敏扭力天平，读取数据也比较方便。但是这样还不能适应微量样品分析的要求，所以又发展出了弹簧秤式（或称簧式）热重分析仪，如图 8-12 所示。弹簧用石英丝绕制而成，或用钨丝在 H_2 中退火后绕成。用读数显微镜来读取弹簧上的标记，标记的偏移是由于样品失重发生的移动量。这种方法灵敏度较高，但容易受到外界振动的干扰。

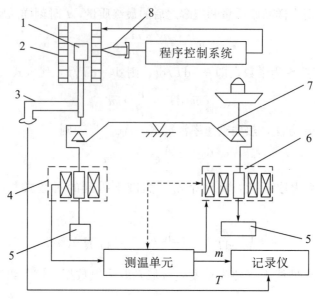

1—试样支持器；2—炉子；3—测温热电偶；4—传感器（差动变压器）；
5—平衡锤；6—阻尼及天平复位器；7—天平；8—阻尼信号

图 8-11　天平式热重分析仪

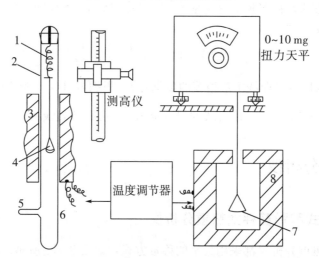

1—石英弹簧；2—标记；3，8—加热炉；4，7—样品皿；5—通气口；6—外套管

图 8-12　弹簧秤式热重分析仪

上述两种方法都需要人工逐点读取温度和失重量，操作烦琐，效率较低，因此，在此基础上又设计了自动装置。例如，用天平上的反射镜带动光点追踪式自动记录仪，或直接用光点在照相纸上记录。也有用测量微小形变的换能器（如差动变压器）装在天平臂上或弹簧秤上，把失重引起的形变转换成电信号，即可实现记录信号的放大。图 8-13 展示了用弹簧秤连接差动变压铁芯构成的一种热重分析仪。这种仪器敏感度较高，但如果不用适当的磁阻尼装置来遏制发生的阻尼振动，往往不能得到满意的曲线。同时，差动变压器的铁芯有一定的质量，这就使得样品用量不能太少。尽管如此，这种形式的仪器目前

还在广泛使用。

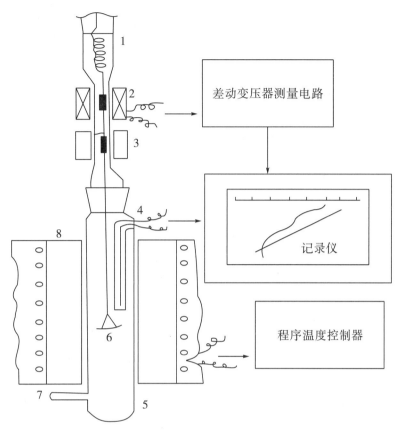

1—石英弹簧；2—差动变压器；3—磁阻尼器；4—测量热电偶；
5—外套管；6—样品皿；7—通气口；8—加热炉

图 8-13 用弹簧秤连接差动变压铁芯构成的一种热重分析仪

8.3.3.2 电磁式微量热天平

较为新型的热分析仪是电磁式微量热天平，它不仅样品用量少，而且灵敏度很高，使用也更加方便可靠，其工作原理如图 8-14 所示。其核心是一个电磁秤，利用与动圈式电表相似的装置，以流过和天平固定在一起的线圈中的电流所产生的电磁场与外面固定磁场相互抗衡的力来平衡样品质量的扭力。线圈的电流是受控制的，因为在天平的另一端装有挡板，在天平平衡时，此挡板恰好使双光电池两部分曝光面积相等，所以这一对反向串联的光电池输出电压抵消为零。如果天平由于样品失重而偏侧，挡板将使双光电池两部分曝光面积不相等而输出电压信号。此信号送到放大器即可提供反馈电流来伺服地调整电磁线圈的电流强弱，使天平再次恢复平衡。此流过线圈的电流经电阻所产生的电压降即可表示质量的变化而输到记录仪绘成失重曲线。这种微量热天平与其他热重分析仪一样能在不同气氛中进行实验。

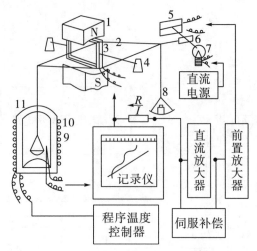

1—电磁秤；2—臂；3—线圈；4—支点；5—双光电池；6—挡板；
7—光源；8—平衡质量；9—测量热电偶；10—样品皿；11—加热炉

图 8-14　电磁式微量热天平的工作原理

8.3.4　影响热重分析数据的因素

随着技术的进步，热重分析仪的开发过程中对如何减少各种因素对测量数据的影响进行了周密的设计，但是这些客观影响因素还是不同程度地存在着。围绕数据的可靠性问题，现将影响热重分析数据的主要因素分述如下。

8.3.4.1　气体的浮力和对流

样品周围的气体因温度不断升高而发生膨胀，比重变小，这使得样品的 TGA 值表现为增重。气体在300℃时的浮力约为室温下的一半，而在900℃时则只有室温下的1/4左右。因为样品处于高温环境，而与之气流相通的天平却处在室温状态，这必然产生对流的气动效应，使测定值出现起伏。这些影响因素可以通过合理设计仪器结构的途径来减小或克服。

8.3.4.2　挥发物的再凝聚

物质分解时的挥发物可能凝聚在与称重相连而又较冷的部位上，影响失重的测定结果。为减小其影响，可以在称重连杆较低的部位设置一系列固定隔板来附着挥发物。

8.3.4.3　样品与称量器皿的反应

样品称量皿一般采用石英或铂制造，但某些物质在高温下也会与之发生化学作用。例如，聚四氟乙烯在一定条件下可以与石英皿形成硅酸盐化合物，所以在选择称量皿材质时要注意样品是否可能与之发生反应。

8.3.4.4　升温速率

由于要从外面炉体和容器等向样品传入热量，所以必然形成温差。有时升温太快会掩盖相邻的失重反应，甚至把本来应出现平台的曲线变成折线，此时 TGA 曲线有向高温方向移动的现象。但升温太慢又会降低实验效率。一般升温速率以 5 ℃/min 为宜，有时需要选择更慢的升温速度。

8.3.4.5　样品的用量和粒度

样品用量大，内外温度梯度大，挥发物不易逸出，会影响曲线变化的清晰度。样品粒度小，反应会有所提前，使曲线向低温方向移动。

8.3.4.6　环境气氛

样品的环境气氛对 TGA 曲线有明显的影响。图 8-15 为聚酰亚胺在静态空气和 N_2气氛中的测定结果。

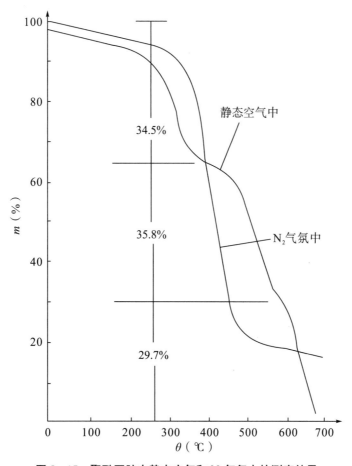

图 8-15　聚酰亚胺在静态空气和 N_2 气氛中的测定结果

8.4 热分析在高聚物研究中的应用

8.4.1 差示热分析和差示扫描量热分析在高聚物研究中的应用

差示扫描量热分析和差示热分析的功能基本相同，在测定高聚物的物理特性，研究聚合热、反应热及固化反应和高分子反应等方面，这两种方法都十分有效。除此之外，用差示扫描量热分析还可以进行样品的纯度测定、晶体微细结构分析及高温状态结构变化的研究等。

8.4.1.1 测定高聚物的玻璃化转变温度

例如，用差示热分析测定聚苯乙烯（polystyrene，PS）的玻璃化转变温度。由于聚苯乙烯玻璃态与高弹态的热容不同，所以在差热曲线上存在一个转折，如图 8-16 所示，玻璃化转变温度 $T_g=82\ ℃$。

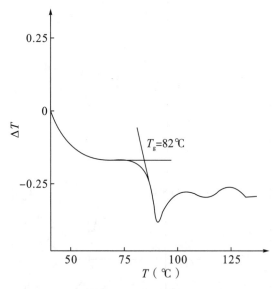

图 8-16 差示热分析测定 PS 的玻璃化转变温度

用差示扫描量热分析同样可以测得T_g的值，例如用示差扫描量热分析记录 25 mg 聚对苯二甲酸乙二醇酯（polyethylene terephthalate，PET）样品以 10 ℃/min 加热的热流变化。从左到右依次发生玻璃化转变、非晶相的放热结晶和吸热熔化，如图 8-17 所示。

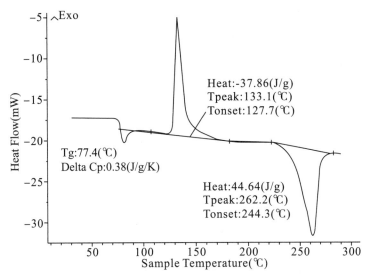

图 8-17　差示扫描量热分析测定 PET 的玻璃化转变温度

8.4.1.2　研究高聚物在空气和惰性气体中的受热情况

图 8-18 是尼龙 6 在氮气和空气中的 DTA 曲线。在空气中，由于氧化约从 180℃基线急剧偏向放热方向，并与熔融吸热峰相重合，而在氮气中因去除氧化的影响，只熔融吸热峰。

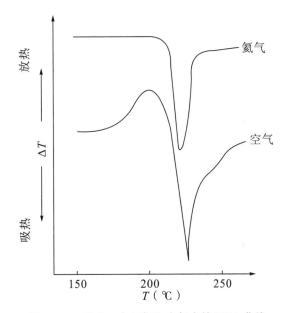

图 8-18　尼龙 6 在氮气和空气中的 DTA 曲线

其他高聚物也有同样的现象，如低密度聚乙烯（low density polyethylene，LDPE）的 DTA 曲线，在空气中的差热线上于熔融和分解两个吸热峰之间出现了两个小氧化峰，如图 8-19 所示。

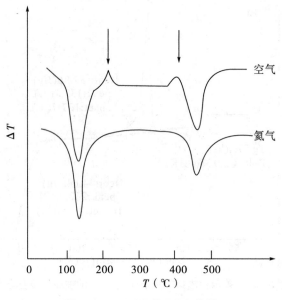

图 8-19　LDPE 的 DTA 曲线

可见，在较高温度下，氧化作用是显著的。对于高聚物氧化类化学反应，由于反应热比熔融热大，故须在惰性气体中实验。

8.4.1.3　研究高聚物中单体含量对 T_g 的影响

图 8-20 是聚甲基丙烯酸甲酯（polymethyl methacrylate，PMMA）的 DTA 曲线。可明显看出，若 PMMA 的 MMA 含量不同，则曲线形状不同，玻璃化转变温度随 MMA 含量的增加而降低。

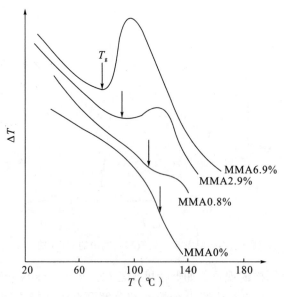

图 8-20　聚甲基丙烯酸甲酯的 DTA 曲线

8.4.1.4　研究共聚物的结构

用热分析手段可以揭示无规、嵌段及多嵌段共聚物的形态结构。图 8-21 中高聚物的 DTA 曲线上出现了两个峰，表明是嵌段乙、丙共聚物，一个峰表示聚乙烯的熔点，另一个峰表示聚丙烯的熔点。只有一个峰的是无规共聚物。

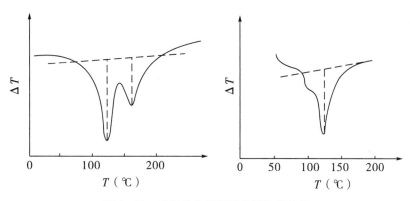

图 8-21　差示热分析研究共聚物的结构

用差示扫描量热分析研究双酚 A 型聚砜-聚氧化丙烯多嵌段共聚物的热转变，结果表明，各样品的软段相转变温度均高于软段预聚的转变温度（206℃），如图 8-22 所示。产生这种结果的原因是硬段与软段之间的相互作用不仅有分子间力而且有连接硬段与软段的氨酯键，所以硬段对软段的作用特别大，使得软段的玻璃化转变温度被显著提高。这是多嵌段高聚物不同于其他多相高聚物的标志之一。

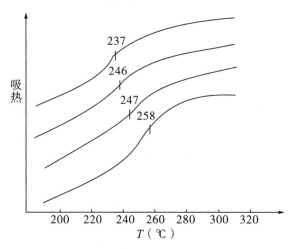

图 8-22　双酚 A 型聚砜-聚氧化丙烯多嵌段共聚物的热转变

8.4.1.5　研究合成纤维的拉伸取向

用差示热分析研究未拉伸和经过拉伸的尼龙 6、尼龙 66、尼龙 610 和涤纶等纤维时，发现未拉伸的纤维只有一个熔融吸热峰，而经过拉伸的纤维有两个吸热峰。经过拉伸的纤维的两个吸热峰中，第一个峰是拉伸过的纤维解取向吸热峰，该峰越大说明取向度越大，而研究取向度的问题对于合成纤维的生产极为重要。合成纤维纺丝之后，紧接着的一道工序就是把抽出的丝进行牵伸，牵伸即是取向过程，在组成纤维的线型高分子链中有规整排列和不规整排列两部分，所有的链都贯穿在这两部分之中。规整排列的链在纤维中能够形成结晶区，而无规排列的则不能。牵伸时，长链分子都按纤维轴方向取向，即作规整排列。这就使不规整排列的部分减少了，而规整排列的部分增多了。在规整排列的区域里，分子的堆砌密度较高，分子间的作用力较强。宏观性能表现出纤维有好的强度，但延伸率降低。为了克服这一问题，使纤维既有好的强度又有好的弹性，要对牵伸后的纤维进行内部结构上的调整。具体方法就是进行热定型处理，也就是解除纤维的内应力，使内应力受热松弛解取向。要控制受热温度和受热时间，使已取向的纤维部分地解取向，分子链稍有弯曲，这样就获得了一定的弹性。图 8-23 是合成纤维内部结构形态示意图。

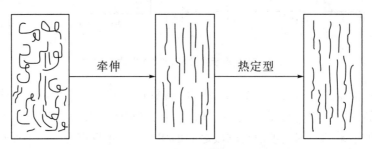

图 8-23　合成纤维内部结构形态示意图

8.4.1.6　用差示扫描量热分析直接计算热量和测定结晶度

DSC 谱图具有热力学函数的意义，因为

$$\frac{dH}{dt}\Big/\frac{dT}{dt} = \frac{dH}{dT} = C_P（比热容）\tag{8-18}$$

式中，dH/dt 为 DSC 谱的纵坐标；dT/dt 为升温、降温速率（在差示扫描量热分析实验中一般为定值）。所以 DSC 谱中纵坐标的高低表明此时样品热容的相对大小。若记录数据中已知单位面积热量为 3.53×10^{-4} J/mm²（可由标准物质通过实验求得），实验误差为±2.6%，则可用分割法求出待测样品各吸热峰、放热峰的面积。通过计算即可求得各吸热峰、放热峰的热量值。例如，涤纶样品的 DSC 谱上结晶峰的面积为 633.2 mm²，则其放热量为

$$3.53\times10^{-4}\times633.2 = 0.224（J）$$

熔融峰的面积为 1010.9 mm²，则其吸热量为

$$3.53\times10^{-4}\times1010.9 = 0.357（J）$$

也可以把各峰剪下来用称重法计算热量。如果记录纸的纸速快一些，峰变得很窄，可通过峰高计算热量。

用差示扫描量热分析求得的熔融热可计算结晶性高聚物的结晶度。将结晶性高聚物样品以一定升温速率加热至熔融，保持几分钟，待样品完成熔融后得到熔融吸热峰，即

可求得熔融热，然后按下式计算结晶度

$$x = \Delta H_f / \Delta H_\infty \qquad (8-19)$$

式中，ΔH_f 为样品的熔融热；ΔH_∞ 为完全结晶高聚物的结晶度。对于每一种高聚物来说，ΔH_∞ 是一定值，其值可从表中查得，也可通过外推法求得。

8.4.1.7　研究橡胶交联度与 T_g 的关系

用差示扫描量热分析测定具有不同交联密度硫化天然胶的 T_g 值，得图 8-24。由图可见，样品交联密度越低，在达到 T_g 时所观察到的比热容异常现象越显著。

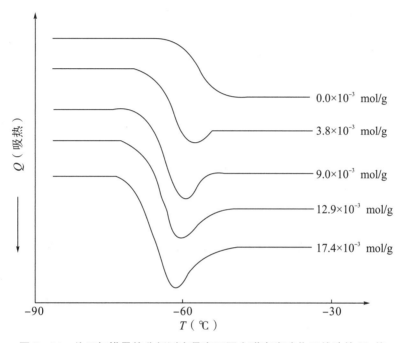

图 8-24　差示扫描量热分析测定具有不同交联密度硫化天然胶的 T_g 值

8.4.2　热重分析在高聚物研究中的应用

8.4.2.1　测定高聚物的物理特性

用热重分析进行高聚物脱溶剂化测定以及评价耐热性都能提供有效的数据。脱溶剂化对提高高聚物的纯度以及探讨聚合反应的完成度均可起到重要作用。用热重分析很容易测得高聚物的分解温度，借以评价其热稳定性。

8.4.2.2　快速老化和分解反应动力学的研究

由一条 TGA 曲线作进一步数据处理，用 $\Delta \lg \left(-\dfrac{\mathrm{d}\overline{m}}{\mathrm{d}T} \right)$ 对 $\Delta \lg \overline{m}$ 作图，得一直线，由直线的截距可求分解反应的活化能 E，由直线的斜率可求分解反应级数 n。以图 8-25 的

情况为例，

$$n = \frac{4.5}{2.65} \approx 1.7, \quad -\frac{E}{2.303R}\Delta\left(\frac{1}{T}\right) = -4.5$$

选取两个测试温度，假设温度倒数的差值 $\Delta\left(\frac{1}{T}\right) = 0.00005$，则

$$E = \frac{4.5 \times 2.303 \times 8.314}{0.00005} \approx 1.723 \times 10^6 \ (\text{J/mol})$$

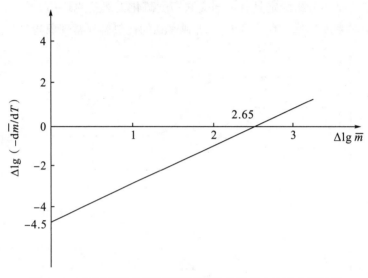

图 8-25   通过热重分析得到的高聚物分解反应的动力学数据

用热重分析研究分解反应动力学是比较方便的，只要有一条 TGA 曲线就可以得到 n、E 等动力学参数。此外，可以在一个完整的温度范围内连续研究动力学。这对于研究高聚物裂解时动力学参数随转化率而改变的情况特别重要。

8.4.2.3   硫化胶中炭黑的定性分析

通过热重分析进行硫化胶（主要是丁基橡胶）中炭黑的定性分析。图 8-26 是用热重分析得到的温度与失重关系曲线。胶样在氮气中加热，到 500℃左右时，除炭黑以外的有机物几乎都分解转变为气体。炭黑在 800℃以上仍是稳定的，为了促进其分解，将空气通入体系中。其结果是从图上的温度 T_0 到 T_t 观察到第二减量。这期间炭黑完全分解，剩下的只是灰分。不同表面积的炭黑可测得不同的 T_0、T_t 值，这些温度值即作为炭黑的分解特征温度。如果用差示热分析决定起始反应温度 T_0，任意性很大，而以热重分析测定的结果较为可靠。

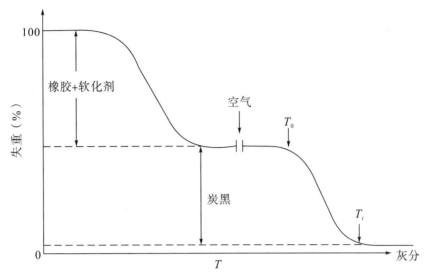

图 8－26　热重分析得到的温度与失重关系曲线

习　题

1. 简述差示热分析的基本原理及应用范围。
2. 试述差示热分析中放热峰和吸热峰产生的原因。
3. 差示扫描量热分析与差示热分析比较有何优越性？
4. 热重法与微商热重法各具有什么特点？
5. 由碳酸氢钠的热重分析结果可知，它在 100℃～225℃之间分解放出水和二氧化碳，所失质量占样品质量的 36.6%，而其中二氧化碳所占的质量比例为 25.4%。试据此写出碳酸氢钠加热时的固体反应式。

第9章　红外光谱与拉曼光谱分析

对于蓬勃发展的航空高聚物材料而言，红外光谱（infrared spectrometry，IR）和拉曼光谱（Raman spectra）在相关研究中占有十分重要的地位，它们是研究这些高聚物的化学和物理性质以及表征的基本手段。红外光谱技术发展到 20 世纪 60 年代末，已经可以为高聚物的研究提供各种关键信息。至今，已逐渐扩展到多种学科和领域，应用也日趋广泛。随着激光技术的发展，激光拉曼光谱仪问世，拉曼光谱在高聚物研究中的应用也日益增多。

在高聚物研究方面，红外光谱和拉曼光谱能对其组成和结构提供以下定性和定量信息：

(1) 化学性质：结构单元、支化类型和支化度、端基、添加剂及杂质。

(2) 立体结构：顺-反异构体、立构规整性。

(3) 构象：高聚物链的几何排列，即平面折叠或螺旋构象。

(4) 序态：晶相、结晶相和非晶相、单位晶格链的数目、分子间力、晶片厚度。

(5) 取向：在各向异性材料中，高聚物链和侧基择优排列的类型及程度。

从应用角度来说，红外光谱和拉曼光谱在下列方面已得到广泛应用：

(1) 高聚物材料的分析和鉴定；

(2) 共聚物的组成分析和序列分布的研究；

(3) 聚合过程、反应机理的研究；

(4) 老化、降解机理的研究。

红外光谱和拉曼光谱统称分子振动光谱，它们分别对振动基团的偶极矩和极化率的变化敏感。因此可以说，红外光谱为极性基团的鉴定提供了最有效的信息，而拉曼光谱对共核高聚物骨架特征的研究特别有效。在研究高聚物结构的对称性方面，红外光谱和拉曼光谱相互补充。一般来说，非对称振动产生强的红外吸收，而对称振动则表现出显著的拉曼谱带。红外和拉曼分析法相结合，可以更完整地研究分子的振动和转动能级，从而更可靠地鉴定分子的结构。

红外光谱和拉曼光谱虽然经历了较长的发展过程，但从某种意义上来说，它们仍是一门经验科学。因此，人们十分重视用它们从实验中直接获得数据和资料，总结归纳出大量有用的经验和规律，制成各类图表。这些图表直观地提供有关物质的性质、结构和组成等信息。需要注意的是，尽管红外光谱和拉曼光谱对研究高聚物的结构特征具有十分重要的意义，但是作为光谱技术，仅仅依靠它们不可能解决研究工作中的所有问题。

9.1　红外光谱分析

9.1.1　红外光谱的基本原理

9.1.1.1　电磁辐射与分子的相互作用

光是一种电磁波（或称电磁辐射），具有一定的振动频率 ν；光又是一种高速运动的粒子，具有一定的能量 E。爱因斯坦利用 $E = h\nu$ 这一简单的方程式，把光子的能量和光波的振动频率直接联系了起来。当一束连续的光辐射通过物质后，其中频率为 ν_0 的光的强度减弱了，这是由于光被物质吸收而造成的现象，这时有 $\Delta E = h\nu_0$。ΔE 是被物质分子所吸收的光能量，它等于该物质分子的两个能级之间的能量差，ν_0 便是被吸收的光的频率。这样在一定频率范围内，由于被物质吸收而产生的光强度按其频率的分布称为吸收光谱。

红外光谱的波长范围为 $0.8 \sim 1000$ μm，相应的频率范围为 $10 \sim 12500$ cm^{-1}。μm 和 cm^{-1} 是红外光谱经常使用的波长和波数单位，它们之间的关系是

$$\nu(cm^{-1}) = \frac{1}{\lambda(\mu m)} \times 10^4 \tag{9-1}$$

由于用以研究的对象及实验观测的手段不同，红外光谱范围又可分成三个部分：$0.8 \sim 2.5$ μm 或 $4000 \sim 12500$ cm^{-1} 部分，称为近红外区；$2.5 \sim 50$ μm 或 $200 \sim 4000$ cm^{-1} 部分，称为中红外区；$50 \sim 1000$ μm 或 $10 \sim 200$ cm^{-1} 部分，称为远红外区。中红外区的光谱是来自物质吸收能量以后，引起分子振动能级之间的跃迁，因此称为分子的振动光谱。远红外区的光谱，有来自分子转动能级跃迁的转动光谱和重原子团或化学键的振动光谱以及晶格振动光谱，分子振动模式所导致的较低能量的振动光谱也出现在这一频率区。近红外区是振动光谱的泛频区，中红外区是分子振动的基频吸收区，也是红外光谱应用中最重要的部分。

随着红外光谱仪制造技术的发展，中红外区的频率下限有所变化。在最早的棱镜式红外光谱仪中，由于使用了 NaCl 单晶制成的棱镜来作为分光元件，它只能工作到 16 μm，即 650 cm^{-1}，因此，其中红外区便定义为 $2.5 \sim 16$ μm，即 $650 \sim 4000$ cm^{-1}。早期的简易光栅型光谱仪，使用一块光栅分光，其工作范围也是如此。近年来，带有微处理机的红外光谱仪采用两块以上光栅分光，可把中红外区扩展到 50 μm，即 200 cm^{-1}。同时，也有一些型号的商品仪器的工作范围是 $2.5 \sim 25$ μm，即 $400 \sim$

$4000\ cm^{-1}$，它们也采用了光栅分光。

当用一束红外辐射照射高聚物样品时，包含于高聚物分子中的各种化学键或基团，如 C—C、C=C、C—O、C=O、O—H、N—H、苯环等便会吸收不同频率的红外辐射而产生特征的红外吸收光谱。因此，利用红外光谱可以鉴定高聚物中是否存在这些化学键或基团。

由于某些化学键或基团处于不同结构的分子中，它们的红外吸收光谱频率会发生有规律的变化，利用这种有规律的变化可以鉴定高聚物的分子链结构。当高聚物的序态不同时，由于分子间的相互作用力不同，也会导致红外光谱带的频率发生变化或是发生谱带数目的增减或谱带强度的变化，由此可以研究高聚物的聚集态结构。此外，红外吸收谱带的强度与相应的化学键或基团的数目有关，因此可以利用红外光谱对高聚物的某些特征基团或结构进行定量测定。

9.1.1.2　大分子的简正振动

分子振动可以近似地看作分子中的原子以平衡点为中心，以很小的振幅做周期性的振动。这种分子振动的模型可以用经典简谐振动的模型来描述。对于简正振动，其数目称为振动自由度，每个振动自由度相应于红外光谱图上的一个基频吸收带。一个含有 N 个原子的分子应有 $3N-6$ 个简正振动（线性分子为 $3N-5$），每个简正振动具有一定的能量，应在相应的波数位置产生吸收。高聚物分子内的原子数目是相当大的。例如，含有 1000 个苯乙烯单元的聚苯乙烯包含 16000 个原子，应有 48000 个简正振动。由此看来，聚苯乙烯（或所有其他高聚物）的红外光谱将是非常复杂的。但事实并非如此，等规聚苯乙烯结晶态只有 50 条左右的红外谱带，无规聚苯乙烯仅有约 40 条（相关主要谱带如图 9-1 所示），可见它们的红外光谱往往比单体还要简单。那么高聚物的红外光谱为什么会有这种特点呢？其主要原因是高聚物是由许多重复单元构成的，各个重复单元具有大致相同的力常数，因而简正振动的频率相近，在光谱上无法分辨，只能看到一个吸收带。其次，高聚物的选择定则十分严格，只有少数简正振动具有红外或拉曼活性。此外，由于振动相互耦合而使振动频率发生位移。不同链长的分子，其振动耦合不完全相同。因此，经耦合而发生不同位移的单个谱带重叠混合，出现扩散型的强宽峰。同时，强宽峰往往要覆盖与它频率接近的弱而窄的吸收谱带。

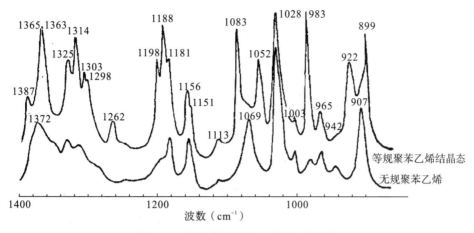

图 9-1　不同类型聚苯乙烯的红外谱带

9.1.1.3　基团频率

对于高聚物光谱的解析是建立在基团频率这一基本前提之上的，即高聚物中原子基团的振动与分子其余部分的振动之间的机械耦合及电子耦合均很少。因此，从小分子或简单的高分子所获得的理论或经验的特征频率数据均可应用于高聚物的光谱解析。例如，C=O、C—O、C≡N、苯环及酰胺基等的光谱吸收带均位于一定的特征频率范围内。图 9-2 中两种不同碳链长度的尼龙 6 和尼龙 66 的红外光谱均在以下各处出现酰胺基的特征谱带：3300 cm^{-1} [ν(N—H)]、1635 cm^{-1} [ν(C=O)]、1540 cm^{-1} [ν(N—H)+ν(N—C)] 等。这些谱带在两种尼龙（聚酰胺）中的相应位置几乎完全相同，但在800～1400 cm^{-1} 波数范围内又各保留了细微的差别。

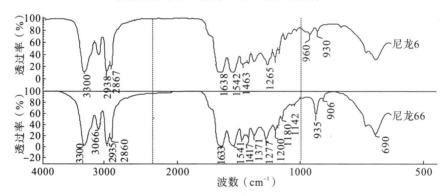

图 9-2　尼龙 6 和尼龙 66 的红外光谱

在高聚物光谱中，除特征的基团频率本身外，还有大量来自邻近基团相互耦合的其他谱带。这些谱带可以看作高聚物的指纹。例如，线型脂肪族聚酯的 CH_2 基团的弯曲振动带，按其所处的分子环境不同，可分为三类：第一类为 CH_2 连接酯链上的氧原子；第二类为 CH_2 自身相互为邻；第三类为 CH_2 与羰基相连。由于耦合的程度不同，这些 CH_2 的振动行为各异。红外光谱基团的频率表可参考有关专著或在专业网站中进行检索。

9.1.1.4　序态

序态（state order）指高聚物的分子结构（即平衡状态分子中原子的几何排列）和聚集态结构（即分子与分子间的几何排列）。在解析高聚物的红外光谱时，必须考虑到大分子系统的这种化学和物理的序态。因为处于不同序态的高聚物，它的光谱也将出现特征性的变化。其中有些谱带对不同序态有特殊的敏感性，而另一些谱带则是不敏感的。这样，为了表征不同序态的高聚物，把有关的谱带进行如下分类：

（1）构象带（conformational bands）。构象带是高聚物分子链组成单元中基团构象的特征谱带。这类谱带在液态、晶态或液晶态光谱中均可出现。由于高聚物在非晶态时可能有旋转异构体存在，所以对于同一高聚物，这种构象谱带的数目要比结晶态时更多。

（2）构象规整带（conformational regularity bands）。这类谱带取决于高聚物分子链内相邻基团之间的相互作用，高聚物处于熔融态或液态时，其谱带强度将减弱或消失。

（3）立构规整带（stereoregularity bands）。这类谱带随高聚物分子链构型的不同而异。这类谱带的数目在各种不同相态的光谱中都相同。

（4）结晶带（crystallinity bands）。真正的结晶带来自结晶高聚物晶胞内相邻分子链之间的相互作用。当一个晶胞内有两个或两个以上的高分子链通过时，可能引起谱带的分裂。

图 9-3 是不同序态聚丙烯的红外光谱。从谱图上可以看到不同序态对光谱的影响。

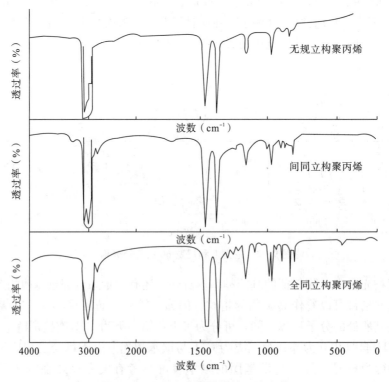

图 9-3　不同序态聚丙烯的红外光谱

9.1.2　实验设备及实验技术

9.1.2.1　红外光谱仪

目前红外光谱仪可分为两大类，即利用分光原理制成的色散型红外光谱仪（dispersive infrared spectrometer）和利用干涉调频原理制成的傅里叶变换红外光谱仪（Fourier transform infrared spectrometer，FTIR spectrometer）。根据分光元件的不同，色散型红外光谱仪又分为棱镜型和光栅型两种。

色散型红外光谱仪是利用分光原理制成的，其主要部分是带有色散元件的单色器，因而称为分光光度计。红外分光光度计主要由三大部分组成，即光源、单色器和记录系统。

红外分光光度计的色散元件将复色光分成单色光，经出射狭缝进入检测器，这样就使到达检测器的光强大大减弱，响应时间也较长，并且仪器的分辨率和灵敏度随着波长的变化不断改变。这些弱点的存在限制了色散型红外光谱仪的发展。

傅里叶变换红外光谱仪的关键部分是干涉仪，其系统构成单元如图 9-4 所示。通常采用迈克尔逊干涉仪（Michelson interferometer）。由干涉仪完成干涉调频，在连续改变光程差的同时记录下中央干涉条纹的光强度变化，即得到干涉图。利用电子计算机将这一干涉图进行傅里叶函数的余弦变换，最后得到人们可辨认的红外光谱图。

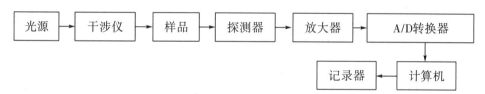

图 9-4　傅里叶变换红外光谱仪的构成单元

傅里叶变换红外光谱仪排除了色散型仪器的单色器和出射狭缝，这使得到达检测器的光能量大为提高，因而提高了仪器的灵敏度。此外，在整个测量范围内分辨率是一个常数，不随波长的变化而改变。加之采用了高响应的检测器（TGS），这大大提高了光谱的响应速度。因此，它为微量样品的测定、近似结构的分辨、瞬态过程的测量以及与色谱仪联机使用等提供了极为有利的条件。

根据平衡技术的不同，色散型红外光谱仪又分为光学零位平衡型和电学零位平衡型两种。在化学研究中使用的一般均为自动扫描式的双光束光学零位平衡型红外光谱仪，其结构原理如图 9-5 所示。

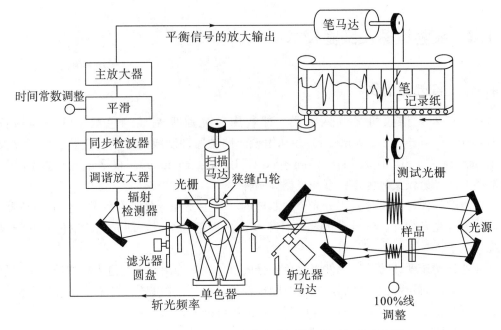

图 9-5　自动扫描式的双光束光学零位平衡型红外光谱仪

　　光源辐射被两个凹面镜反射形成两束收敛的光，分别形成测试光路和参比光路，两束光首先通过样品室，然后到达斩光器。一般的斩光器具有一个半圆形或两个直角扇形的反射镜，由马达带动以一定频率旋转，使测试光路的光（透射）和参比光路的光（反射）交替通过到达入射狭缝处成像并进入单色器，光线交换的频率为 10 Hz。在单色器中，连续的辐射被光栅色散后，按照频率高低依次通过出射狭缝，由滤光器滤掉不属于该波长范围的辐射后，被反射镜聚焦到检测器上。

　　如果两束光具有相等的强度，则在检测器上产生相等的光电效应，使检测器仅有稳定的电压输出而没有交流信号；当测试光路的光被样品吸收而减弱时，由于两光路能量不等，则到达检测器的光强以斩光器的频率为周期交替地变化，使检测器的输出在恒电压的基础上伴随有 10 Hz 的交变电压，其强度由两光路光能的差决定。这个交流信号经电学放大系统放大后用以驱动伺服马达运转，使一个梳形的测试光栅（减光器）插入参比光路以降低其光能，测试光栅插入越深，光能衰减就越大，直至两光路的能量趋向平衡为止。这时检测器没有交流信号输出，伺服马达停止转动。在记录系统中，记录透射比的笔是和测试光栅联动的。在测试光栅插入参比光路的同时，记录笔将向透射 10％线方向移动。与此相反，当仪器继续扫描到超过吸收最大的波数位置后，由于样品吸收光能减小，测试光路的能量增强，这时两光路的能量又变得不平衡，使检测器产生相反的交流信号，经放大后驱动伺服马达以相反方向转动，使测试光栅逐渐退出参比光路，记录笔也相应向透射 100％线方向移动，完成了对一吸收带的记录。

　　波数的扫描是靠扫描马达转动波数凸轮，进而控制光栅的转角，使色散后的单色光按波数的线性关系依次通过出射狭缝到达检测器，扫描马达同时使记录纸同步等速移出，因此记录的谱图是对波数线性的。另有一个狭缝凸轮也是与此同步地运转，它在扫描过程中控制狭缝的宽度，以补偿光源辐射强度随频率的变化，使到达检测器的光能维持在一个恒定的水平。

9.1.2.2　制样技术

高聚物红外光谱图的质量在很大程度上取决于样品的制备。如果样品制备不当，诸如样品的厚度不适当、分布不均匀、产生干涉条纹以及含有杂质或是样品内留有残余溶剂等，都会造成许多有用光谱信息的丢失、误解或混淆。

红外光谱要求样品厚度：定性分析 $10\sim30~\mu m$；定量分析对样品厚度有更苛刻的要求，可以从几个微米一直到毫米以上。在测试过程中，要保证透过率在 $15\%\sim70\%$ 的范围内。样品过厚，许多主要的谱带都被吸收到顶，彼此连成一片，看不出准确的波数位置和精细结构；样品过薄，许多中等强度和弱的谱带由于吸收太弱，在谱图上只有一个模糊的轮廓，失去谱图的特征。

有机化合物样品由于对入射光产生反射，可造成百分之几程度的能量损失，特别是在强吸收附近，损失可达 15%。在谱带低频一侧，折射能量损失更大，造成谱带变形。一般在参比光路中放一个比测试光路样品薄许多的同组分样品，以消除这种反射对谱带的影响。

反射引起干涉条纹，干涉条纹与光谱叠加在一起，将使谱带变形，特别是对定量分析的精度影响较大，这种影响在长波区域更为突出。消除干涉条纹主要有以下几种方法：①样品表面粗糙化，可以在粗糙的物体表面做膜，也可以做膜后用砂纸将样品一侧或两侧打毛；②采用楔形薄膜；③在样品薄膜两侧涂上一层折射率和样品相近且对红外线透明的物质，最常用的是液状石蜡和全氟煤油。

1. 溶液制样

尽管溶液制样技术在小分子化合物的红外光谱测量中，特别是在定量分析中获得了广泛应用，但在高聚物的研究中却用得很少。这主要是因为难以找到在红外辐射区既有良好的透明度，又能溶解高聚物的理想溶剂。另外，为了消除溶剂光谱的干扰，需要在参比光路中放入少量溶剂，这样便希望溶液的浓度尽量高些。但溶液的浓度高了常会变得很黏稠，红外光谱通常所用的液体吸收池都比较薄，这在实验处理上就比较麻烦。如果做定量分析，由于只测量很窄波长范围内的分析谱带，这种实验技术方面的困难就要小得多。

自从傅里叶变换红外光谱仪商品化以后，排除溶剂吸收的干扰问题就变得容易多了。过去由于水存在强而宽的吸收，红外光谱用于水溶液的分析是很困难的，在傅里叶变换红外光谱中则可采用差谱技术把水的光谱滤掉，这对生物组织的红外光谱研究是非常有利的。

2. 薄膜样品的制备

（1）溶液铸膜法。

将高聚物用适当的溶剂溶解（溶液的浓度视所需的薄膜厚度而定，通常在 20% 以内）后滴在经过洗净干燥的平面玻璃或金属板上，使其均匀分散，尽量缓慢挥发，以保证制成的薄膜质量良好。待溶剂挥发后，将膜取下。为了彻底除去可能残存的溶剂，可将薄膜置于真空干燥箱内适当加热。

如果高聚物溶液在玻璃表面分散不好，可将玻璃表面先用水洗净，然后用一块柔软的绸布浸以二甲基二氯硅烷或四氯化碳溶液擦拭玻璃表面，待溶剂蒸发后，把玻璃板放在水中洗净待用。这样的玻璃表面对大多数高聚物的溶液都能很均匀地分散。

此外，还可以将高聚物溶液直接滴在 NaCl 盐片上，待溶剂挥发后，连同 NaCl 盐片一起进行红外光谱测量。当然，这样制成的薄膜厚度可能不够均匀，但对于开展定性分析已经可以满足要求。

如果想要制备很薄的薄膜，可将极稀的高聚物溶液撒在水面上。只要溶剂不与水混溶，便可制出很好的薄膜。

（2）熔铸或热压制膜法。

对于热塑性高聚物，只要在所需温度下不使高聚物发生分解、氧化或降解，便可采用熔铸或热压法来制备。将少量高聚物夹在两块 KBr 小片之间，放入压模内。在压模的外面用一空心圆柱形小电炉加热，待高聚物软化或熔融后，用压力机加压，在适当压力下可压制成所需的薄膜。图 9－6 是高聚物的简易热压铸膜装置。所需的加热温度和时间随高聚物样品的性质而定，加热电压由调压变压器来调节。

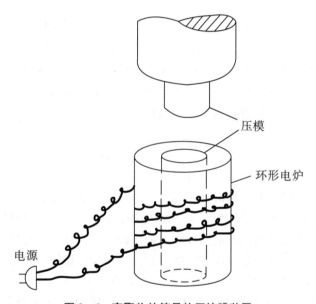

图 9－6　高聚物的简易热压铸膜装置

热压膜的优点是没有残留溶剂的干扰。常见高聚物热压成膜的温度范围为 350℃～550℃。以上所列各种制膜法所制得的高聚物薄膜都是各向同性膜。

另外，还可用拉伸、压延（或碾压）法制备取向薄膜，用于取向高聚物的红外光谱研究。

3. 压片

压片技术中常用溴化钾（KBr）作分散介质，取高聚物样品 1～2 mg，研细后和 KBr 粉末 100～200 mg 进行混研，待样品与 KBr 混合均匀后，装入模具，放在压力机上加压成形，使之成为透明的晶片。

在通常的红外光谱测量中，KBr 晶片的直径为 10~12 mm，厚度为 0.3~0.5 mm。压片时的压力约为 700 MPa。

为了防止压制出的晶片表面出现龟裂现象，压片时应先用机械泵抽气，真空度一般达到 133.3~266.6 Pa 即可。加压时间的长短对所压出晶片的质量影响不大，因为 KBr 形成结晶是在压力达到所需极大值的一瞬间形成的，所以继续延长加压时间，对结晶的形成无明显的影响。

为了避免散射现象的发生，制作 KBr 压片时必须使样品与 KBr 粉末混合均匀，当分散介质与样品的折光指数相近时，散射效应就很小。此外。为了避免由于克里斯琴森效应（Christiansen effect）出现散射现象而导致谱带轮廓的不对称，应使分散介质与样品的颗粒尺寸小于测试所用的红外辐射波长。

4. 糊剂制样

在 KBr 压片的红外光谱中，常在 3450 cm^{-1} 和 1635 cm^{-1} 处出现强而宽的水吸收，且很难完全除去。有时为了避免这种干扰，可采用一些液态悬溶剂，如液状石蜡、六氯丁二烯、全氟化碳等，将研细的高聚物粉末放在悬溶剂内研磨成糊状，然后测量这一糊剂的光谱。

5. 纤维样品的制备

纤维样品的制备可分为两类：①破坏纤维外形的制样方法有 KBr 压片、溶液铸膜、糊剂悬浮、热压铸膜、冷压膜、热解和水解。②保留纤维外形的制样方法有单根纤维的微量红外光谱技术，单根纤维可用反射式红外显微镜直接进行观察。把纤维夹在特制的显微夹具上，夹具透光的缝隙宽度是固定的，可根据需要进行选择。如果所测纤维的直径过粗，则经显微切片处理后方可进行光谱测量。

纤维栅法：测量多根纤维时，重要的是要把样品纤维排列整齐，平行而且不出现漏光的缝隙。通常是使用 U 形金属夹，把纤维平行地夹于其上，如图 9-7（a）所示。也可把纤维按同样要求夹于两块盐片之间进行测量，如图 9-7（b）所示。干燥的纤维可以产生足够强的红外光谱，但可能对红外辐射产生表面散射，用适当的液体把纤维浸湿可以减小这种表面散射效应。

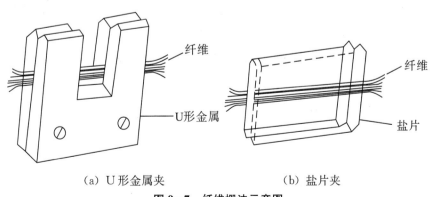

（a）U 形金属夹　　　　　　（b）盐片夹

图 9-7　纤维栅法示意图

6. 切片

如果拟研究的高聚物样品太厚，不便进行红外光谱测量，但又不能采用溶解、熔融或加压等手段改变样品的物理状态，就可以考虑采用显微切片技术。此外，有些高聚物的交联树脂等既不能溶解，也不能熔融，制备这样的高聚物红外光谱检测样品也需要采用切片技术。

显微切片的关键是掌握切削技巧并正确选择诸如切削速度、刀具形状、切削角度以及切削温度等切削条件。具体选择怎样的切削条件，主要由高聚物样品的硬度来决定。一般来说，软的样品要比硬的样品所用的切削速度快些。实验中样品的硬度可以通过改变样品的温度进行调节。太硬的样品可以适当加热使其软化，或使用合适的溶剂把样品溶胀后再进行切割。值得注意的是，在切片过程中可能使高聚物样品产生轻微的结晶或取向，从而引起红外光谱的变化。

9.1.3　红外光谱在高聚物研究中的应用

在振动光谱的许多应用中，人们很早就对相关的分析应用产生了研究兴趣，因此，红外光谱的分析应用是非常普遍的。它不仅可以对样品的化学性质进行定性分析，而且可以对样品的组成进行定量分析（如纯度、添加剂的含量、共聚物的组成等）。定量吸收光谱不仅可以用于纯度的分析，而且可以广泛应用于高聚物的结构测定，如构型、构象、构象规整度、序列分布、取向度、结晶度等。由于红外光谱的强度依赖于振动分子的偶极矩变化，因此还可以从绝对强度的数据推导出其他结构信息（如键矩的计算、强度与结构参数之间的关系等）。

红外光谱图吸收峰的归属方法主要是依赖基团频率关系。表示特征谱带位置的波数（cm^{-1}）是红外光谱法中最重要的参数。对于高聚物来说，虽然其常见种类比小分子少得多，但仍达数百种以上，依赖人工记忆来掌握它们的全部红外光谱图是极难办到的，因此主要依靠检索标准谱进行对照，进而获得吸收峰归属结果。红外标准谱有C. J. Pouchert 主编的 Aldrich 红外图谱库，R. J. Keller 主编的 Sigma Fourier 红外光谱图库，D. O. Hummel 等编著的《聚合物、树脂和添加剂的红外分析谱图》，以及美国费城萨德勒（Sadtler）研究实验室编印的《萨德勒标准光谱》等。文件格式的商品光谱图还有英、德两国合编的 OMS 卡片。现代红外光谱仪的计算机都带有储存系统，记录有各种分子结构的标准图，可按分子式、化学名称以及最强波数自动检索，并且能同时给出 IR、UV、Raman、NMR 谱图以供对照比较。

9.1.3.1　研究聚合物链的结构

依靠红外光谱法能检测双烯类高聚物中的内、外双键以及内、外双键中的顺、反式结构。例如，聚丁二烯是 1,3-丁二烯的聚合物，其英文缩写为 PB。但是，还存在顺式1,4-聚丁二烯（又称顺丁橡胶）、反式 1,4-聚丁二烯，以及 1,2-聚丁二烯等其他类型的聚丁二烯。后者还有全同立构和间同立构之分。顺式 1,4-聚丁二烯的密度为 1.01 g/cm^3，玻璃化温度低至 $-106℃$，熔点为 3℃；而 1,2-聚丁二烯的密度为 0.93 g/cm^3，玻璃化温度为-15℃，熔点为 128℃（全同立构）和 156℃（间同立构）。不同结构的聚丁二烯性能差别很大：顺式 1,4-聚丁二烯有高弹性和低滞后性，高抗拉强度和耐磨性，拉伸时可结晶；反式 1,4-聚丁二烯的结晶性大，回弹性差；1,2-聚丁二烯为非晶态，低温性能较差。聚丁二烯可用硫黄硫化，硫化时会发生顺反异构。对于 1,4-加成的双烯类聚合物，由于内双键上的基团在双键两侧排列的方式不同而有顺式构型和反式构型之分，如聚丁二烯有顺、反两种构型：顺式 1,4-聚丁二烯，分子链与分子链之间的距离较大，在常温下是一种弹性很好的橡胶；反式 1,4-聚丁二烯，分子链的结构也比较规整，容易结晶，在常温下是弹性很差的塑料。

在检测了双键位置之后（图 9-8），可根据聚丁二烯的红外光谱图测定各种结构体的浓度。这方面的研究工作做得比较多，主要采用基线法对图中的三种异构体进行定量计算。

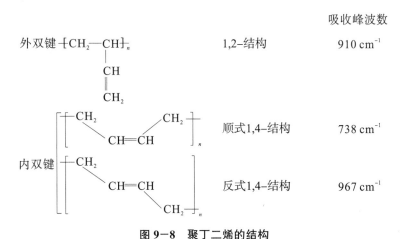

图 9-8　聚丁二烯的结构

总吸光度为

$$A = 17667 D_{738} + 3673.8 D_{910} + 4741.4 D_{967} \qquad (9-2)$$

各吸收峰的光密度为

$$D_{738} = \lg \frac{b}{a}, \ D_{910} = \lg \frac{d}{c}, \ D_{967} = \lg \frac{f}{e} \qquad (9-3)$$

$$[1,2-]\% = \frac{3673.8 D_{910}}{A} \qquad (9-4)$$

$$[cis-1,4-]\% = \frac{17667 D_{738}}{A} \qquad (9-5)$$

$$[trans-1,4-]\% = \frac{4741.4 D_{967}}{A} \qquad (9-6)$$

9.1.3.2　研究橡胶老化

橡胶经过光、热或辐射后，在红外光谱中如果发现有 $\diagup C=O$ 和—COH 基团存在，说明发生了氧化作用；如果 C=C 基团增多，说明有断链发生。

9.1.3.3 测定共聚物的序列分布

例如，乙、丙共聚物的序列分布。首先，把乙烯和丙烯两种链节可能的连接方式都排列出来。

（1）全部是丙烯链节的情况：

连接方式	结构式	间隔CH_2个数
头 尾	$-CH-CH_2-CH-CH_2-CH-CH_2-$ 　　CH_3　　　CH_3　　　CH_3	1
尾 尾	$-CH-CH_2-CH_2-CH-$ 　CH_3　　　　　CH_3	2

（2）乙、丙共聚（两种链节）的可能情况：

结构式	间隔CH_2个数
$-CH-CH_2-CH_2-CH_2-CH-CH_2-$ 　CH_3　　　　　　　CH_3	3
$-CH-CH_2-CH_2-CH_2-CH_2-CH-CH_2-$ 　CH_3　　　　　　　　CH_3	4
$-CH-CH_2-CH_2-CH_2-CH_2-CH_2-CH-CH_2-$ 　CH_3　　　　　　　　　　CH_3	5

（3）全部是乙烯链节的情况：

间隔CH_2个数大于5。

排列好以后，将实测的吸收峰波数对照模型化合物，即已知间隔CH_2个数的化合物的吸收峰波数，相符合的排法即为该样品的序列分布情况。常用到的模型化合物有：

化合物	间隔CH_2个数	吸收峰波数
$CH_3-CH_2-C\big\langle$	1	$780\sim785\ cm^{-1}$
CH_3-CH_2-CH	1	$770\sim776\ cm^{-1}$
$\left[CH-CH_2-CH-CH_2\right]_n$ 　CH_3　　　CH_3	1	$815\ cm^{-1}$
$CH_3-CH-CH_2-CH_2-CH-CH_3$ 　　　CH_3　　　　　CH_3	2	$753\ cm^{-1}$
交替型的丁烯-2与乙烯共聚物	2	$752\ cm^{-1}$

2,4,10,14–四甲基十五硫烷	3	733 cm^{-1}、735 cm^{-1}
加氢聚异戊二烯	3	735 cm^{-1}

$$\begin{array}{c}
CH_3 \qquad\qquad\qquad CH_3 \\
| \qquad\qquad\qquad\qquad | \\
CH\ CH_2\ CH_2\ CH_2\ CH_2\ CH \\
| \qquad\qquad\qquad\qquad | \\
CH_3 \qquad\qquad\qquad CH_3
\end{array}$$

	4	728 cm^{-1}
$CH_3(CH_2)_4C$—	4	724~726 cm^{-1}
$CH_3(CH_2)_5CH_3$	5	722 cm^{-1}
$CH_3(CH_2)_5C$—	5	723~724 cm^{-1}

再例如，四氟乙烯（A）与三氟氯乙烯（B）的共聚物可能的序列分布。当组分比不同时红外光谱图也不一样，如图 9-9 所示（图中百分数为三氟氯乙烯的质量百分比）。

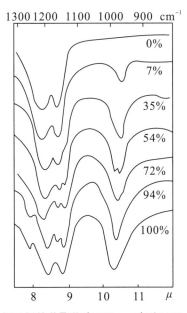

图 9-9　四氟乙烯与三氟氯乙烯的共聚物在 800 cm^{-1} 到 1300 cm^{-1} 区域红外谱带的变化

在含少量三氟氯乙烯（7 wt.％）的共聚物红外光谱中，于 957 cm^{-1} 处出现一条谱带，对应于 ABA 三单元组的 C—Cl 伸缩振动。随着 B 组分含量的增加，共聚物红外光谱带在 900~1000 cm^{-1} 范围内发生明显变化。图 9-9 中的数字表示三氟氯乙烯的摩尔百分比浓度，当 B 组分增加到 35％时，于 967 cm^{-1} 处出现一条谱带，对应于 ABB 三单元组。当 B 组分达到 50％左右时，967 cm^{-1} 和 971 cm^{-1} 两条谱带的强度近似相等，分别对应于 ABB 和 BBA 三单元组。如果 B 组分进一步增加，对应于纯 B 的 971 cm^{-1} 谱带（BBB）越来越强，最后成为唯一的谱带，见表 9-1。

表 9-1　四氟乙烯（A）与三氟氯乙烯（B）的共聚物可能的红外数据

B组分含量/wt. %	吸收峰波数/cm⁻¹	可能序列
0	—	AAA
7	957	ABA
35	967	ABB
54	967、971	ABB、BBA
100	971	BBB

9.1.3.4　研究高聚物的相转变

例如，聚乙烯（PE）的非晶型吸收带在 1308 cm⁻¹ 处。通过测定不同温度下区域谱带 1308 cm⁻¹ 峰的强度变化，可以求出聚乙烯的结晶度（图 9-10）。

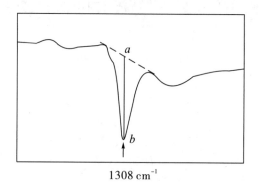

1308 cm⁻¹

图 9-10　聚乙烯的结晶度

当温度低于 T_1（熔融）时，吸收带强度维持恒定。当温度在 $T_1 \sim T_2$ 之间时，晶粒熔融，非晶相增加，使 1308 cm⁻¹ 吸收带强度增加（透过率下降），如图 9-11 所示。

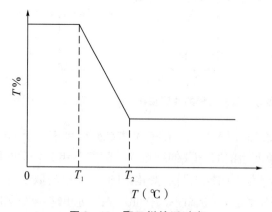

图 9-11　聚乙烯的透过率

当温度高于 T_2 时，聚乙烯完全以非晶态存在，此时非晶相浓度 $C_a = 1$。当温度低于 T_2 时，非晶相浓度为

$$C_a' = \frac{D_2}{D_1}, \quad D = \lg \frac{a}{b} \tag{9-7}$$

式中，D_1 为 1308 cm^{-1} 峰在温度为 T_2 时的光密度；D_2 为 1308 cm^{-1} 峰在温度低于 T_2 时的光密度。

结晶度由下式给出

$$X_c = (C_a - C_a') \times 100\% \tag{9-8}$$

9.1.3.5　鉴别结构相近的高聚物

例如，丁二烯和苯乙烯的嵌段和无规共聚物的鉴别。这两种共聚物由于结构不同，其物理性能也不相同。无规共聚物是橡胶，而嵌段共聚物是热塑弹性体。两种结构的红外光谱图在 450~650 cm^{-1} 区域中存在明显差异，如图 9-12 所示。在嵌段共聚物的红外光谱图中，542 cm^{-1} 处有一中等强度的谱带，如图 9-12（b）所示。在无规共聚物的红外光谱图中，对应谱带的位置移至 560 cm^{-1} 处，强度较弱，而形状变宽，如图 9-12（a）所示。

R. Schnell 把在这两个波数位置所测量的谱带吸光度的比值定义为嵌段指数 β，即

$$\beta = A_{542}/A_{560} \tag{9-9}$$

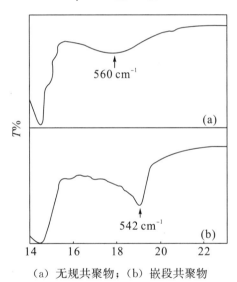

（a）无规共聚物；（b）嵌段共聚物

图 9-12　丁二烯和苯乙烯的共聚物（苯乙烯含量为 25 wt.%）的红外光谱图

9.1.3.6　测定聚乙烯支化度

由于聚合方法不同，聚乙烯有高密度和低密度之分。低密度聚乙烯的分子链中含有较多的短支链，如图 9-13 所示。这些短支链对聚乙烯的拉伸行为、熔点、晶胞尺寸和结晶度等物理性质都有很强的影响，所以支化度的测定具有重要的实际意义。

在红外光谱法中，采用测定聚乙烯端基（甲基）的浓度来表征它的支化度。选取位于 1378 cm^{-1} 的甲基对称形振动谱带作为分析谱带。

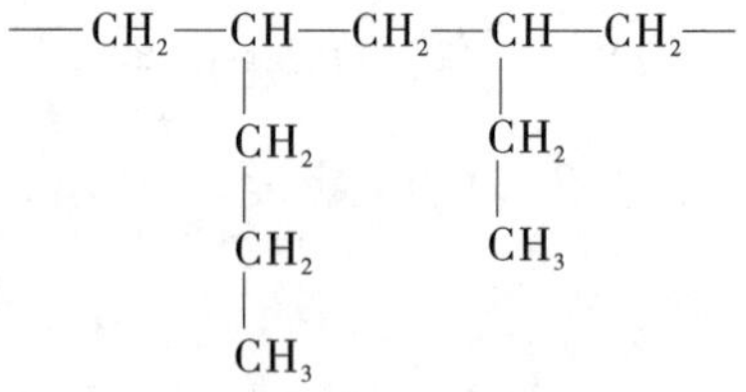

$$-CH_2-CH-CH_2-CH-CH_2-$$

图 9-13　聚乙烯中的短支链示意图

9.1.3.7　研究高聚物的取向

用偏振红外光谱法研究高聚物分子链的取向，在理论和实践上都有重大意义。首先，可以测量纤维或薄膜的取向类型和取向程度，从而研究高聚物在外力作用下的变形机理。其次，可以测定高分子链的结构，在确定红外谱带的归属上有很大的作用。

根据不同的使用性能要求，可以采取不同的方法使高聚物材料产生不同方式的永久取向，如图 9-14 所示。比如，采用单轴拉伸取向或双轴拉伸（压延）取向，就可以获得具有不同性能的永久取向材料。

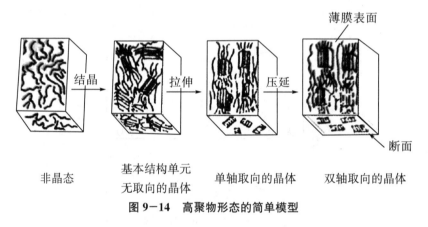

图 9-14　高聚物形态的简单模型

研究高聚物取向的方法是，给入射红外光加一偏振器，使其成为偏振红外光。当偏振红外光照射拉伸取向的高聚物薄膜时，会引起某基团偶极矩变化方向（即跃迁距方向）与入射偏振光电场矢量方向有较大的平行度，吸收峰的相对强度变强，记为 $A_{/\!/}$；当二者大致垂直时，吸收峰的相对强度变弱，记为 $A_\perp$。

光谱中所得到的相应吸收峰的吸光度之比称为二色性，$A_{/\!/}/A_\perp = R$。因为偶极矩变化方向与高分子链取向有关，所以可用二色性表征高聚物的取向。R 值变化大，说明取向性强；如果用平行和垂直的偏振红外光照射样品，A 值无变化，则说明样品分子是杂乱取向。

9.2　拉曼光谱分析

采用红外光谱法和其他方法对水溶性高分子以及结构上没有偶极矩变化的高聚物进

行研究是困难的，而拉曼光谱正好适合于这类高分子材料的分析研究。

拉曼光谱是印度科学家拉曼（Raman）于 1928 年正式建立的。当时没有强光源，样品受照射后产生的拉曼效应很弱，这使得拉曼光谱这一技术的发展受到限制。1960年激光的出现为拉曼光谱测定提供了新的单色强光源，拉曼光谱便迅速发展起来。

9.2.1　拉曼光谱的基本原理

9.2.1.1　拉曼散射

一束单色光（$h\nu_0$）照射到透光的样品上后，一部分光沿入射方向透过样品，另一部分光被散射介质向各方向散射。散射有两种类型，即瑞利散射和拉曼散射。当入射光子与样品分子进行弹性碰撞而发生散射时，只是改变了入射光子的方向，散射光与入射光的频率相等，没有能量交换，这种散射称为瑞利（Rayleigh）散射。当入射光子与样品分子发生非弹性碰撞时，光子与分子之间有能量交换，散射光的频率低于或高于入射光的频率。在散射谱图上，这种散射线分布在瑞利线的两侧，文献上称为斯托克斯（Stokes）线和反斯托克斯（anti-Stokes）线，这种散射称为拉曼散射。

在高分子溶液的光散射中，瑞利散射和拉曼散射同时存在，但它们的频率范围不同（拉曼散射线很弱，频率变化范围为十至几千波数）。因此，要用不同的仪器进行检测。用溶液光散射仪测定的是瑞利散射光强的浓度和角度依赖性，据此可以计算高聚物的分子量等数据。用拉曼光谱仪则通过研究拉曼散射线获取材料的结构信息。拉曼散射和瑞利散射的谱线和能级跃迁情况如图 9−15 所示。

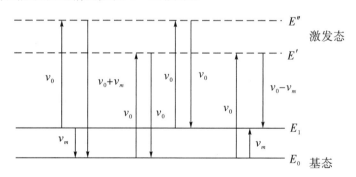

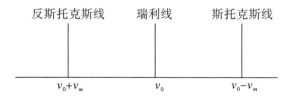

图 9−15　拉曼散射和瑞利散射的谱线和能级跃迁情况

当处于基态 E_0 或激发态 E_1 的分子与频率为 ν_0 的入射光子碰撞时，分子得到能量，立即提高到$E_0 + h\nu_0$（或$E_1 + h\nu_0$）能级。这是不稳定能级，分子会散射出相应能量，回到它们原来的基态能级。在这一过程中，散射光的频率与入射光的频率相等，这就是瑞利线。如果分子与入射光子碰撞，提高到激发态能级后不回到原来的基态能级，而是回到另一个能级，这一过程得到的是拉曼线，即斯托克斯线和反斯托克斯线。拉曼线与入射光频率之差ν_m（或$\Delta\nu$）称为拉曼位移。斯托克斯线和反斯托克斯线的跃迁概率是相等的，但由于在常温下处于振动基态E_0的分子要比处于振动激发态E_1的分子数目多得多，所以斯托克斯谱带要比反斯托克斯谱带的强度大得多，故拉曼光谱分析多采用斯托克斯线。

9.2.1.2　拉曼活性

分子在振动时，如果极化率发生改变，它就是拉曼活性分子。拉曼散射可以发生在异核分子中，也可以发生在同核分子中，而红外活性取决于振动时偶极矩的变化，非极性分子不具有红外活性。

极化率是指在电场作用下，分子中电子云发生变形的难易程度。极化率α与诱导偶极矩D和电场强度E有关：

$$D = \alpha E \tag{9-10}$$

拉曼散射谱线的强度依赖于分子的极化率α。

9.2.1.3　拉曼光谱的主要参数

拉曼光谱的主要参数是拉曼位移，即频率位移。和红外光谱一样，给出的基团频率是一个范围值，单位是波数（cm^{-1}）。另一个参数是去偏振度，也称为退偏振比。在三维空间中，当入射激光 L 在 X 轴上与不对称分子 O 发生碰撞时，分子被激发散射出不同方向的偏振光。如果在 Y 轴上加一偏振器 Q，当偏振器与入射激光方向平行时，则 ZY 面上的散射光可以通过；当偏振器与入射激光方向垂直时，则 XY 面上的散射光可以通过，如图 9-16 所示。

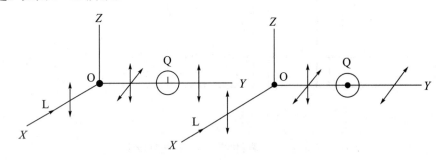

图 9-16　去偏振度示意图

令垂直散射光强与平行散射光强之比为去偏振度，则

$$P = A_{/\!/}/A_\perp \tag{9-11}$$

去偏振度 P 与极化率α有关：

$$P = \frac{3\alpha_1^2}{45\alpha_2^2 + 4\alpha_1^2} \tag{9-12}$$

式中，α_1 为各向异性分子的极化率；α_2 为各向同性分子的极化率。对于完全对称的球形振动来说，$\alpha_1 = 0$，则 $P = 0$，说明去偏振度可以表征分子的对称性。P 值越大，分子的对称性越高。

对拉曼光谱的分析方法与红外光谱基本相同。拉曼光谱图中的拉曼位移与红外光谱中吸收峰的频率是一致的，只不过对应峰的相对强度不同。拉曼光谱的分析方法也是通过对谱带频率、形状和强度等的分析来推断分子结构。

9.2.2　实验设备及实验技术

9.2.2.1　激光拉曼光谱仪

激光拉曼光谱仪由激光器（光源）、样品光源系统、单色仪、接收器、电子线路和记录器系统组成。仪器所用光源多为气体激光器。杂散激光必须使用滤光片或前置单色器加以消除。激光辐射是高度的平面偏振光，偏振度大于 98%。测量偏振度时，激光束的偏振平面可以利用半波长板加以转动。在大多数情况下，散射光是在 $90°$（纤维、粉末、大块材料、液体等）或 $180°$（透明薄膜、晶体等）观察。透镜把散射光聚焦在单色器的入射狭缝上。在进行退偏振测量时，可利用放在入射狭缝与聚焦透镜之间的偏光板进行检偏。因为光谱仪的好几个组成部分，如反射镜、光栅、狭缝都对光的偏振特性有影响，因此检偏光在到达入射狭缝之前必须进行扰频，或是用偏振旋转器旋转偏振平面。在光谱仪入射狭缝前加入检偏器，可以改变进入光谱仪的散射光的偏振；在检偏器后设置偏振扰乱器，可以消除光谱仪的退偏干扰。

为了获得与红外光谱可比拟的拉曼光谱，拉曼光谱仪的分辨能力必须比相应的色散型红外光谱仪高一个数量级，这是因为拉曼实验检偏光的波长要短得多。散射光在单色器中受到反射镜系统和两个（双单色器）或三个（三重单色器）慢旋转光栅的检偏，最后衍射光聚焦在出射狭缝上，由灵敏的光电倍增管把入射光转换为电脉冲，再经直流放大器加以放大。所记录的散射光的强度与转动光栅的位置无关。为了获得线性波长刻度，用一个余弦驱动器来驱动光栅。在记录拉曼光谱时应注意以下几点：

（1）因为散射光强度正比于 ν_0^4，因此低频激发线（红光和黄光）所产生的拉曼带一定比高频激发线（蓝光和绿光）弱。

（2）通常所用的 S_{20} 光电倍增管的响应依赖于入射光的频率。由图 9-17 可以看出，蓝光 Ar^+ 488 nm 线光电倍增管的灵敏度比红光 Kr^+ 647.1 nm 线的要高出约两个数量级。扫描一张从 0 到 $4000\Delta cm^{-1}$ 的光谱，如果用氪离子激光器光源，灵敏度下降得更快。因此，采用高频激发线可获得更佳的信噪比。但是，有时荧光和带颜色的样品可能产生严重的干扰，所以改用低频激发线往往是有利的。

为了研究瞬态过程（transients）、不稳定样品或超快速反应，要求仪器可测出 2×10^{-11} s 内的拉曼光谱。在这种仪器中使用了多道探测器，在脉冲激光束的脉冲持续时间内可同时检出一个相当宽阔的波数范围。

近年来还发展了一种双单色器激光拉曼微探针，可以测绘出多相样品的组成分布。

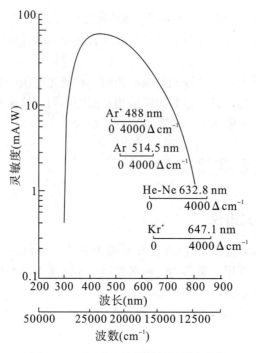

图 9-17　S_{20} 光电倍增管的灵敏度曲线

9.2.2.2　拉曼光谱制样技术

拉曼光谱的信号强度与吸收介质的浓度呈线性关系，而不是像红外光谱那样呈对数关系。但是到目前为止，应用拉曼光谱进行定量分析的实例还不多。这主要是因为在采用单光束发射的条件下，所测量的拉曼信号强度明显地受到样品性质和仪器因素的影响。

Tuncliff 等提出的拉曼光谱定量分析方案，在很大程度上消除了上述影响（荧光和颜色这两个样品因素除外）。

带有颜色的样品，一般多采用旋转技术（如转速取 50 r/s）。这样不仅可以避免样品的局部过热，而且可以获得更佳的信噪比。此外，也可采用旋转平面反射镜或旋转透镜的办法。

拉曼光谱定量分析可采用内标法，即以溶剂的谱带作为内标，也可选择适当的标准物作为外标。拉曼光谱可以测量气体样品、液体样品和固态样品。具体制样技术如下。

1. 气体样品

气体样品可装在激光器的共振腔内进行拉曼实验。

2. 液体样品

只要溶液或高聚物具有足够的纯度，即可把这类液体样品装在毛细玻璃管中，在相对于激发辐射的 90°方向进行观察，如图 9-18（a）所示。因为水的拉曼光谱很弱，所以水是十分理想的拉曼溶剂。因此，大量的相关研究都属于对水溶性高聚物、生物高分子水溶液等的拉曼光谱研究。

3. 固态样品

样品相对于激发光源或收集透镜的几何排布根据所观测样品的性质来确定。根据实验所需，设计不同的样品支架。例如，强散射样品或混浊的样品一般采用前方表面反射方式进行测量，如图 9-18（b）所示。粉末样品可封入一个空洞中或是装入透明的玻璃管内，对着激发光源水平斜放，如图 9-18（c）和（d）所示。透明的样品可以从背面照射，并在前方收集发生于样品内部的辐射，如图 9-18（e）所示。对透明样品，也可将样品钻孔以测定其透射光谱，如图 9-18（f）所示。纤维样品的排布方式可按图 9-18（g）和（h）进行。

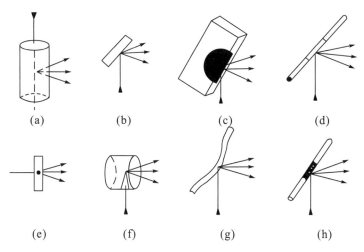

图 9-18　固态样品拉曼光谱测试方法

9.2.3　拉曼光谱在高聚物研究中的应用

拉曼光谱与红外光谱在应用上可以互相配合。近年来，对高聚物的立构规整性、结晶和取向，特别是水溶性高分子和生物高分子方面的研究，已成为激光拉曼光谱研究的一个重要领域。

9.2.3.1　测定聚烯烃的内、外双键和顺、反结构

运用拉曼光谱法测定聚烯烃的内、外双键和顺、反结构是十分有效的。例如，C=C键的拉曼散射很强，且因结构而异。具体而言，聚异戊二烯的拉曼光谱，1,4-结构的谱带在 1662 cm^{-1}，3,4-结构的谱带在 1641 cm^{-1}，1,2-结构的谱带在 1689 cm^{-1}；聚丁二烯的外双键中顺 1,2-结构的谱带在 1639 cm^{-1}，内双键中顺 1,4-结构的谱带在 1650 cm^{-1}，反 1,4-结构的谱带在 1664 cm^{-1}。

9.2.3.2　研究高聚物的结晶度

例如，由聚四氟乙烯的拉曼光谱（图 9-19）可以明显地看出，600 cm^{-1} 处谱带变宽，这标志着材料结晶度的降低。

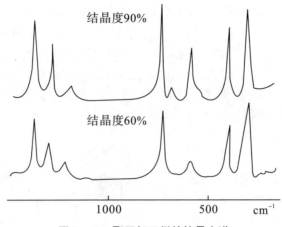

图 9-19　聚四氟乙烯的拉曼光谱

9.2.3.3　研究生物大分子的结构和行为

生物大分子多处于水溶液体系，且经常都带有颜色，用红外光谱研究显然是困难的，而使用拉曼光谱则更加优越。例如，血红蛋白氧含量的问题，碳酸酐酶 B 的组成和结构等都可运用拉曼光谱进行研究。由图 9-20 可以看出，碳酸酐酶 B 中含有多种氨基酸和其他基团。

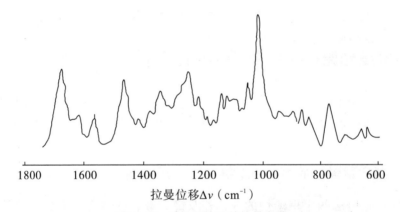

拉曼位移Δv（cm^{-1}）

图 9-20　碳酸酐酶 B 的拉曼光谱

近年来，共振拉曼光谱和计算机拉曼差谱在生物大分子的研究中充分显示出了其独到之处。共振拉曼光谱的散射强度比一般拉曼散射大几个数量级，可以研究浓度很小的有生色团的生物大分子，并且不会对样品造成破坏。计算机拉曼差谱技术可通过重度扫描、信息存储，扣除水和荧光本底的方法得到纯蛋白质的结构。

9.2.3.4　分析共聚物组分的含量

例如，氯乙烯-偏二氯乙烯共聚物，氯乙烯组分含量 $\overline{P}_1$ 与拉曼谱带 2906 cm^{-1}/2926 cm^{-1} 的强度呈线性关系，如图 9-21 所示。将拉曼光谱法的退偏振比与红外光谱法的二色性（红外二向色性法）相结合，去推断高聚物的立构性是比较可靠的。

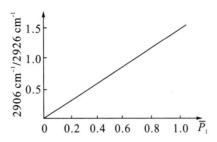

图 9−21 拉曼光谱分析氯乙烯-偏二氯乙烯共聚物组分含量

习 题

1. 分子的每一个振动自由度是否都能产生一个红外吸收？为什么？

2. 如何用红外光谱区别下列各对化合物？

(1) $P-CH_3-Ph-COOH$ 和 $Ph-COOCH_3$；

(2) 苯酚和环己醇。

3. 芳香化合物 C_7H_8O，测试得到的红外吸收峰分别位于 3380 cm^{-1}、3040 cm^{-1}、2940 cm^{-1}、1460 cm^{-1}、1010 cm^{-1}、690 cm^{-1} 和 740 cm^{-1}，试推导结构并确定各峰归属。

4. 红外光区如何划分？

5. 振动光谱有哪两种类型？多原子分子的价键或基团的振动有哪些类型？同一种基团哪种振动的频率较高？哪种振动的频率较低？

6. 比较红外光谱分析与拉曼光谱分析。什么样的分子的振动具有红外活性或拉曼活性？

7. 请叙述碳纳米管（carbon nanotube，CNT）拉曼光谱中三个不同拉曼位移的物理意义。

第 10 章　航空材料现代测试技术实验案例

10.1　X 射线衍射测量残余应力的原理与方法

10.1.1　残余应力

外力撤除后在材料内部残留的应力就是残余应力。但是，习惯上将残余应力分为微观应力和宏观应力。两种应力在 X 射线衍射谱中的表现是不相同的。微观应力是指晶粒内部残留的应力，它的存在会使得到的衍射峰变宽。这种变宽通常与晶粒细化引起的衍射峰变宽混杂在一起形成卷积。通过测量衍射峰的宽化，并采用近似函数法或傅里叶变换方法，可以求得微观应力的大小。宏观应力是指存在于多个晶体尺度范围内的应力，相对于微观应力存在的范围而视为宏观上存在的应力。一般情况下，残余应力就是指在宏观上存在的这种应力。宏观残余应力（以下称残余应力）在 X 射线衍射谱上的表现是使峰位漂移。当存在压应力时，晶面间距变小，衍射峰向高角度方向移动；当存在拉应力时，晶面间距离变大，衍射峰向低角度方向移动。因此，通过测量样品衍射峰的位移情况，可以求得残余应力。

10.1.2　X 射线衍射法测量残余应力

X 射线衍射法是一种无损性的测试方法（non-destructive inspection，NDI），因此，通过 X 射线衍射测量脆性和不透明材料的残余应力是一种常用的方法。20 世纪初人们就开始利用 X 射线来测定晶体的应力。后来，日本成功设计出了 X 射线应力测定仪，对于残余应力测试技术的发展做出了重大贡献。1961 年，德国的 E. Mchearauch 提出了 X 射线应力测定的 $\sin^2\psi$ 法，使应力测定的实际应用向前推进了一大步。

10.1.3　X 射线衍射法测量残余应力的基本原理

X 射线衍射法测量残余应力是以测量衍射线位移作为原始数据，所测得的结果实际上是残余应变，而残余应力是通过胡克定律（Hooke's law）由残余应变计算得到的。其基本原理：当样品中存在残余应力时，晶面间距将发生变化，发生布拉格衍射时，产生的衍射峰也将随之移动，而且移动距离的大小与应力大小相关。用波长为 λ 的 X 射线先后数次以不同的入射角照射到样品上，测出相应的衍射角 2θ，求出 2θ 对 $\sin^2\psi$ 的斜率 M，便可算出应力 σ_ψ。

X 射线衍射法主要是测试沿样品表面某一方向上的内应力 σ_φ（φ 是试样平面内选定主应力方向后测得的应力与主应力的夹角），为此需要利用弹性力学理论求出 σ_φ 的表达式。由于 X 射线对样品的穿入能力有限，只能探测样品的表层应力，这种表层应力分布可视为二维应力状态，其垂直样品的主应力 $\sigma_3 \approx 0$（该方向的主应变 $\varepsilon_3 \neq 0$）。由此，可求得与样品表面法向成 ψ 角的应变 ε_ψ 的表达式为

$$\varepsilon_\psi = \frac{1+\nu}{E}\sigma_\psi\sin^2\psi - \frac{\nu}{E}(\sigma_1 + \sigma_2) \tag{10-1}$$

式中，σ_1、σ_2 为沿样品表面的主应力；E 为样品的弹性模量；ν 为样品的泊松比。

ε_ψ 的量值可以用衍射晶面间距的相对变化来表示，且与衍射线峰位移联系起来，即

$$\varepsilon_\psi = \frac{\Delta d}{d} = -\cot\theta_0(\theta_\psi - \theta_0) \tag{10-2}$$

式中，θ_0 为无应力样品衍射峰的布拉格角；θ_ψ 为有应力样品衍射线峰位的布拉格角。

将式（10-2）代入并求偏导，可得

$$\sigma_\varphi = -\frac{E}{2(1+\nu)}\cot\theta_0\frac{\pi}{180}\frac{\partial(2\theta)}{\partial(\sin^2\psi)}$$

令 $K = -\dfrac{E}{2(1+\nu)}\cot\theta_0\dfrac{\pi}{180}$，$M = \dfrac{\partial(2\theta)}{\partial(\sin^2\psi)}$，则 $\sigma_\varphi = K \cdot M$。其中，$K$ 是只与材料本质、选定衍射面（hkl）有关的常数。当测量的样品是同一种材料，而且选定的衍射面指数相同时，K 为定值，称为应力系数。M 是 $2\theta - \sin^2\psi$ 直线的斜率，对同一衍射面（hkl），选择一组 ψ 值（0°、15°、30°、45°），测量相应的 $(2\theta)_\psi$，以 $2\theta - \sin^2\psi$ 作图，并以最小二乘法求得斜率 M，就可计算出应力 σ_φ。由于 $K < 0$，所以，当 $M < 0$ 时为拉应力，当 $M > 0$ 时为压应力，当 $M = 0$ 时无应力存在。

在使用衍射仪测量残余应力时，样品与探测器按 $\theta - 2\theta$ 联动，属于固定 ψ 法。通常，$\psi = 0°, 15°, 30°, 45°$，测量数次。

当 $\psi = 0°$ 时，与常规使用衍射仪的方法一样，将探测器（计数管）放在理论算出的衍射角 2θ 处，此时入射线及衍射线相对于样品表面法线呈对称放射配置。然后使样品与探测器按 $\theta - 2\theta$ 联动。在 2θ 处附近扫描得出指定的 HKL 衍射线的图谱。当 $\psi \neq 0°$ 时，将衍射仪测角台的 $\theta - 2\theta$ 联动分开。先使样品顺时针转过一个规定的 ψ 角后，而探测器仍处于 0。然后联上 $\theta - 2\theta$ 联动装置在 2θ 处附近扫描，得出同一条 HKL 衍射线的图

谱。最后，作 $2\theta - \sin^2\psi$ 的关系直线，按应力表达 $\sigma = K \cdot \Delta 2\theta / \Delta \sin^2\psi = K \cdot M$ 求出应力值。

10.1.4　残余内应力测试的数据处理

由布拉格方程可知，θ 角越大则测量误差引起 $\Delta d/d$ 的误差越小，所以测量时应选择 θ 角尽量大于衍射面。取 n 个不同的 ψ 测定 $2\theta_i$（$i = 1,2,3,\cdots,n$），一般可取 $n \geqslant 4$，采用数据处理程序对 $2\theta_\psi$ 的原始测量数据进行扣除背底、数值平滑、确定峰位等处理后给出 $2\theta_\psi$ 值，然后采用最小二乘法将各数据点回归成直线。设直线方程为 $2\theta_\psi = M\sin^2\psi + b$，其中：

$$M = \frac{\sum 2\theta_\psi \sum \sin^2\psi - \sum 2\theta_\psi \sin^2\psi}{\left(\sum \sin^2\psi\right)^2 - n \sum \sin^4\psi}$$

$$b = \frac{\sum 2\theta_\psi \sin^2\psi \sum \sin^2\psi - n \sum 2\theta_\psi \sum \sin^4\psi}{\left(\sum \sin^2\psi\right)^2 - n \sum \sin^4\psi}$$

式中，n 为测量数据的数目。由上式可求得直线的斜率 M。

查出弹性模量 E 和泊松比 ν，可计算出 K，然后由 $\sigma = K \cdot M$ 求出应力。

10.1.5　衍射线峰位的确定

在宏观应力测量中，准确地测定衍射峰的位置是极其重要的。常用的定峰方法有很多，如半高宽中点法、7/8 高度法、峰顶法、切线法、抛物线拟合法等。

最常用的是抛物线拟合法。这是一种较为精确而不过于繁杂的定峰方法，即在衍射峰顶附近取以等角度间隔 $\Delta 2\theta$ 分开的三个数据点，求得其抛物线顶点。

利用 MDI Jade 分析软件确定峰位的方法有很多。寻峰是最简单的峰位确定方法，寻峰报告中显示了衍射峰的峰位、强度等相关的数据；计算峰面积命令也不失为一种好的方法，峰位精确性应在寻峰方法之上；第三种方法就是对峰进行拟合，通常采用抛物线拟合法。Jade 软件中有多种函数拟合法，拟合时不需要扣除背景和 K_{α_2}，但需要适当平滑。另外，较高版本的 Jade 软件（如 6.5 以上版本）中有应力计算功能，较低版本的 Jade 软件（如 5.0 以下版本）无此功能，但可以进行峰的拟合。

通过其他软件也可以完成峰的拟合，计算出峰的位置。

10.1.6　用 X 射线衍射测量应力的方法中存在的问题

在平面应力的假定下，由 $2\theta - \sin^2\psi$ 直线的斜率来求测宏观应力是常规的应力测量方法。但在测量中往往发现其 $2\theta - \sin^2\psi$ 关系可能偏离线性，呈现出曲线、分裂或波动现象，这表明在材料中存在应力梯度、垂直表面的切应力或织构。ψ 分裂是指在 ψ 和 $-\psi$ 方向测定得到不同的 2θ（ε）值，使 $2\theta - \sin^2\psi$ 曲线分成两支。我们知道，这是垂直

于表面的切应力 σ_{13}，$\sigma_{23}\neq0$ 的结果。对此问题的粗略处理是取 $\pm\psi$ 测量值的平均，计算平均的应力值。在应力的 X 射线测定中，还可能存在 $2\theta-\sin^2\psi$ 关系的"振荡"现象，表明材料中存在明显的织构。在实验过程中可选用高衍射角，低对称性的高指数衍射面衍射线，这样的衍射线较少受到织构的影响。

10.1.7　残余应力测量实验方法的发展

X 射线的穿透深度较小，只能测量材料表面的残余应力，如果需要测量材料内部的残余应力，或者测量应力梯度，其能力则显得不足。通常的解决办法是采用剥层法，即对样品逐层剥离，测量每层表面的应力，然后采用一定的算法扣除因为剥层造成的应力松弛，换算成各层真实的应力。

近年来，有研究者采用中子衍射法和同步辐射 X 射线透过法来测量材料内部深处的残余应力。中子衍射法是一种测量结构内部应力的常用方法。中子衍射法以中子流为入射束，照射样品，当晶面符合布拉格条件时产生衍射，得到衍射峰。该方法的原理与普通 X 射线衍射方法类似，也是根据衍射线峰位的变化求出应力。但与普通 X 射线衍射法相比，中子衍射法利用中子能穿透样品较大深度的特性，可以测得样品内部的残余应力，且适于对大块样品进行测量。因此，使用中子衍射法测量样品内部平均残余应力具有较大的优越性。另一方面，由于同步辐射 X 射线的强度高，可以透过样品，国外已有研究者采用 X 射线透过法测量金刚石与硬质合金复合层的内部残余应力。

10.1.8　残余应力计算软件的使用方法

10.1.8.1　数据测量

先对样品作一个 $70°\sim120°$ 范围内的扫描，观察样品的衍射峰情况，选择一个强度较高、不漫散、衍射面指数较高的衍射峰作为研究的对象峰。按照残余应力测量的要求，设置不同的 ψ 角（$0°$、$15°$、$30°$、$45°$），以慢速扫描方式测量不同 ψ 角下的单峰衍射谱。每个 ψ 角的测量数据保存为一个文件，如 00、10、20、30、40 等。

值得注意的是，通常高角度衍射峰都是漫散的，这给精确地确定峰位造成了困难，但是如果所选衍射峰的角度太低，当 $\psi=45°$ 时，可能不出现衍射峰或者峰强极低而漫散，同样会带来计算误差。这时只能选择 ψ 较小的数据（如 $0°$、$10°$、$20°$、$30°$、$40°$）并且尽量多选择几个 ψ 角来测量，使实验数据更加密集，减小实验误差。还有就是选择 ψ 角时尽量使 $\sin^2\psi$ 取点均匀而不是选择 ψ 的取值均匀，因为 $\psi-\sin^2\psi$ 不呈线性关系。

10.1.8.2　确定峰位

使用软件可以接受多种方式计算出来的衍射峰位数据，如键盘输入、读取拟合文件中的数据等。

10.1.8.3　输入峰位

打开软件，输入峰位数据。

10.1.8.4　计算 $\sin^2\psi$

根据测量使用的 ψ 角，重新计算窗口中的 $\sin^2\psi$。

10.1.8.5　绘图，计算 M，标注

按窗口中的按钮排列顺序，先绘图，然后计算直线的斜率 M。若需要，也可以标注数据。

10.8.1.6　计算应力

先要根据材料不同查阅文献，获得所测物相的弹性模量 E 和泊松比 ν，并输入窗口中相应的文本框中。

按下"计算应力"按钮，应力常数 K 值、应力值就显示在窗口中的文本框中。

10.1.8.7　保存

"保存结果"——保存结果为文本文件。

"保存图象"——保存结果为图片文件。

典型的残余应力计算软件的界面如图 10-1 所示。

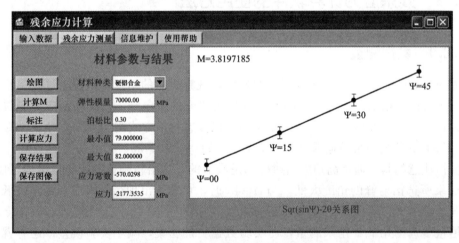

图 10-1　残余应力计算软件的界面

10.2　X 射线衍射晶体结构分析

通过采用与 X 射线波长数量级接近的物质即晶体这个天然光栅来作狭缝，从而研

究 X 射线衍射。由布拉格方程以及实验中采用的 NaCl 晶体的结构特点即可在知道晶格常数的条件下测量计算出 X 射线的波长，并通过已知波长来测定其他晶体的晶格结构。这样的结构分析的主要工作就是测量 NaCl 晶体特定的晶面间距。

如前所述，X 射线是波长介于紫外线和 γ 射线的电磁辐射。X 射线由德国物理学家伦琴于 1895 年发现，故又称为伦琴射线。波长小于 0.01 nm 的称为超硬 X 射线，在 0.01~0.1 nm 范围内的称为硬 X 射线，在 0.1~1 nm 范围内的称为软 X 射线。伦琴射线具有很高的穿透本领，能透过许多对可见光不透明的物质，如木料、人体组织等。这种肉眼看不见的射线可以使很多固体材料产生可见的荧光，使照相底片感光以及造成空气电离。波长较短的 X 射线能量较高，称为硬 X 射线；波长较长的 X 射线能量较低，称为软 X 射线。实验室中 X 射线由 X 射线管产生，X 射线管是具有阴极和阳极的真空管，阴极用钨丝制成，通电后可发射热电子，阳极（即所谓的靶极）用高熔点金属制成（一般用钨，用于晶体结构分析的 X 射线管还可用铁、铜、镍等材料）。用几万伏至几十万伏的高压加速电子，电子束轰击靶极，X 射线从靶极发出。电子束轰击靶极时会产生高温，故靶极必须用水冷却。有时还将靶极设计成转动式。本案例通过对 X 射线衍射实验的研究来进一步认识 X 射线的性质。

10.2.1　案例方案

10.2.1.1　实验原理

光波经过狭缝将产生衍射现象。狭缝的大小必须与光波的波长同数量级或更小。对于 X 射线，由于它的波长在 0.2 nm 数量级，要造出相应大小的狭缝观察 X 射线的衍射就相当困难。冯·劳厄首先建议用晶体这个天然的光栅来研究 X 射线的衍射，因为晶体的晶格正好与 X 射线的波长属于同数量级。图 10−2 显示的是 NaCl 晶体中氯离子与钠离子的排列结构。当入射 X 射线与晶面相交成 θ 角时，假定晶面就是镜面（即布拉格面，入射角与出射角相等），那么容易看出，图中两条射线 1 和 2 的光程差是 $\overline{AC} + \overline{DC}$，即 $2d\sin\theta$。当它为波长的整数倍时（假定入射光为单色的，只有一种波长），存在布拉格方程：

$$2d\sin\theta = n\lambda,\ n = 1,2,\cdots,K$$

在 θ 方向射出的 X 射线即得到衍射加强。

根据布拉格方程，既可以利用已知晶体（d 已知）通过测 θ 角来研究未知 X 射线的波长，也可以利用已知 X 射线（λ 已知）来测量未知晶体的晶面间距。

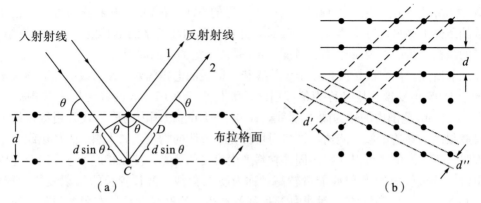

图 10-2 布拉格方程的推导

10.2.1.2 X 射线的产生和 X 射线光谱

实际实验中通常使用 X 光管来产生 X 射线。在抽成真空的 X 光管内，当由热阴极发出的电子经高压电场加速后，高速运动的电子轰击由金属做成的阳极靶时，靶就发射 X 射线。发射出的 X 射线分为两类：如果被靶阻挡的电子的能量不超过一定限度，发射的是连续光谱的辐射，这种辐射称为轫致辐射（bremsstrahlung）；如果电子的能量超过一定限度，可以发射一种不连续的、只有几条特殊谱线组成的线状光谱，这种发射线状光谱的辐射称为特征辐射（characteristic radiation）（图 10-3）。连续光谱的性质与靶材料无关，而特征光谱的性质与靶材料有关。不同的材料有不同的特征光谱，这就是其称为特征光谱的原因。

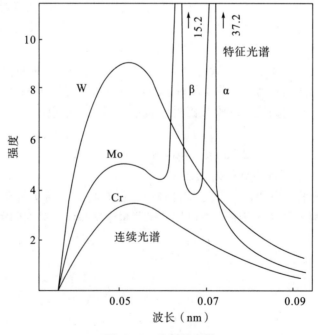

图 10-3 X 射线光谱

1. 连续光谱

连续光谱又称为"白色"X 射线，包含了从短波限 λ_m 开始的全部波长，其强度随波长变化连续地改变。从短波限开始，随着波长的增加，强度迅速达到一个极大值，之后逐渐减弱，趋于零。连续光谱的短波限 λ_m 只决定于 X 射线管的工作高压。

2. 特征光谱

阴极射线的电子流轰击到靶面，如果能量足够高，靶内一些原子的内层电子会被轰出，使原子处于能级较高的激发态。图 10－4 为原子的基态和 K、L、M、N 等激发态的产生机理及能级图。K 层电子被轰出称为 K 激发态，L 层电子被轰出称为 L 激发态，……，依此类推。原子的激发态是不稳定的，内层轨道上的空位将被离核更远的轨道上的电子补充，从而使原子能级降低，多余的能量便以光量子的形式辐射出来。处于 K 激发态的原子，当不同外层（L、M、N、……层）的电子向 K 层跃迁时放出的能量各不相同，产生的一系列辐射统称 K 系辐射。同样，L 层电子被轰出后，原子处于 L 激发态，所产生的一系列辐射统称 L 系辐射，依此类推。基于上述机制产生的 X 射线，其波长只与原子处于不同能级时发生电子跃迁的能级差有关，而原子的能级是由原子结构决定的。

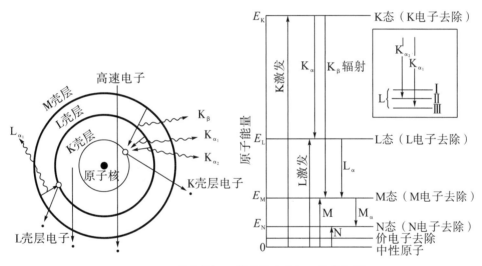

图 10－4　原子特征 X 射线的产生机理及能级图

10.2.2　实验步骤

（1）将 NaCl 单晶固定在靶台上（取晶体的时候要小心），注意单晶放置要整齐。

（2）启动软件"X-ray Apparatus"F4 键清屏，设置 X 光管的高压 $U=35.0$ kV，电流 $I=1.00$ mA，测量时间为 10 s，角步幅 $\Delta\beta$ 为 0.1°。先按 COUPLED 键，再按 β 键（直接显示衍射角而不是 2β 角），设置下限角为 4°，上限角为 24°；按 SCAN 键进行自动扫描；扫描完毕后，按 F2 键存储文件。

（3）已知钼靶的特征波长 $\lambda_a=71.06$ pm，$\lambda_b=63.08$ pm，根据布拉格方程和得到

的 θ 角计算相应的晶面间距 d。

（4）通过已知的密勒指数（100）计算 NaCl 的晶格常数。

10.2.3 结果与讨论

10.2.3.1 NaCl 晶体的衍射光谱

获得的 NaCl 晶体的衍射光谱如图 10−5 所示。

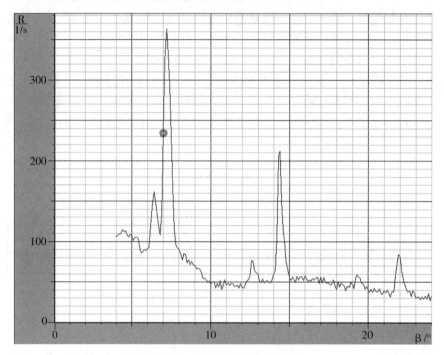

图 10−5 NaCl 晶体的衍射光谱

从图 10−5 中准确测得 6 个衍射峰对应的衍射角，结合已知条件，可得到表 10−1 所列的数据。

表 10−1 X 射线衍射实验数据

	n	λ/pm	$\sin\theta$	a_0/pm
θ_a （6.4°）	2	63.08	0.111	568.288
θ_b （7.2°）	2	71.06	0.125	568.480
θ_a （12.6°）	4	63.08	0.218	578.716
θ_b （14.4°）	4	71.06	0.249	570.763
θ_a （19.3°）	6	63.08	0.331	571.722
θ_b （21.9°）	6	71.06	0.373	571.528

10.2.3.2　结论与展望

测定了 NaCl 单晶的晶面间距，并通过它的密勒指数计算出相应的晶格常数，虽然有一定的误差，但是与实际值大致相同。通过这种方法还可以测出 X 射线的波长，并用相同的方法测出未知晶体的晶面间距和晶格常数，从而得到未知晶体的晶体结构。

10.3　航空滑油系统中的金属屑分析

10.3.1　案例概述

航空发动机的正常工作是飞行安全的重要保障，而针对发动机的滑油系统中的金属屑分析是监测发动机内部零部件磨损情况的重要手段之一。在发动机的滑油系统中，轴承和齿轮正常磨损和非正常磨损而产生的金属屑首先会在金属碎屑探测器中被捕捉到，如果产生的金属屑量较大以及油箱中残存有金属屑，则会在滑油滤中被捕捉到。通过定期检查磁堵及滑油滤中的金属屑并进行分析，可及时掌握不同轴承和齿轮的磨损情况，从而确定发动机是否可以按照标准继续使用并飞行或停飞检修等，因此，研究航空发动机滑油系统中的金属屑对保证航空飞行安全具有重要意义。

10.3.2　航空滑油系统中金属屑的分类

航空滑油系统中常见的金属屑通常可分为以下四类：

（1）细粉金属屑。其外观呈黑色或灰色的绒毛或污泥状。该类金属屑为正常磨损产物，轴承打滑时也会产生该类磨损产物。

（2）薄片金属屑。该类金属屑的形状不规则，两面平坦发亮，可能来自轴承或齿轮，确定其来源需进行进一步的分析。薄片金属屑的典型微观形貌如图 10-6 所示。

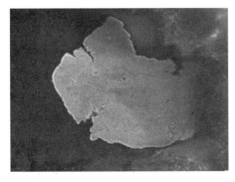

图 10-6　航空滑油系统中薄片金属屑的电镜图片

（3）碎屑金属屑。该类金属屑外观呈较厚的片状结构，表面一般较粗糙、不规则，可能来自轴承或齿轮，确定其来源也需进行更为深入的分析。碎屑金属屑的典型微观形貌如图 10-7 所示。

图 10-7　航空滑油系统中碎屑金属屑的电镜图片

（4）卷曲金属屑。该类金属屑的外观呈卷曲的细丝状或刨花状，一般呈现典型齿轮状磨损形貌，可能来自轴承或齿轮。卷曲金属屑的典型微观形貌如图 10-8 所示。

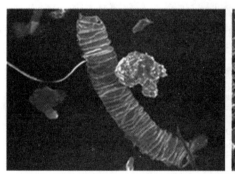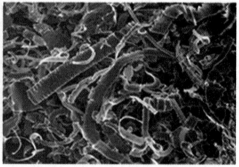

图 10-8　航空滑油系统中卷曲金属屑的电镜图片

10.3.3　金属屑分析方法

采用扫描电子显微镜（SEM）和能谱仪（EDS）对金属屑进行分析，首先将滑油滤中的碎屑收集到溶剂中，再通过磁性介质将碎屑分离为磁性金属和非磁性金属，并分别过滤到滤膜上，然后通过扫描电子显微镜对颗粒的尺寸、形状及表面特征形貌进行分析，从而确定磨损机制（粘着磨损、磨粒磨损、切削磨损、剪切、断裂等），同时利用能谱仪对碎屑的成分进行分析，根据成分确定材料牌号，再通过与滑油系统中主要磨损件的材料牌号相对照，确定可能受损的零件及损伤的严重性。

10.3.3.1　滑油滤中碎屑的收集与分离

图 10-9 为常见的航空发动机滑油滤的滤芯，其中滤网隔间中一般会附着大量的碎屑。这些碎屑又分为金属碎屑（来自发动机的内部零件磨损）和非金属碎屑（砂

石、灰尘等），如何将混杂在其中的金属碎屑提取、分离出来是分析工作首先要面临的问题。

图 10-9　航空发动机滑油滤的滤芯

主要通过压力冲洗法将滤芯中的碎屑收集到溶剂中，然后通过真空过滤系统将碎屑过滤到滤膜上，最后将上述含碎屑的滤膜放在恒温箱（80℃，30 min）中进行干燥，等待后续的分析。

10.3.3.2　形貌观察及成分分析

通过上述的碎屑收集与分离过程，得到非磁性碎屑和磁性碎屑，如图 10-10 所示。然后通过显微取样技术将非磁性碎屑和磁性碎屑分别取至 SEM+EDS 专用载物台上。

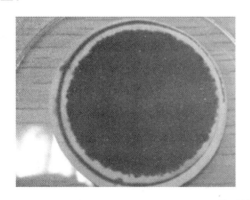

图 10-10　非磁性碎屑和磁性碎屑

将显微取样后的磁性碎屑和非磁性碎屑分别按照要求放入扫描电子显微镜，观察碎屑的表面特征形貌，推断其磨损机制，并利用 EDS 对碎屑进行成分分析，得出其具体元素成分含量并推断其牌号。

10.3.4　滑油系统金属屑案例

10.3.4.1　某型号航空发动机磁堵金属屑分析

从某型号航空发动机滑油系统中磁堵上收集到的金属屑分为两类，如图 10-11、图 10-12 所示。图中方框为能谱面扫描的分析区域。金属屑 1♯ 及 2♯ 均呈薄片状。经能谱仪分析，金属屑 1♯ 的牌号为碳素钢，金属屑 2♯ 的牌号为 Z12CNDV12。由于金属屑表面污染及能谱仪半定量分析特性等方面的影响，实际成分会与标准牌号成分存在一定的差异。

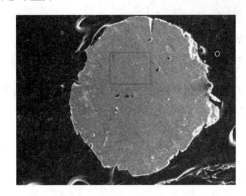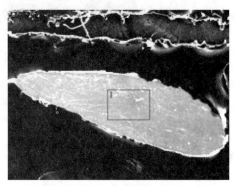

图 10-11　金属屑 1♯ 的 SEM 图　　　　图 10-12　金属屑 2♯ 的 SEM 图

通过以上分析结果及材料牌号对照，可以确定这些材料来自发动机中非重要轴承部件，结合其特征形貌、数量及尺寸确定该发动机可以正常继续使用。

10.3.4.2　某型号航空发动机油滤金属屑成分分析

对该油滤进行清洗、过滤、碎屑分离及分析等后，得到的碎屑主要分为非金属碎屑和金属碎屑两大类。其中，非金属碎屑的质量为 105.23 mg，金属碎屑的质量为 2.91 mg。将其中四种典型的金属碎屑分别编号为 A1、A2、B1、B2，其对应的微观形貌如图 10-13~图 10-16 所示。图中方框为能谱面扫描的分析区域。

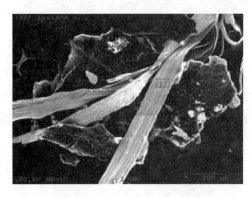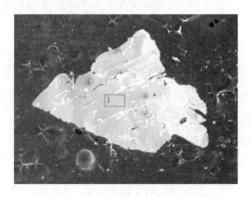

图 10-13　金属屑 A1 的 SEM 图　　　　图 10-14　金属屑 A2 的 SEM 图

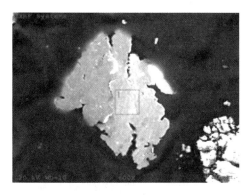

图 10-15　金属屑 B1 的 SEM 图

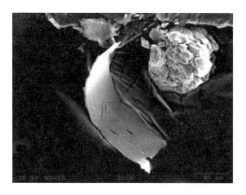

图 10-16　金属屑 B2 的 SEM 图

通过对油滤中的金属碎屑进行元素、碎屑典型特征形貌、尺寸及数量等分析后，可以确认该油滤中存在大量银碎屑。通过核查该型号发动机的资料可知，该轴承保持架表面都有镀银层，故其来源可初步确定为轴承保持架。而分析金属碎屑时还发现有 M50 钢及 M50NiL 钢等材料，结合该型号发动机，该类型材料来自主轴承。大量轴承金属碎屑的存在且结合碎屑尺寸大小分析，揭示出该型号航空发动机的主轴承已严重损坏，说明该发动机已经不可以继续使用，应当立即从飞机上换下。

10.3.5　小结

航空发动机滑油系统中的金属屑分析是一项有效的发动机损伤判断手段，该方法具有快速、简便、可靠等优点，可用于监控发动机状态，进而保证飞行安全。通过扫描电子显微镜及能谱仪对滑油系统中的金属屑进行分析，除了能分析出金属屑的元素成分，其特征形貌亦反映了发动机的损伤机理，进而对金属屑的来源及成因有了一个较为可靠的判断和评估。

10.4　飞行器结构断口分析

10.4.1　案例概述

所谓断口，就是结构材料断裂处的端面。飞行器结构断口分析也就是对端面的形貌进行分析，包括对端面宏观、微观结构和成分的分析。断口分析主要是利用现代仪器设备对断口的宏观和微观形貌特征进行表征。飞行器结构断口忠实地记录了该结构断裂的全过程，即裂纹的产生、扩展直至开裂；记录着外部因素对裂纹萌生的影响及材料本身的缺陷对裂纹萌生的促进作用，同时也记录着裂纹扩展的途径、过程及内外部因素对裂纹扩展的影响。断口分析是飞行器结构材料失效分析的重要技术手段。

断口分析是一项系统工程，在实际工作中，主要考虑材料所处的应力、腐蚀等环境。一般情况下，应遵循实事求是的原则，以客观性为准则，观察时遵循先宏观后微观、先低倍后高倍、先全局后局部的原则。

断口分析一般涉及宏观分析和微观分析。断口分析的一般步骤如下：

（1）断口的清理和准备。

将断口及其形貌完整、妥善地保存下来，这对下一步的分析至关重要。一般情况下，可利用切割机等设备对断口样品进行取样。切割时一定要保证断口形貌信息未受破坏，尤其要注意切割时产生的高温会影响断口处的组织和结构，从而影响分析结果。

一般情况下，材料在断裂失效过程中，断口不可避免地会受到其他零件的机械损伤、化学损伤和污染。为了能够更科学地分析材料的断口，需要对断口进行深入的清理。有时，为了形成组织反差或便于观察，还需要对样品进行一些准备工作，如化学侵蚀、电解腐蚀、热腐蚀、制作复型等。

（2）断口观察。

断口宏观观察是指用肉眼、放大镜、低倍率的光学显微镜来观察断口的表面形貌。通过宏观观察收集断口上的宏观信息，可初步确定断裂的性质。可以分析裂源的位置和裂纹扩展方向，依据断口的宏观形貌初步确定失效模式和断裂起裂点，为深入分析和判明失效原因提供依据。断口微观观察包括断口表面的直接观察及断口剖面的观察。微观观察是用高倍率的显微镜对断口进行观察，一般采用扫描电子显微镜（SEM）和能谱仪（EDS）初步观察断口的微观形态，确定材料成分，为后续所需的深度分析如表面结构分析指明方向，厘清失效机理，查明失效原因。通过微观观察进一步核实宏观观察收集到的信息，确定断裂的性质、裂源的位置及裂纹走向和扩展速度，找出断裂原因及机理等。

（3）断口表面结构分析。

断口表面结构分析主要涉及断口所在面的晶面指数、断口表面微区的结构和残余应力。这方面分析所用的实验设备主要有 X 射线衍射仪。分析的主要内容是点阵常数的测定、物相分析以及应力测定。

（4）断口处成分分析。

断口处成分分析对断口分析至关重要，尤其是腐蚀、夹杂非金属氧化物等因素造成的断裂。断口处成分分析一般是成分定量分析，通常是指对断口表面的平均化学成分、微区成分、元素的面分布及线分布、元素沿深度的变化、夹杂物及其他缺陷的化学元素比等参数进行分析和表征。这方面分析所用的分析测试设备较多，如离子探针、俄歇电子谱仪、电子探针仪、X 射线能谱仪、X 射线波谱仪等。

10.4.2 航空活塞发动机金属曲轴疲劳断口分析

图 10-17 展示了使用中发生断裂的某航空活塞发动机曲轴曲颈处的断裂位置，箭头处分别为第 2、第 3 曲颈上断裂发生的具体位置。

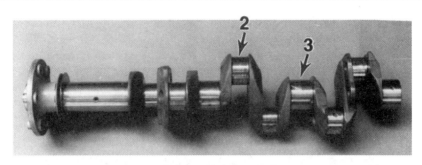

图 10-17　某航空活塞发动机曲轴的疲劳断裂位置（目视实际尺寸）

图 10-18 展示了该曲轴两个断口的形貌。该型曲轴的制造材料是 40CrNi2MoA（美标 SAE4340）合金结构钢。由图可以看出，该断口呈现典型的疲劳断裂特征，疲劳裂纹起源于与连杆大头接触处，在发生最终的快速断裂之前，疲劳裂纹几乎穿透了整个曲颈截面。

（a）第 2 曲颈处的断口

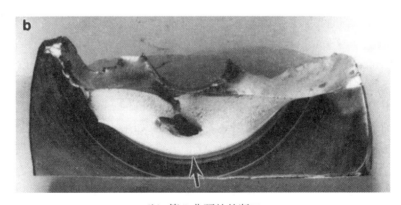

（b）第 3 曲颈处的断口

图 10-18　某航空活塞发动机曲轴的断口形貌（目视实际尺寸）

图 10-19 是该曲轴第 3 曲颈处疲劳断口的形貌。图中箭头所指的疲劳源周围存在

大量凹痕及刮擦痕迹，揭示出在发动机使用过程中曲颈表面受到了径向载荷的冲击作用，造成了应力集中，诱发裂纹源。

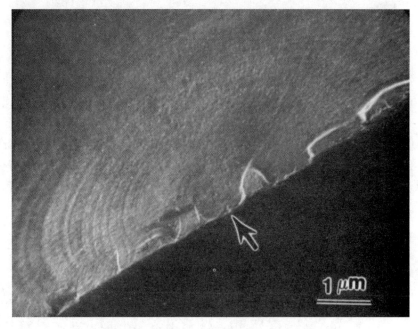

图 10-19　某航空活塞发动机曲轴第 3 曲颈处的疲劳断口形貌（SEM 400×，未侵蚀）

10.4.3　航空铝合金天线腐蚀断口分析

为了将飞机导航到目的地，所有的民用或军用飞机都必须配备导航系统。使用无线电波的自动测向仪（automatic direction finder，ADF）就是一种历史悠久的导航辅助工具，该设备也被称为无线电罗盘或 ADF 接收器。它是一种允许飞机根据地面发射天线等发出的无线电波来实现自身定位的导航系统。在飞行时，如果现实环境条件已经超出机载光学导航设备的光学频谱范围，或者附近地面和机载系统不具备甚高频全向信标（very high frequency omnidirectional radio，VOR）设备，根据航空目视飞行规则（visual fight rules，VFR），ADF 接收器通常会被用作备用的辅助导航手段。ADF 接收器工作时，飞行将切换为仪表飞行规则（instrumental fight rules，IFR），由 ADF 通过中低频无线电波与无指向性无线电信标（non-directional beacon，NDB）进行通信并实现定位，进而帮助飞机按照规定的航路飞行。此时，如果飞机正处于起飞或进近阶段，或者地面无法目视观察的云层当中，一旦 ADF 天线发生断裂失效，将对航空安全造成严重威胁。

图 10-20 是某材质为 2A06（国标 LY6）的 ADF 接收器铝合金天线的断裂件外观。可以看出，断裂发生在天线靠近根部的位置。

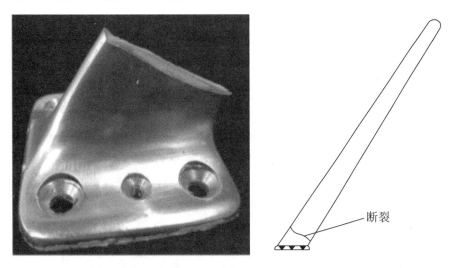

图 10－20　发生断裂的某 ADF 接收器铝合金天线外观（目视实际尺寸）

图 10－21 是该 ADF 接收器铝合金天线断口的扫描电子显微镜图片。由图可以观察到明显的裂纹扩展过程所形成的贝壳状花纹（沙滩条带），还可以清晰地观察到裂纹源位于天线侧部的表面位置。

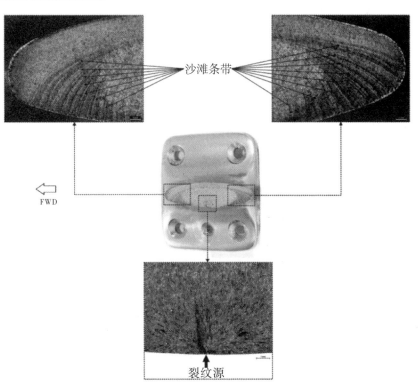

图 10－21　ADF 接收器铝合金天线断口形貌（SEM 10×，未侵蚀）

图 10－22 是 ADF 接收器铝合金天线断口裂纹源附近形貌。由图可见裂纹源（方框处）周围存在大量衬度较低的疑似氧化物状的结构（五星标记处）。

图 10−22　ADF 接收器铝合金天线断口裂纹源附近形貌（SEM 50×，未侵蚀）

　　为了确定其成分，在五星标记处进行 EDS 测试，分析结果如图 10−23 所示。由图可知，裂纹源附近疑似氧化物的区域含有较多的铬、硫、钙等材料本来不含有的外来元素，显示出材料的对应区域遭受了比较严重的腐蚀。

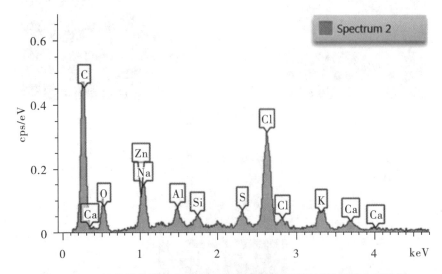

图 10−23　ADF 接收器铝合金天线断口裂纹源附近区域的能谱分析结果

　　继续对 ADF 接收器铝合金天线断口上贝壳状花纹外侧区域进行观察，如图 10−24 中虚线方框处所示，可以观察到大量由塑性变形造成的封闭型韧窝结构，反映出该区域曾受到很强的拉伸应力作用，进而发生了结构的快速断裂。

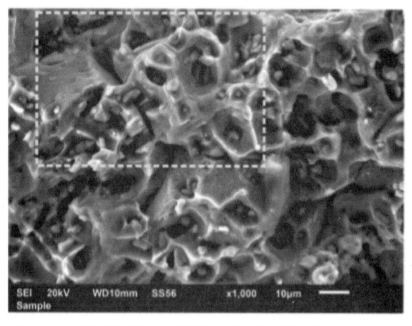

图 10-24　ADF 接收器铝合金天线断口上贝壳状花纹外侧区域由塑性变形
造成的封闭型韧窝结构（SEM 1000×，未侵蚀）

对主裂纹靠近天线外表面的周边区域进行切割、打磨、侵蚀，然后采用扫描电子显微镜进行观察，可以观察到主裂纹周边存在次级微裂纹（图 10-25 中虚线方框处），显示出很多腐蚀点产生的裂纹在向材料内部发展。

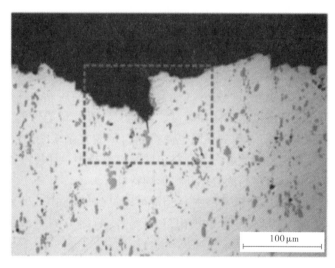

图 10-25　ADF 接收器铝合金天线断口上主裂纹周边的次级微裂纹
（SEM 250×，NaOH+H_2O 侵蚀）

综合分析，由于天线的结构外形和安装位置，在气动作用和工作环境中同时受到外来介质的腐蚀作用和侧向的方向相反的周期性载荷作用，这使得材料内部产生了腐蚀点

航空材料现代测试技术

应力集中区（裂纹源），侧向的拉伸和压缩作用显著降低了天线铝合金材料的疲劳极限，最终造成了天线结构的疲劳断裂。

10.4.4 航空复合材料结构断口分析

制造飞机结构的传统材料包括铝合金、钢和钛合金等。20 世纪中叶以后，复合材料在飞机结构中得到了越来越多的应用。复合材料的主要优点是结构减重、耐腐蚀、耐疲劳、容易实现结构功能一体化和便于装配等。性能优势和减轻飞机结构质量是军用飞机发展复合材料的主要推动力。不断减少生产和维护成本是民航飞机发展复合材料的主要推动力。与此同时，复合材料也用于替换老旧飞机上的金属部件。20 世纪 60 年代末，高性能纤维作为增强体实现了初步的商业化，以连续纤维增强的高性能树脂基复合材料应运而生。一般文献中所谓的高性能复合材料特指这种连续纤维增强树脂基复合材料，主要包括碳纤维增强树脂基复合材料（carbon fibre reinforced polymer，CFRP）、玻璃纤维增强树脂基复合材料（glass fibre reinforced polymer，GFRP）、芳纶纤维增强树脂基复合材料（Kevlar fibre reinforced polymer，KFRP）等。目前，以层压板（laminate）、蜂窝夹心结构（sandwich structure）、粘接紧固接头（adhesively fastened joints）等为代表的连续纤维增强的高性能树脂基复合材料结构在新型干线飞机中的用量已经占到飞机总质量的 50% 以上。

随着先进航空复合材料制造技术和应用的突飞猛进，对相关材料断裂机制研究的需求也日益增加，催生了一大批关于这些材料的断口分析技术。复合材料断口分析与各向同性材料断口分析在很多方面是相通的。对于各向同性材料，特别是金属材料，在断口分析方面已做了大量工作，形成了一系列的断口图谱。根据这些图谱可以比较容易地确定断口的断裂模式和形成原因。但是，实践表明，这种方法对复合材料的断口分析却不太实用，这是因为复合材料的断裂不像金属材料的断裂那样：金属材料在静态和循环载荷下的断裂大多源于单个裂纹或几个裂纹的形核与扩展，断裂模式较为单一；复合材料的断裂模式较为复杂，取决于多种失效（如基体开裂、界面脱粘、纤维断裂及分层等）的起始及相互作用，而且还依赖于诸如温度、湿度、纤维和树脂性能等其他一些因素。此外，复合材料中的增强体/基体的界面也使得断口形貌复杂多变，层合复合材料的断裂还可能在多个平面发生。因此，在复合材料的断口分析中，往往以各组分材料的特定断裂机制为基础来分析复合材料的整体断口形貌特征。

在航空复合材料的断口分析案例中，经常可以见到如图 10-26 所示的纤维特征，即长度方向上纤维被从基体树脂中拔出（脱离），断面方向上纤维发生放射状的断裂。

258

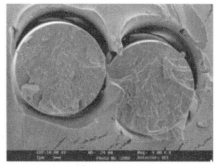

（a）纤维脱离（SEM 100×）　　　　（b）纤维断裂面（SEM 4000×）

图 10－26　典型航空复合材料断口的形貌

按照 ASTM D3039 标准，将从某飞机结构上截下的 CFRP 复合材料样品进行拉伸试验，然后采用扫描电子显微镜分析样品断口，结果如图 10－27 所示。从图中可以看到断面比较粗糙，纤维的断口存在放射状花纹（radial marks），据此可以判断纤维上裂纹源的位置和扩展方向。在最终断裂区域可以发现碎裂的纤维段、纤维与树脂基体碎片等，如图 10－28 所示。

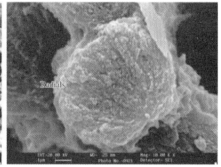

（a）低倍断口（SEM 500×）　　　　（b）纤维断裂面（SEM 10000×）

图 10－27　航空复合材料拉伸样品的断口形貌

（a）碎裂的纤维段（SEM 150×）　　　（b）纤维与树脂基体碎片（SEM 3000×）

图 10－28　航空复合材料拉伸样品断口区域周边的形貌

在压缩受力条件下，航空复合材料的断裂则表现出其他特征。根据 ASTM D3410

标准，对单向带铺层固化制备的 CFRP 复合层压板进行轴向压缩载荷的试验，采用扫描电子显微镜观察断口，可以观察到断裂区域存在微屈曲（microbuckling）、纤维扭结（fiber kinking）及压痕花纹（chop marks）情况，如图 10−29、图 10−30 所示。

图 10−29 CFRP 航空复合材料压缩样品断裂区域的微屈曲和纤维扭结（SEM 2000×）

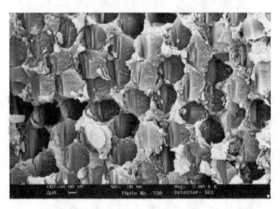

图 10−30 CFRP 航空复合材料压缩样品断裂区域的压痕花纹（SEM 2000×）

在压缩试验条件下，也可能在同一纤维的失效断裂面上同时观察到位置相对的压痕花纹和放射状的断面，如图 10−31 所示。

图 10−31 CFRP 航空复合材料压缩样品中的纤维断裂面（SEM 10000×）

10.5　DSC-DTA 同时热分析

热分析是在程序控制温度下测量物质的物理性能随温度变化的技术。热分析的目的是研究物质的物理性质、化学性质及其变化过程。热分析在表征材料的热性能、物理性能、机械性能以及稳定性等方面有着广泛的应用，对于材料的研究开发和生产中的质量控制都具有很重要的实际意义。热分析使用的仪器主要有热机械分析仪、差示扫描量热仪、热重分析仪、差热分析仪、界面材料热阻及热传导系数测量装置等。常见的测试与分析项目有玻璃化转变温度、熔点、结晶温度、结晶度、熔融热熔、结晶热熔、线膨胀系数、导热系数、热阻等。参考标准有 ASTM D3418—03、ISO11357—1999、GB/T 19466—2004、ASTM E1356—98、ASTM E831—00、ISO11359—1999、GB1036—89、ASTM D696—03、ASTM E1131—2003、JY/T 014—1996、IPC-TM-650 等。

10.5.1　热机械分析仪

热机械分析仪（thermal mechanical analyzer，TMA）是测量样品在温度或时间以及外加力的作用下尺寸的变化的一种分析仪。材料在温度变化时会有物理性质上的变化，如收缩膨胀、软化等。为了了解材料在温度变化下的物理性质，常使用的工具之一就是热机械分析仪。热机械分析仪主要是测量样品在温度变化时的膨胀收缩现象，借此可量得玻璃化转变温度（glass transition temperature，T_g）或热膨胀系数（coefficient of thermal expansion，CTE）等数据。热机械分析仪对玻璃化转变温度和热膨胀系数的测量，对于航空制造与维修，以及一般电子产业、复合材料产业、高分子产业、玻璃产业、陶瓷产业的制程控制与改善等颇有帮助。

10.5.2　差示扫描量热分析测比热容和玻璃化转变温度

差示扫描量热分析是在程控温度下测量样品的热流随温度或时间的变化而变化的一种分析技术。因此，利用此技术可以对样品的热效应，如玻璃化转变、熔融、固-固转变、化学反应等进行研究。差示扫描量热分析测比热容（specific heat capacity）和玻璃化转变温度的方法示意图如图 10-32、图 10-33 所示。

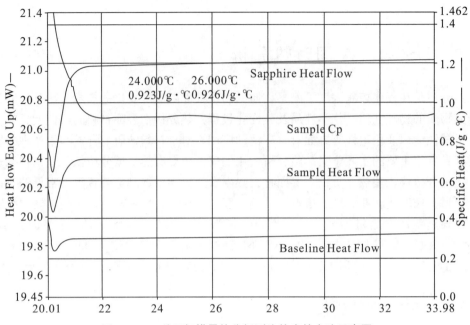

图 10−32　差示扫描量热分析测比热容的方法示意图

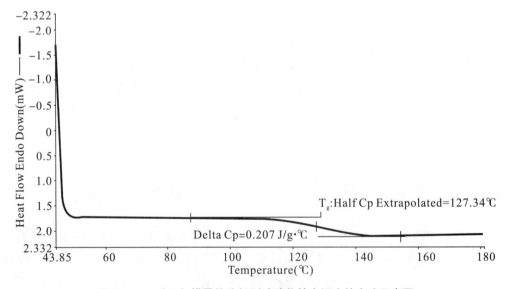

图 10−33　差示扫描量热分析测玻璃化转变温度的方法示意图

10. 5. 3　热重分析

热重分析（TG 或 TGA）是在程控温度下测量样品的质量随温度或时间的变化而变化的一种分析技术。利用此技术可以研究诸如挥发或降解等伴随有质量变化的过程。如果采用热重-质谱分析（TGA-MS）或热重-傅里叶变换红外光谱分析（TGA-FTIR）的联用技术，还可以对挥发出的气体进行分析，从而得到更加全面和准确的信息。典型的热重分析测试曲线如图 10-34 所示。

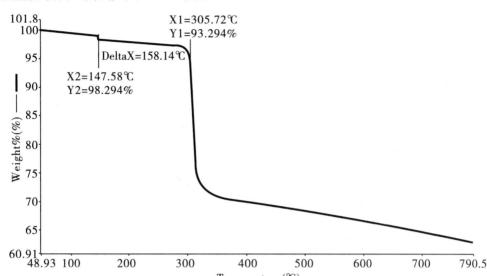

图 10-34　典型的热重分析测试曲线

10.5.4　聚合物的 DTA-DSC 同时热分析法

差示热分析（DTA）是在程控温度下测量样品与参比物之间的温度差随温度的变化而变化的一种分析技术。在差示热分析基础上发展起来的一种技术是差示扫描量热分析。差示扫描量热分析（DSC）是在程控温度下测量样品相对于参比物的热流速度随温度的变化而变化的一种技术。样品在受热或冷却过程中，由于发生物理变化或化学变化而产生热效应，这些热效应均可用差示热分析和差示扫描量热分析进行检测。差示热分析和差示扫描量热分析在聚合物分析方面的应用特别广泛。它们的主要用途：①研究聚合物的相转变，测定结晶温度、熔点、结晶度、等温结晶动力学参数；②测定玻璃化转变温度；③研究聚合、固化、交联、氧化、分解等反应，测定反应温度或反应温区、反应热、反应动力学参数。

当温度达到玻璃化转变温度时，样品的热容增大，就需要吸收更多的热量，使基线发生位移。假如样品是能结晶的，并且处于过冷的非晶状态，那么在玻璃化转变温度以上可以进行结晶，同时放出大量的结晶热而产生一个放热峰。进一步升温，结晶熔融吸热，出现吸热峰。再进一步升温，样品可能发生氧化、交联反应而放热，出现放热峰，最后样品发生分解、吸热，出现吸热峰。当然并不是所有的聚合物样品都存在上述全部物理变化和化学变化。聚合物 DTA 及 DSC 曲线模式图如图 10-35 所示。

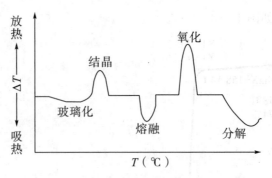

图 10－35　聚合物 DTA 及 DSC 曲线模式图

通常按图 10－36（a）的方法确定玻璃化转变温度（T_g）：由玻璃化转变前后的直线部分取切线，再在实验曲线上取一点，使其平分两切线间的距离 d，这一点所对应温度即为玻璃化转变温度。熔点（T_m）的确定：对低分子纯物质而言（如苯甲酸），如图 10－36（b）所示，由峰的前部斜率最大处作切线与基线延长线相交，此点所对应的温度即为熔点；对高分子聚合物来说，如图 10－34（c）所示，由峰的两边斜率最大处引切线，相交点所对应的温度即为熔点，或取峰顶温度作为熔点。结晶温度（T_c）通常也是取峰顶温度。峰面积的取法如图 10－36（d）、（e）所示。可用求积仪或剪纸称重法量出面积。

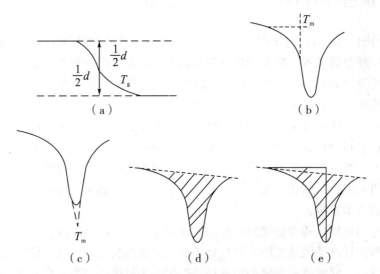

图 10－36　玻璃化转变温度、熔点和峰面积的测定方法

由标准物质测出单位面积所对应的热量（mcal/cm²），再由测试样品的峰面积可求得样品的熔融热 ΔH_f（mcal/mg），若百分之百结晶的样品的熔融热 ΔH_f^* 是已知的，则可按下式计算样品的结晶度（X_D）：

$$X_D = \frac{\Delta H_f}{\Delta H_f^*} \times 100\%$$

10.5.5　聚合物的 TG-DTA 同时热分析法

热重分析（TG 或 TGA）是测定样品在温度等速上升时质量的变化，或者测定样品在恒定的高温下质量随时间的变化的一种分析技术。可以利用分析天平或弹簧秤直接称出正在炉中受热的样品的质量变化，同时记录炉中的温度。热重分析应用于聚合物，主要是研究在空气或惰性气体中聚合物的热稳定性和热分解作用。

热重试验中，样品质量 m 作为温度 T 或时间 t 的函数被连续地记录下来，即

$$m = f(T) \quad \text{或} \quad m = f(t)$$

图 10-37 是热重谱图和微商热重谱图。TG 曲线表示加热过程中样品失重累积量，为积分型曲线；DTG 曲线是 TG 曲线对温度或时间的一阶导数，即质量变化率，$\mathrm{d}m/\mathrm{d}T$ 或 $\mathrm{d}m/\mathrm{d}t$。DTG 曲线上出现的峰与 TG 曲线上两台阶间质量发生变化的部分相对应，峰的面积与样品对应的质量变化成正比，峰顶与失重速率最大值相对应。

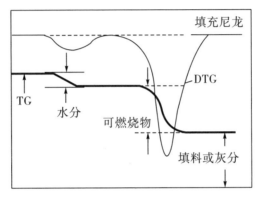

图 10-37　热重谱图和微商热重谱图

热重谱图的解析如图 10-38 所示。TG 曲线上质量基本不变的部分称为平台，两平台之间的部分称为台阶。B 点所对应的温度 T_i 是累积质量变化达到能被热天平检测出的温度，称为反应起始温度。C 点所对应的温度 T_f 是累积质量变化达到最大的温度（热重分析已检测不出质量的继续变化），称为反应终了温度。T_i 和 T_f 之间的温度区间称为反应区间。多步反应过程可看作数个单步过程的连续进行或是叠加。除将 B 点所对应的温度取作 T_i 外，也有将 AB 平台线的延长线与反应区间曲线的切线的交点 G 所对应的温度取作 T_i，或以失重达到某一预定值（5%、10% 等）时的温度作为 T_i。同时，除将图中 C 点所对应的温度取作 T_f 外，也有将图中的 H 点所对应的温度取作 T_f。T_p 用以表示最大失重速率温度，与 DTG 曲线的峰顶温度相对应。

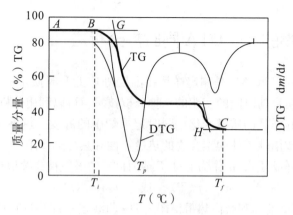

图 10－38　热重谱图的解析

TG-DTA 同时热分析仪是在热天平的基础上做了以下三方面的修改而制成的：

（1）将原有的 TG 样品支架换成 DTA 样品支架；

（2）增加一套差热放大器；

（3）将双笔记录仪改为三笔记录仪。如果有微商热重测量，则改用四笔记录仪，可同时记录 T、DTA、TG 和 DTG 等四条曲线。

热重分析和差示热分析对样品量的要求不一样。热重分析要求样品量多一些，因为样品量多在测重感量相同的情况下，可得到较高的相对测量（感量/样品量）精度。差示热分析要求样品量少一些，因为样品量少，样品温度分布均匀，反应容易，可得到尖锐的峰形和较准确的峰温度。两种技术的要求相反，因而设计时只能折中，合理选择最佳的样品量。

TG-DTA 同时热分析仪具备以下主要优点：

（1）能方便地区分物理变化和化学变化；

（2）TG 曲线和 DTA 曲线分别表示同一个反应的两个重要侧面，并且可以一一对应，便于比较，相互补充，可得到较为准确的数据；

（3）可节省人力、时间和开支，也可节省占地面积。

需要注意的是，一般而言，同时热分析中的每一种技术往往不及单一热分析技术灵敏度高、可重复性好。

10.5.6　实验步骤

（1）装样。

样品一般用 100~300 目粉末，聚合物可切成碎块或碎片，样品量不超过坩埚容积的五分之三；参比物一般用 α-Al_2O$_3$ 粉末。抬起炉体（注意操作时轻上轻下）。称取约 10 mg 的样品，放入天平左边托盘，右边托盘放参比样品。打开冷却水。

（2）电控箱设备面板的参数设定（以 RSZ 热分析软件为例）。

在设备上 TG、DTA 中设定相应参数。设定前应先将 TG 调零，点击 DTA 上"0"挡键至指示灯熄灭。

（3）打开微机，运行 RSZ 热分析软件，进入 RSZ 热分析系统。

（4）打开参数设定界面。

在文件菜单下单击"开始新采集"，进行测试参数设定：①参数设定中样品名称、操作者姓名可以用中英文两种方法输入，样品编号、样品质量必须以英文方式输入。②DTA参数。一般设定为 100 或 50（参数设置应与电控箱面板参数一致）。数值反映的是仪器的灵敏度，数值越小，灵敏度越高，测试结果峰越高。样品放在左边托盘时，DTA 峰向下表示吸热，向上表示放热；反之则相反。③TG 参数。因为样品质量为 10 mg，故该参数一般设定为 10 或 5（参数设置应与电控箱面板参数一致）。数值反映的是仪器的灵敏度，数值越小，灵敏度越高，热失重曲线越明显。通过曲线分析热失重率，结合样品质量，可以计算出热失重的样品质量。④DTG 参数。一般设定为 10。DTG 曲线是对 TG 曲线的微分曲线，反映样品的热失重速率。⑤温度参数。一般根据样品的热失重情况设定，设定温度高于样品 DTA 峰温度 200℃，实验过程中根据实际情况可以随时停止实验。温度曲线最大设定值最好与设定温度保持一致。⑥采点参数是指仪器的采点间隔时间，一般设定为 1000 ms。⑦升温速率。一般设定为 10 或 15。升温速率越大，得到的峰形越尖锐。⑧参数设定完毕，点击"确定"。⑨将电控箱设备面板"加热"键旁的调零偏差调至"0"或左边一小格，按下电控箱面板上的"加热"键，实验开始，屏幕显示实验状态。

（5）实验结束。

采集结束后，屏幕箭头指向"停止"按钮，点击确认。操作电控箱设备面板，点击"加热"键，使之退出高亮状态，停止加热，指示灯熄灭。

（6）数据存储。

屏幕箭头指向"保存"按钮，输入文件名后保存；或在"文件"菜单下选"另存为"，输入文件名，使文件保存于指定位置。

（7）数据处理。

鼠标指向"打开"按钮，调出被分析文件；根据实验要求，操作者可以将时间或温度设置为横轴，从主菜单"设置"按钮中切换得到。

按鼠标右键，进入"曲线分析"菜单，用鼠标左键确认，结合屏幕说明，依次处理 TG、DTA、DTG 曲线，得到 TG-DTG-DTA 的分析曲线〔在对 DTA 的吸热峰、放热峰进行分段处理时，得到外推起始温度（T_e）、峰顶温度（T_m），点击"返回"后将其显示在 DTA 曲线上〕。

10.6 官能团的红外吸收光谱分析

10.6.1 基本原理

红外光谱（IR）的研究开始于 20 世纪初期。自 1940 年商业化的红外光谱仪问世以来，红外光谱在有机化学研究中得到了广泛应用，到 20 世纪 50 年代末就已经积累了丰富的红外光谱数据。到 20 世纪 70 年代，在电子计算机技术蓬勃发展的基础上，傅里叶变换红外光谱（FTIR）实验技术进入现代化学家的实验室，成为结构分析的重要工具。它以高灵敏度、高分辨率、快速扫描、联机操作和高度计算机化的全新面貌使经典的红外光谱重获新生。近几十年来一些新技术（如发射光谱、光声光谱、色谱-红外光谱联用等）的出现，使红外光谱得到更加蓬勃的发展。

当一束具有连续波长的红外光通过物质，物质分子中某个基团的振动频率或转动频率和红外光的频率一样时，分子就吸收能量，由原来的基态振（转）动能级跃迁到能量较高的振（转）动能级，分子吸收红外辐射后发生振动和转动能级的跃迁，该处波长的光就被物质吸收。所以，红外光谱法实质上是一种根据分子内部原子间的相对振动和分子转动等信息来确定物质分子结构和鉴别化合物的分析方法。将分子吸收红外光的情况用仪器记录下来，就得到红外光谱图。红外光谱图通常以波长（λ）或波数（σ）为横坐标，表示吸收峰的位置，以透过率（T）或者吸光度（A）为纵坐标，表示吸收强度。

当外界电磁波照射分子时，如果照射的电磁波能量与分子两能级差相等，该频率的电磁波就被该分子吸收，从而引起分子对应能级的跃迁，宏观表现为透射光强度变小。电磁波能量与分子两能级差相等为物质产生红外吸收光谱必须满足的条件之一，这决定了吸收峰出现的位置。

红外吸收光谱产生的第二个条件是红外光与分子之间有偶合作用。为了满足这个条件，分子振动时其偶极矩必须发生变化。这实际上保证了红外光的能量能够传递给分子，这种能量的传递是通过分子振动偶极矩的变化来实现的。并非所有的振动都会产生红外吸收，只有偶极矩发生变化的振动才能引起可观测的红外吸收，这种振动称为红外活性振动；偶极矩等于零的分子振动不能产生红外吸收，称为红外非活性振动。

分子的振动形式可以分为两大类：伸缩振动和弯曲振动。前者是指原子沿键轴方向的往复运动，振动过程中键长发生变化。后者是指原子垂直于化学键方向的振动。通常用不同的符号表示不同的振动形式。例如，伸缩振动可分为对称伸缩振动和反对称伸缩振动，分别用 V_s 和 V_{as} 表示。弯曲振动可分为面内弯曲振动和面外弯曲振动，分别用 δ 和 γ 表示。从理论上来说，每一个基本振动都能吸收与其频率相同的红外光，在红外光谱图对应的位置上出现一个吸收峰。实际上，有一些振动分子没有偶极矩变化，是红外非活性的；另外一些振动的频率相同，发生简并；还有一些振动的频率超出了仪器可以检测的范围。这些都使得实际红外谱图中的吸收峰数目大大低于理论值。

在化合物分子中，具有相同化学键的原子基团，其基本振动频率吸收峰（简称基频峰）基本上出现在同一频率区域内。例如，$CH_3(CH_2)_5CH_3$、$CH_3(CH_2)_4C{\equiv}N$ 和 $CH_3(CH_2)_5CH{=}CH_2$ 等分子中都有 —CH_3、—CH_2— 基团，它们的伸缩振动基频峰 $CH_3(CH_2)_6CH_3$ 分子的红外吸收光谱中 —CH_3、—CH_2— 基团的伸缩振动基频峰都出现在同一频率区域内，即在 <3000 cm^{-1} 波数附近，但又有所不同。这是因为同一类型原子基团在不同化合物分子中所处的化学环境不同，基频峰频率发生了一定的移动。例如，—$C{=}O$ 基团的伸缩振动基频峰频率一般出现在 1850~1860 cm^{-1} 范围内；在酸酐

中时，基频峰频率为 1750～1820 cm^{-1}；在酯类中时，基频峰频率为 1725～1750 cm^{-1}；在醛中时，基频峰频率为 1720～1740 cm^{-1}；在酮类中时，基频峰频率为 1710～1725 cm^{-1}；在与苯环共轭时，如在乙酰苯中时，基频峰频率为 1680～1695 cm^{-1}；在酰胺中时，基频峰频率为 1650 cm^{-1} 等。因此，掌握各种原子基团的基频峰频率及其位移规律，就可应用红外吸收光谱来确定有机化合物分子中存在的原子基团及其在分子结构中的相对位置。

10.6.2　仪器与试剂

实验仪器：FITR-8400 型傅里叶变换红外光谱仪（日本岛津公司）、压片机、玛瑙研钵、快速红外干燥箱。

试剂：溴化钾、水杨酸、苯甲酸、苯甲醛、苯胺、苯乙酮、萘、乙酰乙酸乙酯、乙醇、丙酮。

10.6.3　实验步骤

(1) 开启空调，使室内的温度为 18℃～20℃，相对湿度≤65%。

(2) 压片。

取 0.5～2 mg 无水固体样品，加干燥溴化钾粉末 100～200 mg，在玛瑙研钵中磨细后装入压模机中压片。然后将含有样品的 KBr 片放入样品框架内，另外准备一个纯的 KBr 片作为参比物，进行测定并记录谱图。

对液体样品的测定最简单的方法是将一滴样品放在两块盐片之间形成薄膜再进行测定。

10.6.4　实验内容

(1) 波数检验：将聚苯乙烯薄膜插入红外光谱仪的样品池处，从 4000 cm^{-1} 到 650 cm^{-1} 进行波数扫描，得到吸收光谱。

(2) 用液膜法测绘无水乙醇、丙酮、苯胺、乙酰乙酸乙酯的红外吸收光谱：戴上指套，取两块氯化钠盐片，用四氯化碳清洗其表面，并放入红外灯下烘干备用。在可拆式液体池的金属池板上垫上橡胶圈，在孔中央位置放一块盐片，然后滴半滴液体样品于盐片上，将另一块盐片平压在上面（注意不能有气泡），垫上橡胶圈，将另一块金属片盖上，对角方向旋紧螺丝（螺丝不宜拧得过紧，否则会压碎盐片）。将盐片夹紧在其中，然后将此液体池插入 IR-408 型红外光谱仪的样品池处，从 4000 cm^{-1} 到 650 cm^{-1} 进行波数扫描，得到吸收光谱。

(3) 溴化钾压片法：取 1～2 mg 苯甲酸（水杨酸等），加入 100～200 mg 溴化钾粉末，在玛瑙研钵中充分磨细（颗粒直径约 2 μm），使之混合均匀，并将其在红外灯下烘 10 min 左右。取出约 80 mg 混合物均匀铺洒在干净的压模内，于压片机上以 29.4 MPa

压力压制 1 min，制成直径为 13 mm、厚度为 1 mm 的透明薄片。将此薄片装于固体样品架上，将样品架插入红外光谱仪的样品池处，从 4000 cm^{-1} 到 650 cm^{-1} 进行波数扫描，得到吸收光谱。

10.6.5 结果处理

图 10-39 为苯胺的红外吸收光谱图。图中波数为 3450.41 cm^{-1}、3352.05 cm^{-1} 处的吸收峰为伯胺 N—H 的伸缩振动吸收峰，波数为 3211.26 cm^{-1}、3037.68 cm^{-1} 处的吸收峰为苯环上 H—C= 的伸缩振动吸收峰，波数为 1926.75 cm^{-1}、1838.04 cm^{-1}、1699.17 cm^{-1} 处的吸收峰为苯环的倍频吸收峰，波数为 1600.81 cm^{-1}、1494.73 cm^{-1} 处的吸收峰为 C=C 的伸缩振动吸收峰，波数为 1276.79 cm^{-1} 处的吸收峰为 C—H 的面内变形振动吸收峰，波数为 1176.79 cm^{-1}、1027.99 cm^{-1} 处的吸收峰为 C—N 的伸缩振动吸收峰，波数为 750.26 cm^{-1}、692.40 cm^{-1} 处的吸收峰为苯环单取代后的 C—H 面外变形振动吸收峰。

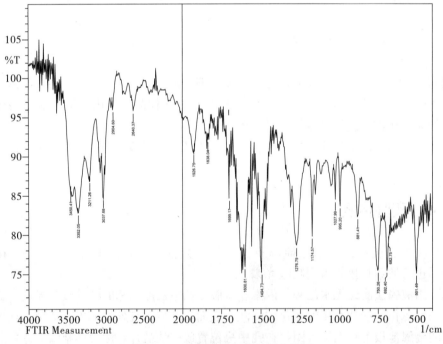

图 10-39 苯胺的红外吸收光谱图

图 10-40 为苯甲醛的红外吸收光谱图。图中波数为 3085.89 cm^{-1}、3064.68 cm^{-1}、3031.89 cm^{-1} 处的吸收峰为苯环上 H—C= 的伸缩振动吸收峰，波数为 2819.73 cm^{-1}、2736.80 cm^{-1} 处的吸收峰为 C—H 的伸缩振动吸收峰，波数为 1699.17 cm^{-1} 处的吸收峰为 C=O 的伸缩振动吸收峰，波数为 1596.95 cm^{-1}、1583.45 cm^{-1}、1456.16 cm^{-1} 处的吸收峰为苯环上 C=C 的伸缩振动吸收峰，波数为 1203.50 cm^{-1}、1166.85 cm^{-1} 处的吸收峰为 C—H 的面内变形振动吸收峰，波数为 746.40 cm^{-1}、688.54 cm^{-1} 处的吸收

峰为苯环单取代后的 C—H 面外变形振动吸收峰。

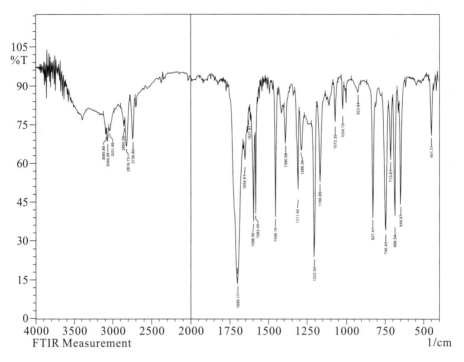

图 10－40 苯甲醛的红外吸收光谱图

图 10－41 为苯甲酸的红外吸收光谱图。图中波数为 3500 cm^{-1} 处的吸收峰为游离 O—H 的伸缩振动吸收峰，波数为 3072.39 cm^{-1}、3010.67 cm^{-1} 处的吸收峰为苯环上 H—C＝的伸缩振动吸收峰，波数为 2835.16 cm^{-1}、2675.08 cm^{-1}、2555.51 cm^{-1} 处的 吸收峰为二聚体中 O—H 的伸缩振动吸收峰，波数为 1685.67 cm^{-1} 处的吸收峰为 C＝O 的伸缩振动吸收峰，波数为 1600.81 cm^{-1}、1583.45 cm^{-1}、1452.30 cm^{-1} 处的吸收峰 为苯环上 C＝C 的伸缩振动吸收峰，波数为 1326.93 cm^{-1}、1292.22 cm^{-1} 处的吸收峰为 耦合的 O＝H 的变形振动吸收峰，波数为 1178.43 cm^{-1}、1128.28 cm^{-1}、 1072.35 cm^{-1}、1026.06 cm^{-1} 处的吸收峰为苯环上 C＝C 的伸缩振动吸收峰，波数为 707.83 cm^{-1} 处的吸收峰为苯环单取代后 C—H 的面外变形振动吸收峰。

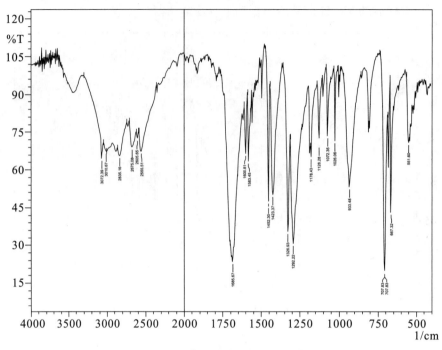

图 10−41　苯甲酸的红外吸收光谱图

　　图 10−42 为苯乙酮的红外吸收光谱图。图中波数为 3062.75 cm^{-1} 处的吸收峰为苯环上 H—C=的伸缩振动吸收峰，波数为 3002.96 cm^{-1} 处的吸收峰为 CH$_3$ 的伸缩振动吸收峰，波数为 1683.74 cm^{-1} 处的吸收峰为 C=O 的伸缩振动吸收峰，波数为 1598.88 cm^{-1}、1448.44 cm^{-1} 处的吸收峰为苯环 C=C 骨架的伸缩振动吸收峰，波数为 1359.72 cm^{-1} 处的吸收峰为 CH$_3$ 的变形振动吸收峰，波数为 1265.22 cm^{-1}、1180.35 cm^{-1}、1078.13 cm^{-1}、1024.13 cm^{-1} 处的吸收峰为苯环 C=C 的伸缩振动吸收峰，波数为 757.97 cm^{-1}、690.47cm^{-1} 处的吸收峰为苯环单取代后 C—H 的面外变形振动吸收峰。

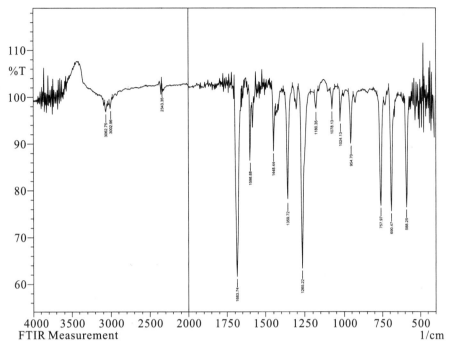

图 10-42　苯乙酮的红外吸收光谱图

图 10-43 和图 10-44 分别是丙酮实验测得的红外吸收光谱图和文献中丙酮的红外吸收光谱图。比较二者可以得知，该实验中使用的丙酮里含有大量杂质，丙酮挥发后，在盐片上残留的杂质在其红外吸收光谱中存在大量的吸收峰。

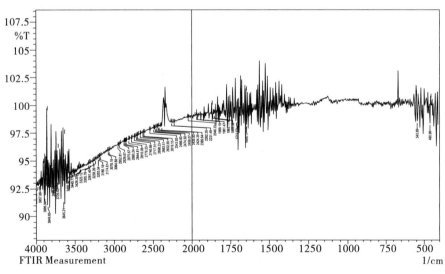

图 10-43　丙酮实验测得的红外吸收光谱图

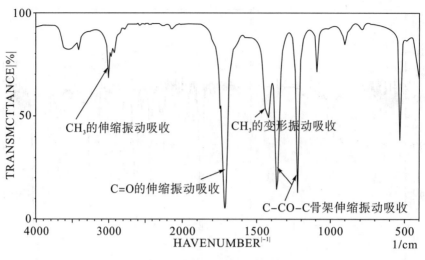

图 10-44　文献中丙酮的红外吸收光谱图

图 10-45 和图 10-46 分别是萘实验测得的红外吸收光谱图和文献中萘的红外吸收光谱图。比较二者可以得知，该实验中使用的萘中含有大量杂质，且萘样品中可能含有带羟基或氨基的物质。

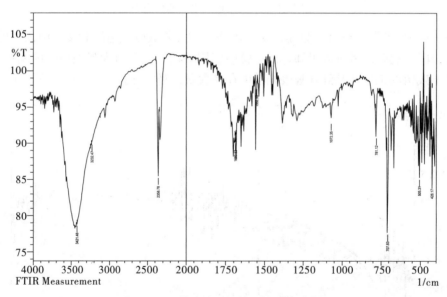

图 10-45　萘实验测得的红外吸收光谱图

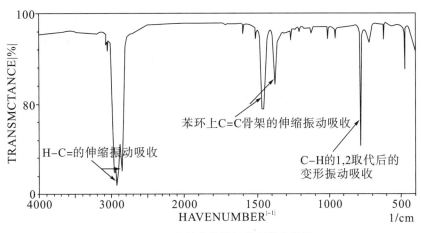

图 10－46　文献中萘的红外吸收光谱图

　　图 10－47 为水杨酸的红外吸收光谱图。图中波数为 3236.33 cm^{-1} 处的吸收峰为 O—H 的伸缩振动吸收峰，波数为 3062.75 cm^{-1}、3006.82 cm^{-1} 处的吸收峰为苯环 C＝C 骨架的伸缩振动吸收峰，波数为 2856.38 cm^{-1}、2594.08 cm^{-1} 处的吸收峰为聚合的 O—H 的伸缩振动吸收峰，波数为 1654.81 cm^{-1} 处的吸收峰为 C＝O 的伸缩振动吸收峰，波数为 1612.38 cm^{-1}、1483.16 cm^{-1}、1465.80 cm^{-1} 处的吸收峰为苯环 C＝C 骨架的伸缩振动吸收峰，波数为 1444.58 cm^{-1}、1296.08 cm^{-1} 处的吸收峰为 O—H 的面内变形振动吸收峰，波数为 1247.86 cm^{-1}、1211.21 cm^{-1}、1155.28 cm^{-1} 处的吸收峰为 C—O 的伸缩振动吸收峰，波数为 759.90 cm^{-1} 处的吸收峰为苯环 1,2 取代后的 C—H 的面外变形振动吸收峰。

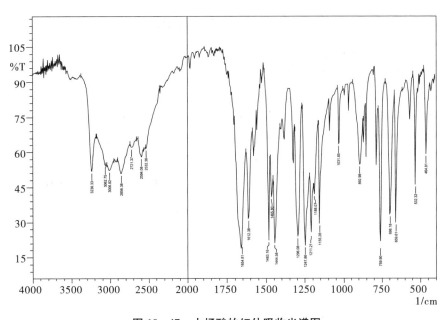

图 10－47　水杨酸的红外吸收光谱图

　　图 10－48 为乙醇的红外吸收光谱图。图中波数为 3373.27 cm^{-1}、3242.12 cm^{-1} 处

的吸收峰为缔合 O—H 的伸缩振动吸收峰，波数为 2974.03 cm^{-1} 处的吸收峰为 CH$_3$ 的伸缩振动吸收峰，波数为 2885.31 cm^{-1} 处的吸收峰为 CH$_2$ 的伸缩振动吸收峰，波数为 1456.16 cm^{-1}、1380.94 cm^{-1} 处的吸收峰为 CH$_3$ 和 CH$_2$ 的变形振动吸收峰，波数为 1049.20 cm^{-1} 处的吸收峰为伯醇 C—O 的伸缩振动吸收峰，波数为 881.41 cm^{-1} 处的吸收峰为 C—C 骨架的伸缩振动吸收峰。

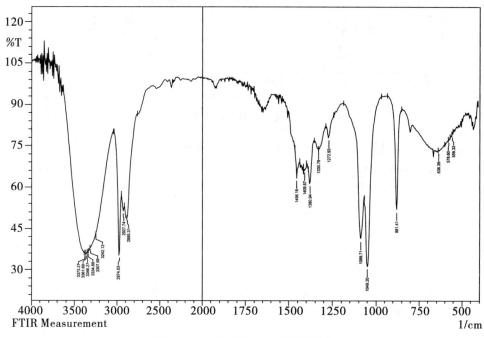

图 10－48　乙醇的红外吸收光谱图

　　图 10－49 为乙酰乙酸乙酯的红外吸收光谱图。图中波数为 2985.60 cm^{-1} 处的吸收峰为 CH$_3$ 的伸缩振动吸收峰，波数为 2939.31 cm^{-1} 处的吸收峰为 CH$_2$ 的伸缩振动吸收峰，波数为 1747.39 cm^{-1}、1712.67 cm^{-1} 处的吸收峰为 C＝O 的伸缩振动吸收峰，波数为 1635.52 cm^{-1} 处的吸收峰为 C＝C－C＝O 中 C＝C 的伸缩振动吸收峰，波数为 1411.80 cm^{-1} 处的吸收峰为 C—H 的变形振动吸收峰，波数为 1367.44 cm^{-1}、1317.29 cm^{-1} 处的吸收峰为＝C—H 的变形伸缩振动吸收峰，波数为 1151.42 cm^{-1}、1041.49 cm^{-1} 处的吸收峰为—COO 和 HCOOR 中 C—O 的伸缩振动吸收峰。

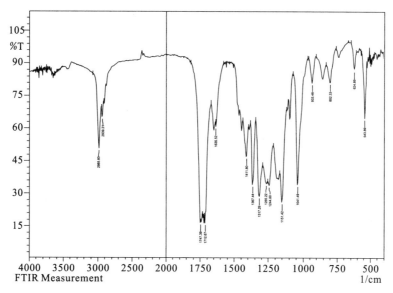

图 10-49　乙酰乙酸乙酯的红外吸收光谱图

图 10-50 为正丙醇的红外吸收光谱图。图中波数为 3346.27 cm^{-1}、3330.84 cm^{-1} 处的吸收峰为缔合 O—H 的伸缩振动吸收峰，波数为 2962.46 cm^{-1} 处的吸收峰为 CH_3 的伸缩振动吸收峰，波数为 2937.38 cm^{-1}、2877.60 cm^{-1} 处的吸收峰为 CH_2 的伸缩振动吸收峰，波数为 1456.16 cm^{-1}、1382.87 cm^{-1} 处的吸收峰为 CH_3 和 CH_2 的变形振动吸收峰，波数为 1054.99 cm^{-1} 处的吸收峰为伯醇 C—O 的伸缩振动吸收峰，波数为 887.19 cm^{-1} 处的吸收峰为 C—C 骨架的伸缩振动吸收峰。

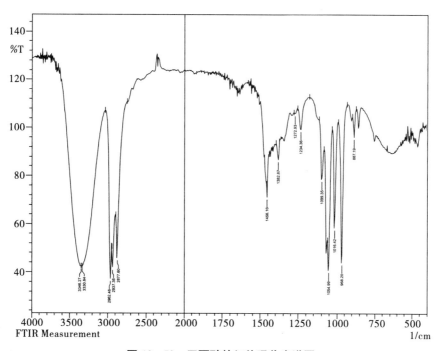

图 10-50　正丙醇的红外吸收光谱图

10.6.6 注意事项

（1）氯化钠盐片易吸水，拿取盐片时需戴上指套。扫描完毕，应用四氯化碳清洗盐片，并立即将盐片放回干燥器内保存。

（2）固体样品研磨过程中会吸水。由于吸水的样品压片时易黏附在模具上，且水分的存在会产生光谱干扰，所以研磨后的粉末应在烘箱中高温干燥一段时间。

参考文献

陈登明. 材料物理性能及表征 [M]. 北京：化学工业出版社，2013.

陈骓骃. 材料物理性能 [M]. 北京：机械工业出版社，2006.

姜传海，杨传铮. 内应力衍射分析 [M]. 北京：科学出版社，2013.

廖晓玲. 材料现代测试技术 [M]. 北京：冶金工业出版社，2010.

张子龙，向海，雷兴平. 航空非金属材料性能测试技术 5：复合材料 [M]. 北京：化学工业出版社，2014.

周天楠，钱祉祺，杨昌跃. 聚合物材料结构表征与分析实验教程 [M]. 成都：四川大学出版社，2016.